石油工程建设项目管理风险识别案例手册

油气库 储罐 LNG 工程

CPE北京兴油工程项目管理有限公司 编

石油工业出版社

内 容 提 要

本手册以不符合项案例分析为中心,将油气库、储罐、LNG 工程建设施工监理过程中发现的不符合项进行归纳整理,着重从技术规范管理的角度,阐述了工程事故产生的根源和风险管理的必要性,明确了不符合项管理的原则,指出了强化风险动态管理对提高工程质量、保证管道安全的重要作用。

为了方便阅读理解,本手册中的案例分成不符合项描述、不符合项及整改情况图例、不符合项危害、设计图纸或标准规范要求、不符合项产生原因、对不符合项的整改措施、杜绝不符合项的保证措施等七个方面进行描述,图文并茂,可为同类项目施工提供经验借鉴和案例参考,以此提高参建单位的风险控制能力,降低项目管理风险。

本手册适合从事石油工程建设的管理人员、施工人员和监理人员阅读。

图书在版编目(CIP)数据

油气库 储罐 LNG 工程/CPE 北京兴油工程项目管理有限公司编.
北京:石油工业出版社,2013.1
（石油工程建设项目管理风险识别案例手册）
ISBN 978-7-5021-9318-8

Ⅰ.油…
Ⅱ.C…
Ⅲ.石油工程－项目管理－风险管理－手册
Ⅳ.TE-62

中国版本图书馆 CIP 数据核字（2012）第 246223 号

出版发行：石油工业出版社
　　　　　（北京安定门外安华里 2 区 1 号　　100011）
　　　　　网　址：www.petropub.com.cn
　　　　　编辑部：（010）64523583　发行部：（010）64523620
经　　销：全国新华书店
印　　刷：北京中石油彩色印刷有限责任公司

2013 年 1 月第 1 版　2013 年 1 月第 1 次印刷
787×1092 毫米　开本：1/16　印张：18
字数：460 千字
定价：108.00 元
（如出现印装质量问题,我社发行部负责调换）

版权所有，翻印必究

《石油工程建设项目管理风险识别案例手册》编委会成员

主　任：王惠敏

副主任：周树彤　李懿宏　何自华

成　员：陈　波　刘国江　钱　伟　戚丽元

《油气库 储罐 LNG工程》编写组成员

主　编：何自华

副主编：谢红日

成　员：李天华　陈玉民　周希瑞　谢红日　高永吉　贾东辉
　　　　杨　坤　胡生坡　向　荣　杜　明　徐　方　屈志鹏
　　　　田耀旗　李广超　王永朝　李　超　史朝峰　焦　伟
　　　　任青山　马　强　杨占东　赵　良　孙志远　王云安
　　　　王　松　王新军　许永清　刘　超　陈守军　陈秀歧
　　　　余成志　邱金乐　来进华　杨　坤　杨　敏　胡建新
　　　　梁　峰　贾　宁　韩　猛　魏学军　吕永发　李善亮
　　　　刘兴福　葛　健

序 言

北京兴油工程项目管理有限公司是中国石油集团工程设计有限公司的全资子公司，专门从事工程项目管理和监理业务，近年来公司深入开展石油工程建设项目风险管理研究，总结石油工程建设项目风险管理规律。通过不断总结，理论与实际相结合，提出了适用于石油工程建设项目风险管理的新方法，对创新石油工程建设项目风险管理体系进行了有益尝试。

北京兴油工程项目管理有限公司结合本位管理原则，提出了不符合项管理新方法，把不符合项管理应用于项目风险管理的全过程之中，按照大规模、流水线方式实施项目管理，有效控制项目管理风险。大量的不符合项实例形象化地使"低标准、老毛病、坏习惯"现象变得可识别、可预防，使得规范管理成为可能。不符合项管理在注重经验的基础上，强调理论，有利于快速提高管理人员的素质和管理水平。

《石油工程建设项目管理风险识别案例手册》，内容覆盖石油工程建设的大量风险识别案例，为风险识别与经验分享提供了强有力的支持。工程风险预控不再停留在讲标准、讲规范的传统管理套路上，而是既讲标准、讲规范，又讲以往工程出现的不符合项案例，把标准、规范与实际案例相结合，既有违规事例，又有整改措施，图文并茂。《石油工程建设项目管理风险识别案例手册》可以作为石油工程建设项目管理人员开展项目风险管理的实用参考资料。

希望广大工程建设人员不断吸收新技术，总结新经验，将项目风险管理的新方法用于工程实践，努力提高工程建设水平。

2011 年 3 月

目 录

1 概述 ·· 1
   1.1 不符合项管理的必要性 ··· 1
   1.2 不符合项管理五项基本原则 ·· 1
   1.3 不符合项管理与经验分享 ··· 2
   1.4 不符合项与风险动态管理 ··· 2

2 设计 ·· 3
   2.1 工艺问题 ·· 3
   2.2 设备问题 ·· 19
   2.3 电气仪表问题 ·· 34
   2.4 水暖问题 ·· 38

3 土建 ·· 40
   3.1 材料报验 ·· 40
   3.2 地基处理与基础工程 ··· 44
   3.3 砌筑工程 ·· 54
   3.4 混凝土结构工程 ·· 56
   3.5 结构安装工程 ·· 71
   3.6 装饰工程 ·· 74
   3.7 冬雨季施工 ·· 77

4 工艺 ·· 80
   4.1 管道附件的检验及储存 ··· 80
   4.2 管道下料与加工 ·· 97
   4.3 管道安装 ·· 105

4.4 管道焊接 …… 117
4.5 管沟开挖及回填 …… 132
4.6 吹扫试压 …… 135
4.7 管道防腐和绝热 …… 137

5 设备 …… 151
5.1 设备进场检验及存放 …… 151
5.2 设备安装 …… 155

6 电气安装和仪表自控 …… 168
6.1 电气安装 …… 168
6.2 仪表及自控系统安装 …… 183

7 罐类 …… 198
7.1 LNG罐（双壁单包容罐） …… 198
7.2 双盘式浮顶油罐 …… 232
7.3 固定顶罐 …… 259
7.4 全包容罐 …… 271
7.5 球形储罐 …… 276

1 概述

北京兴油工程项目管理有限公司通过研究项目管理成熟度模型，结合本位管理原则，提出了不符合项新方法，把不符合项管理应用于项目管理的全过程之中，按照大规模、流水线方式实施质量安全管理，有效控制施工风险。

大量的不符合项实例和风险识别案例，为风险识别与经验分享提供了强有力的支持。工程风险预控不再停留在讲标准、讲规范的传统管理套路上，而是既讲标准规范，又讲以往工程出现的不符合项案例，把标准规范与实际案例结合起来，把违规事例与整改措施结合起来，达到"对症下药""药到病除"的目的。

1.1 不符合项管理的必要性

千里之堤，溃于蚁穴，工程事故源于"低、老、坏"。鉴于国内基建工程系统的现实条件和队伍素质，在相当长的一个时期内，基建工程还必须面临着"低、老、坏"现象的困扰，项目管理还面临着众多风险。因此，必须重视不符合项管理，促进持续改进，提高管理水平。

尊重规律，利用规律，把知识变成管理动力，现场不符合管理要从注重感性的认识，变成注重理性分析的方法上转变。通过开展有针对性的不符合项风险管理，提高各方对风险的认识，使项目风险处于可控范围之内。

1.2 不符合项管理五项基本原则

1.2.1 反馈管理：反馈管理强调了逢错必报，有错必纠的管理理念，促使各方认清责任。

1.2.2 本位管理：本位管理明确了控制人和监督人的不同责任。

1.2.3 主体管理：主体管理明确了不符合项造成后果的责任承担者。

1.2.4 明示管理：明示管理强调了教育与宣传对不符项管理的促进作用。根据明示管理原则，为扩大现场操作人员对不符合项及其处理状况的关注力度，承包商在工程现场设置了QHSE不符合项公示栏，增加员工的自律意识，促进安全生产，文明生产。

1.2.5 系统管理：强化了各级管理人员职责，解决了各级管理人员对不符项管理的跟踪难题，为领导及时决策提供了主要依据，有力保障了工程质量安全。

1.3 不符合项管理与经验分享

通过每周例会、月度召开的风险识别与控制交流会议，网上不符合项展示、现场不符合项公示等经验分享活动，促进了不符合项风险管理意识的普遍提高，让承包商认清责任，促进承包商履行责任，同时，让业主理解不符合项的危害。

将过程中发现的不符合项进行归纳整理，形成不符合项风险识别案例手册，提高各参建单位人员风险识别与控制能力。

1.4 不符合项与风险动态管理

为提高风险管理水平，北京兴油工程项目管理有限公司把已发现的不符合项收集整理，并及时更新风险识别清单，把事故源头与事故预防有机结合起来，实施不符合项的风险动态管理，使风险管理始终贴近现场，贴近实际，增强了技术质量和 HSE 管理的针对性，提高项目管理的执行力。

施工阶段的班前确认制度简明、规范、可操作性强，目前已应用于多个工程项目，增强了各承包商操作人员的自律意识，取得了良好的效果。

2 设计

2.1 工艺问题

2.1.1 不符合项1：阀门手柄位置不合理。

2.1.1.1 不符合项描述：阀门手柄与巡检通道有冲突，影响阀门开关。

2.1.1.2 不符合项及整改情况如图2-1、图2-2所示。

图2-1 阀门手柄操作受影响　　　　图2-2 经过调整后的阀门手柄

2.1.1.3 不符合项危害：手柄操作阀门开关受影响，在操作过程中容易发生危险，影响巡检通道畅通。

2.1.1.4 设计图纸或标准规范要求：手柄应能全部打开或关闭，不影响巡检用的安全通道。

2.1.1.5 产生原因：（1）设计审查不严格，未能考虑充分。（2）施工与设计衔接不顺畅，发现问题未能及时解决。（3）现场监督检查不到位，管理人员未对现场问题及时发现并要求整改。

2.1.1.6 整改措施：要求设计出具设计变更单，进行变更；设计配合现场施工。

2.1.1.7 保证措施：（1）在设计审查过程中，严把审查质量关。（2）做好图纸会审、设计交底等工作。（3）设计与现场施工衔接适当。

2.1.2 不符合项2：阀门手轮与管线之间的间距无法满足保温要求。

2.1.2.1 不符合项描述：天然气液化厂脱碳单元工艺管线上的阀门手轮与管线之间的间距无法满足管线保温伴热的要求。

2.1.2.2 不符合项及整改情况如图2-3、图2-4所示。

图2-3 间距无法满足保温要求

图2-4 整改后的照片

2.1.2.3 不符合项危害：安装完成后将无法对管线进行保温，需要调整阀门安装方向，既浪费施工资源又影响施工进度。

2.1.2.4 设计图纸或标准规范要求：工艺管线设计要求阀门安装位置不应影响管线保温且满足操作检修要求。

2.1.2.5 产生原因：（1）工艺管线设计人员在设计时未充分考虑阀门手轮与保温管线之间的间距能否满足保温和操作要求。（2）图纸出版之前未进行认真审核。

2.1.2.6 整改措施：设计出具变更单，改变阀杆的安装方向。

2.1.2.7 保证措施：设计单位在设计过程中应充分考虑工艺管线之间的间距，并且在设计图纸出版之前应认真进行审核各管线间距是否满足保温及运行操作等的要求。

2.1.3 不符合项3：冷剂储存单元异戊烷增压泵配管设计不符合要求。

2.1.3.1 不符合项描述：冷剂储存单元异戊烷增压泵配管设计不符合要求，未设置旁通返回管线。

2.1.3.2 不符合项及整改情况如图2-5、图2-6所示。

2.1.3.3 不符合项危害：当泵在试运转或非正常操作状态下出口主阀关闭时，泵无法正常运转。

2.1.3.4 设计图纸或标准规范要求：泵配管设计要求在泵的出口应设置旁通回流管线。

2.1.3.5 产生原因：（1）设计人员在给泵配管时，未考虑增压后出口阀门若发生异常，容易损伤电动机。（2）施工图完成后图纸审核工作不到位。

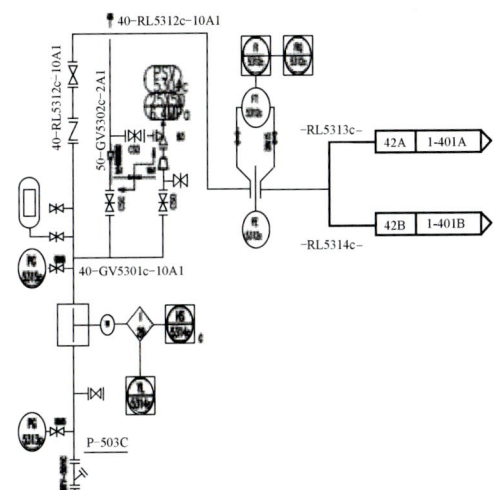

图 2-5　泵出口未设计旁通管线　　　　　图 2-6　泵出口新增的旁通管线

2.1.3.6　整改措施：设计出具变更单，在泵管线上增加旁通管线。

2.1.3.7　保证措施：(1) 设计人员在设计时应认真考虑泵操作及意外情况的发生，采取相应的保护措施。(2) 相关专业要进行自检和互检。(3) 严把图纸校核关，确保施工图质量。

2.1.4　不符合项 4：冷剂增压泵出口未设置排气阀。

2.1.4.1　不符合项描述：冷剂增压泵出口未设置排气阀，泵在运行时容易发生气蚀。

2.1.4.2　不符合项及整改情况如图 2-7、图 2-8 所示。

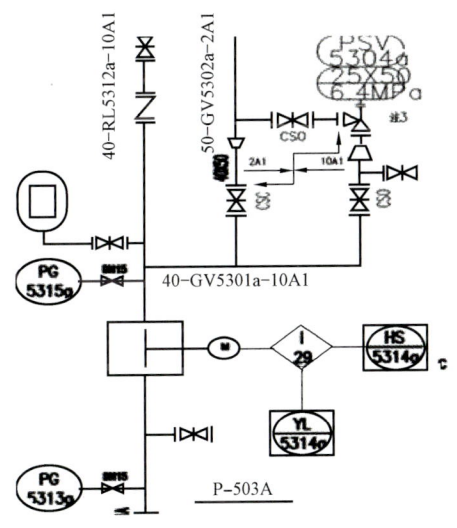
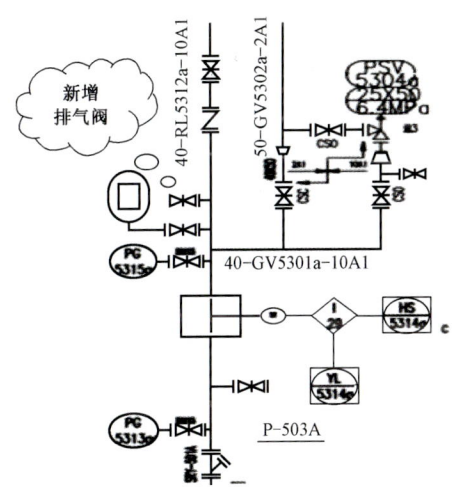

图 2-7　泵出口未设计排气阀　　　　　　图 2-8　泵出口增加排气阀

2.1.4.3　不符合项危害：当夏天温度升高时冷剂发生气化，产生气体容易使泵发生气蚀，导致泵无法正常工作。

2.1.4.4　设计图纸或标准规范要求：在前期泵进出口管线设计时应充分考虑对泵的保护。

2.1.4.5　产生原因：(1)设计人员在给泵配管时，未考虑输送介质的特殊性，冷剂很容易气化，导致泵运行时发生气蚀。(2)施工图完成后图纸审核工作不到位。

2.1.4.6　整改措施：设计出具变更单，在泵出口增加高点排气阀。

2.1.4.7　保证措施：(1)设计人员在设计时应认真考虑泵输送介质的特殊性，对于一些特殊的介质要充分进行考虑，采取必要措施保证设备正常运行。(2)相关专业要进行自检和互检。(3)严把图纸校核关，确保施工图质量。

2.1.5　不符合项5：循环水旁通管线设计标高不符合要求。

2.1.5.1　不符合项描述：循环水旁通管线离地面太近，导致低点排液阀门无法安装。

2.1.5.2　不符合项及整改情况如图2-9、图2-10所示。

图2-9　旁通管线标高过低　　　　　　图2-10　整改后的旁通管线

2.1.5.3　不符合项危害：低点排液阀门无法安装，需要重新调整循环水旁通管线，造成不必要的浪费和返工。

2.1.5.4　设计图纸或标准规范要求：工艺管线设计应考虑管线的标高能否满足安装阀门的要求。

2.1.5.5　产生原因：(1)设计人员在设计时，只考虑管线距地面的距离，未考虑管线上的排液阀门安装距离要求。(2)施工图完成后图纸审核工作不到位。

2.1.5.6　整改措施：设计出具变更单，将循环水旁通管线向上提高300mm。

2.1.5.7　保证措施：(1)设计人员在设计时除考虑管线标高，还应考虑管线上低点排液阀门的安装标高要求。(2)相关专业要进行自检和互检。(3)严把图纸校核关，确保施工图质量。

2.1.6 不符合项 6：LNG 储罐 BOG 返回口设计不符合要求。

2.1.6.1 不符合项描述：LNG 储罐 BOG 返回口接管总长度跟细部尺寸不符。

2.1.6.2 不符合项及整改情况如图 2-11、图 2-12 所示。

图 2-11 BOG 返回口接管下部过长

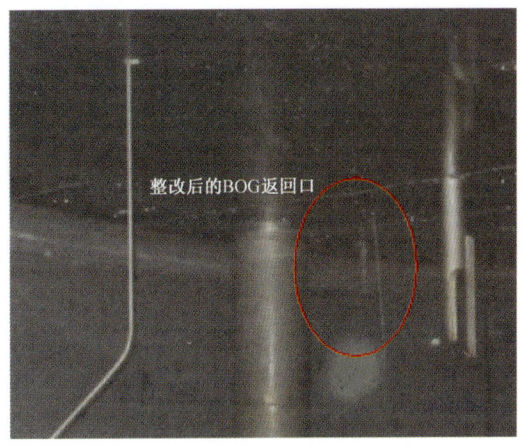
图 2-12 整改后的 BOG 返回口接管

2.1.6.3 不符合项危害：LNG 储罐 BOG 返回口接管总长度跟细部尺寸不符，导致接管安装之后，伸入铝吊顶下部的接管长度过长，影响气体的正常返回。

2.1.6.4 设计图纸或标准规范要求：工艺管线设计要求管线的细部尺寸应与总体尺寸一致。

2.1.6.5 产生原因：(1) 设计人员在配管设计时在完成各个细部结构长度之后，未核实细部之和与总长度是否一致。(2) 施工图完成后图纸审核工作不到位。

2.1.6.6 整改措施：设计出具变更单，将管线下部割去 500mm。

2.1.6.7 保证措施：(1) 设计人员在配管设计时应严肃认真，在检查各个细部结构长度之后，应核实细部之和与总长度是否一致。(2) 相关专业要进行自检和互检。(3) 严把图纸校核关，确保施工图质量。

2.1.7 不符合项 7：厂区氮气管线连接错误。

2.1.7.1 不符合项描述：厂区氮气管线连接错误，液氮管线连接到氮气吹扫管线上。

2.1.7.2 不符合项及整改情况如图 2-13、图 2-14 所示。

2.1.7.3 不符合项危害：液氮管线连接到氮气吹扫管线上，今后运行时将大量消耗厂区的液氮。

2.1.7.4 设计图纸或标准规范要求：厂区氮气管线中的液氮管线和 PSA 制氮管线应按工艺流程要求连接正确。

2.1.7.5 产生原因：(1) 设计人员在设计时将液氮管线跟厂区 PSA 制氮气管线混淆。

图 2-13 液氮管线和 PSA 制氮管线连接错误

图 2-14 整改后的氮气连接管线

（2）施工图完成之后图纸审核不到位。

2.1.7.6 整改措施：设计出具变更单，将液氮管线改到 PSA 制氮管线。

2.1.7.7 保证措施：（1）设计人员在设计时应认真仔细，对厂区工艺流程要充分熟悉。（2）施工图完成之后校核人员应认真对待，相关专业要进行自检和互检。（3）严把图纸校核关，确保施工图质量。（4）施工前应做好图纸会审工作。

2.1.8 不符合项 8：厂区净化风管线材质选用不符合要求。

2.1.8.1 不符合项描述：厂区净化风主管线为不锈钢材质但去往各单元的管线选用碳钢管线。

2.1.8.2 不符合项及整改情况如图 2-15、图 2-16 所示。

设备材料表

序号	公称直径 mm	数量	名称型号和规格
1	管道50	38.5m	GB/T 8163 Sch40 20# Φ60×4
2	管件50×50	1	等径三通 DN50×50 Sch40 20# SH 3408
3	管件50	5	90度长半径弯头 DN50 Sch40 20# SH 3408
4	法兰50	2	法兰（不统计材料）DN50 class150 HG/T20615-2009
5	垫片50	2	垫片（不统计材料）50mm class150 厚度4.5mm
6	螺栓螺母16	8	螺柱（不统计材料）
7	阀门50	1	明杆楔式单闸板闸阀 Z41H-150 DN50

图 2-15 净化风管线碳钢材质不符合要求

图 2-16 整改后的净化风管线

2.1.8.3　不符合项危害：净化风管线采用碳钢材质，易使净化风中的杂质超标，影响仪表的正常操作。

2.1.8.4　设计图纸或标准规范要求：净化风管线的材质选择应能满足净化风洁净度的要求。

2.1.8.5　产生原因：（1）设计人员在设计时对净化风管线材质要求不熟悉。（2）施工图完成之后图纸审核不到位。

2.1.8.6　整改措施：设计出具变更单，将各单元碳钢材质的净化风管线改成不锈钢材质管线。

2.1.8.7　保证措施：（1）设计人员在设计时应认真仔细，熟悉工艺介质对管线材质的要求及相关的工艺流程要求，相关专业要进行自检和互检。（2）严把图纸校核关，确保施工图质量。

2.1.9　不符合项9：除盐水装置上的换热器未设计加热管线。

2.1.9.1　不符合项描述：除盐水装置上的换热器未设计加热管线，无法对除盐水进行加热。

2.1.9.2　不符合项及整改情况如图2-17、图2-18所示。

图2-17　除盐水换热器未设计加热管线

图2-18　设计新增的加热管线

2.1.9.3　不符合项危害：未设计加热管线，导致冬季除盐水无法进行加热，影响除盐效率。

2.1.9.4　设计图纸或标准规范要求：工艺管线在设计时应充分熟悉工艺流程要求，不得漏掉任何管线。

2.1.9.5　产生原因：（1）设计人员在设计时未充分考虑除盐水装置对外界条件的要求，对除盐水装置工艺流程不熟悉。（2）施工图完成之后图纸审核不到位。

2.1.9.6　整改措施：设计出具变更单，增加加热管线。

2.1.9.7 保证措施：(1)设计人员在设计时应认真仔细，并熟悉装置的工艺流程要求，相关专业要进行自检和互检。(2)严把图纸校核关，确保施工图质量。

2.1.10 不符合项 10：脱碳单元工艺管线设计不符合要求。

2.1.10.1 不符合项描述：脱碳单元再生塔顶冷却器至再生塔顶分离器的管线上未设计排液管线，容易发生积液。

2.1.10.2 不符合项危害：该段管线为气液两相管线，无排液管线容易发生积液，产生水击影响管线的正常使用。

2.1.10.3 设计图纸或标准规范要求：工艺管线设计要求气液两相管线在设计时应增加排液管线。

2.1.10.4 产生原因：(1)设计人员在设计时未考虑气液两相管线的排液问题。(2)施工图完成后图纸审核工作不到位。

2.1.10.5 整改措施：设计出具变更单，在最低点增加排液管线。

2.1.10.6 保证措施：(1)设计人员在设计时应认真仔细，熟悉工艺流程要求，对于两相流管线，要设置低点排液。(2)相关专业要进行自检和互检。(3)严把图纸校核关，确保施工图质量。

2.1.11 不符合项 11：闪蒸气低温管线上阀门选型错误。

2.1.11.1 不符合项描述：LNG 储罐至原料气闪蒸气换热器的低温管线上蝶阀设计选用普通碳钢阀门，无法满足低温要求。

2.1.11.2 不符合项及整改情况如图 2-19、图 2-20 所示。

图 2-19　设计选用的碳钢阀门　　　　　图 2-20　重新调整为低温不锈钢阀门

2.1.11.3 不符合项危害：普通蝶阀无法承受管线内的低温介质，极易发生闪蒸气泄露。

2.1.11.4 设计图纸或标准规范要求：工艺管线设计要求低温管线上的阀门应能满足

低温介质的要求。

2.1.11.5 产生原因：(1)设计人员在设计时未考虑管线内介质温度对所选用阀门的要求。(2)施工图完成后图纸审核工作不到位。

2.1.11.6 整改措施：设计出具变更单，将此阀门更换成低温阀门。

2.1.11.7 保证措施：(1)设计人员在设计时应认真仔细，熟悉工艺流程，所选用的阀门应能满足管线内介质的要求。(2)相关专业要进行自检和互检。(3)严把图纸校核关，确保施工图质量。

2.1.12 不符合项 12：液化单元钢结构与管线碰撞。

2.1.12.1 不符合项描述：液化单元钢平台上的管线与钢平台斜撑发生碰撞。

2.1.12.2 不符合项及整改情况如图 2-21、图 2-22 所示。

图 2-21 管线与斜撑发生碰撞

图 2-22 重新调整支撑

2.1.12.3 不符合项危害：斜撑被截断之后，钢结构平台强度不能满足要求。

2.1.12.4 设计图纸或标准规范要求：工艺管线设计要求钢平台上的工艺管线应避免与钢平台发生冲突。

2.1.12.5 产生原因：设计人员在设计配管位置时，未考虑钢结构平台上斜撑对配管的影响。

2.1.12.6 整改措施：设计出具变更单，将斜撑位置进行调整。

2.1.12.7 保证措施：设计单位在设计时应考虑钢结构对管线位置的影响，避免出现管线与钢结构发生碰撞的问题。

2.1.13 不符合项 13：冷剂存储单元管线从异戊烷储罐爬梯中穿过。

2.1.13.1 不符合项描述：冷剂存储单元管线从异戊烷储罐爬梯中穿过，影响操作人员上下爬梯。

2.1.13.2 不符合项及整改情况如图 2-23、图 2-24 所示。

图 2-23 管线从爬梯中穿过

图 2-24 整改后的管线

2.1.13.3 不符合项危害：厂区运行后影响操作人员上下爬梯。

2.1.13.4 设计图纸或标准规范要求：工艺管线设计要求管线不应从设备爬梯中穿过。

2.1.13.5 产生原因：设计人员在设计配管位置时，未考虑储罐爬梯对管线走向的影响。

2.1.13.6 整改措施：设计出具变更单，将管线向外移 500mm 以避开爬梯。

2.1.13.7 保证措施：设计单位在设计时应考虑设备上爬梯对管线位置的影响，避免出现管线与设备爬梯发生碰撞的问题。

2.1.14 不符合项 14：脱碳单元压力调节阀上的旁通管线设计不符合要求。

2.1.14.1 不符合项描述：脱碳单元压力调节阀上方的旁通管线高度过低，导致调节阀安装高度不够，无法安装调节阀。

2.1.14.2 不符合项及整改情况如图 2-25、图 2-26 所示。

图 2-25 调节阀安装高度不够

图 2-26 整改后的调节阀

2.1.14.3 不符合项危害：旁通管线高度过低，导致调节阀安装高度不够，无法安装调节阀，造成不必要的返工和资源浪费。

2.1.14.4 设计图纸或标准规范要求：工艺管线设计要求调节阀组的旁通管线高度应满足调节阀的安装及操作要求。

2.1.14.5 产生原因：（1）设计人员在进行配管设计时，对管线上调节阀尺寸估计不准确。（2）施工图完成之后自检和互检不到位。

2.1.14.6 整改措施：设计出具变更单，将调节阀上方的旁通管线提高400mm，满足调节阀门安装高度要求。

2.1.14.7 保证措施：（1）配管设计人员在设计调节阀组时应充分考虑阀门尺寸大小，确保管线标高能满足阀门安装和操作检修的要求。（2）施工图完成之后校核人员应认真对待，相关专业要进行自检和互检，严把图纸校核关。（3）扎实图纸会审工作，确保施工图质量。

2.1.15 不符合项15：导热油单元排凝管线设计不合理，给后期操作带来不便。

2.1.15.1 不符合项描述：导热油单元排凝管线设置过低，影响操作人员在该装置区的正常操作。

2.1.15.2 不符合项及整改情况如图2-27、图2-28所示。

图2-27 排凝管线设置过低

图2-28 整改后的排凝管线

2.1.15.3 不符合项危害：导热油装置区内地上纵横交错的管线，对运行时操作人员的正常操作和维护带来很大不便。

2.1.15.4 设计图纸或标准规范要求：工艺管线设计要求工艺管线在满足使用功能的条件下应考虑对操作和维护的影响。

2.1.15.5 产生原因：（1）设计人员在进行装置区配管设计时，未充分考虑今后运行时的操作方便性。（2）施工之前没有做好图纸审查工作，以致现场施工完毕才发现问题，造成不必要的返工和浪费。

2.1.15.6 整改措施：设计出具变更单，将所有管线的标高进行提升，并增加相应的支吊架。

2.1.15.7 保证措施：（1）设计人员在进行此类配管的设计时应充分考虑管线是否会影响今后的人员的操作和维护。（2）施工图完成之后设计人员应认真审查。（3）施工前应做好图纸会审工作。

2.1.16 不符合项 16：高温导热油循环管线设计不符合要求。

2.1.16.1 不符合项描述：高温导热油设计配管时，旁通管线应连接到回油管线上，但设计将旁通管线连接到给油管线上。

2.1.16.2 不符合项危害：旁通管线连接错误将导致脱水单元分子筛再生吹冷、降压和升压时导热油无法通过旁通管线进行循环。

2.1.16.3 设计图纸或标准规范要求：工艺流程图要求旁通管线应连接到回油管线上。

2.1.16.4 产生原因：（1）设计人员在进行此处配管设计时，对导热油的流程不熟悉，未按流程要求进行设计。（2）施工图完成之后未认真进行校核。

2.1.16.5 整改措施：设计出具变更单，将管线重新连接到正确的位置。

2.1.16.6 保证措施：（1）设计人员在进行配管设计时应熟悉流程图要求，并与设计图纸认真核对。（2）施工图完成之后校核人员应严把图纸校核关，确保施工图质量。

2.1.17 不符合项 17：脱水单元气动紧急切断阀安装位置距离管线过近。

2.1.17.1 不符合项描述：脱水单元气动紧急切断阀安装位置距离管线过近，不利于气缸检修。

2.1.17.2 不符合项及整改情况如图 2-29、图 2-30 所示。

图 2-29 气动调节阀安装位置距离管线过近

图 2-30 调整后的气动阀门

2.1.17.3 不符合项危害：当气动紧急切断阀进行检修时，将会造成阀门的气缸拆卸不便。

2.1.17.4 设计图纸或标准规范要求：工艺管线设计要求工艺管线设计时应充分考虑管线上大型阀门的操作和检修是否方便。

2.1.17.5 产生原因：（1）设计人员在设计过程中，未考虑阀门的安装位置及检修时所需的空间。（2）对阀门的尺寸估计不足。（3）施工图完成之后自检和互检不到位。

2.1.17.6 整改措施：增加水平管线的长度，保证阀门检修所需的空间。

2.1.17.7 保证措施：（1）设计人员在进行管线设计时应充分考虑与其相关的因素，包括仪表、阀门、电气、钢结构等。（2）对管线上的阀门等应核实其尺寸，确保不影响今后的操作。（3）切实加强相关专业的交流和沟通。（4）施工图完成之后校核人员应认真核对，相关专业要做好图纸会审工作，确保施工图质量。（5）加强自检和互检工作，避免不必要的返工。

2.1.18 不符合项18：吸收塔顶气液分离器和原料气过滤器等仪表管嘴与工艺管位置冲突。

2.1.18.1 不符合项描述：吸收塔顶气液分离器和原料气过滤器等液位计与工艺管线位置冲突，导致液位计无法安装。

2.1.18.2 不符合项及整改情况如图2-31、图2-32所示。

图2-31 仪表管嘴与工艺管位置冲突

图2-32 整改后的液位计安装

2.1.18.3 不符合项危害：液位计与工艺管线位置冲突，导致液位计无法安装；造成不必要的返工和资源浪费。

2.1.18.4 设计图纸或标准规范要求：工艺管线设计要求工艺管线的走向不应影响设备上仪表的安装和操作维修。

2.1.18.5 产生原因：（1）设计人员在设计过程中，未考虑液位计的安装位置及检修时所需的空间。（2）或对液位计及根部阀尺寸估计不足。（3）施工图完成之后自检和互检不到位。

2.1.18.6 整改措施：设计出具变更单，增加带法兰弯头，液位计外移或改变管线的走向。

2.1.18.7 保证措施：（1）管线设计人员在进行设计时应充分考虑。（2）切实加强相关专业的交流和沟通。（3）施工图完成之后校核人员应认真对待，相关专业要进行自检和互检。（4）严把图纸校核关，确保施工图质量。

2.1.19 不符合项19：原料气管线上的孔板流量计安装不利于孔板的抽出。

2.1.19.1 不符合项描述：原料气管线上的孔板流量计上面有管线经过，但间距较小不利于孔板的抽出。

2.1.19.2 不符合项及整改情况如图2-33、图2-34所示。

图2-33 孔板流量计设置不方便检修

图2-34 调整后的孔板流量计

2.1.19.3 不符合项危害：当孔板流量计检修时，孔板上部的管线将阻碍孔板的抽出。

2.1.19.4 设计图纸或标准规范要求：工艺管线设计要求工艺管线上的孔板流量计安装位置应保证周围有足够的检修操作空间。

2.1.19.5 产生原因：（1）设计人员在设计过程中，未综合考虑孔板流量计的安装位置及检修时所需的空间。（2）施工图完成之后自检和互检不到位。

2.1.19.6 整改措施：（1）设计出具变更单，将孔板流量计向北侧移动1000mm，确保检修空间。（2）同时管道标高上移100 mm，确保电伴热与保温空间充足。

2.1.19.7 保证措施：（1）管线设计人员在进行设计时应充分考虑孔板流量计的安装位置，保证操作和检修空间充足。（2）施工图完成之后校核人员应认真对待，相关专业要进行自检和互检。（3）严把图纸校核关，确保施工图质量。

2.1.20 不符合项20：管线保冷设计与钢结构发生碰撞。

2.1.20.1 不符合项描述：天然气管线保冷层与上方的钢结构发生碰撞。

2.1.20.2 不符合项及整改情况如图2-35、图2-36所示。

2.1.20.3 不符合项危害：当管线受冷之后随时会前后移动，保冷材料及横梁都可能

图 2-35 施工过程交叉冲突

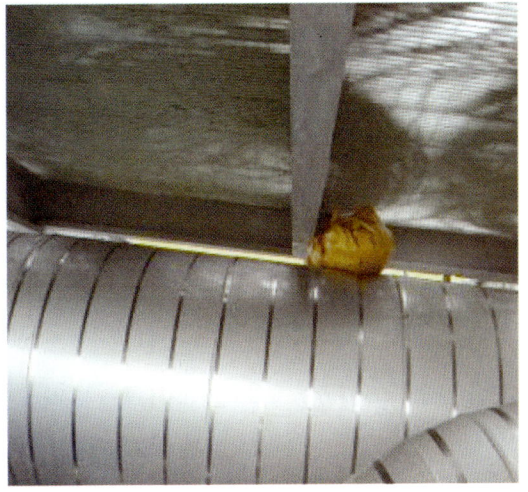
图 2-36 修改后管线保冷

会被损坏。

2.1.20.4 设计图纸或标准规范要求：管线保冷在进行设计时应充分考虑管线保冷后与周围是否仍留有间隙，避免与周围的钢结构或管线发生碰撞。

2.1.20.5 产生原因：(1)设计过程中考虑不全面，未能预留保冷层施工间隙。(2)施工过程中，未能严格要求，偏差较大导致间隙不够。(3)现场检查人员责任心不强，在施工过程中未能及时纠正整改。

2.1.20.6 整改措施：(1)发现问题，及时解决。(2)对结构横梁进行移位，保证保冷的厚度。

2.1.20.7 保证措施：(1)在施工前，做好详细技术交底工作。(2)考虑下道工序的要求。(3)对保冷层交叉、冲突及厚度不足的问题，及时整改。

2.1.21 不符合项21：脱水脱汞单元分子筛脱水塔至分子筛过滤器的管线未设计支架。

2.1.21.1 不符合项描述：脱水脱汞单元分子筛脱水塔至分子筛过滤器的管线跨度较大，但未设计支架影响管线的受力。

2.1.21.2 不符合项及整改情况如图 2-37、图 2-38 所示。

2.1.21.3 不符合项危害：管线跨度太大，使管线受力不均，影响管线的正常使用。

2.1.21.4 设计图纸或标准规范要求：工艺管线设计要求当管线跨度较大时应相应地增加支吊架。

2.1.21.5 产生原因：(1)设计人员在配管设计时，未考虑管线跨度增大之后应增加相应的支架。(2)施工图完成之后自检和互检不到位。

2.1.21.6 整改措施：设计出具变更单，在管线上增加支架。

2.1.21.7 保证措施：(1)当管线跨度增大之后应增加相应支管架。(2)施工图完成之后校核人员应认真对待，相关专业要进行自检和互检。(3)严把图纸校核关，确保施工

图 2-37 设计无管线支架

图 2-38 新增的管线支架

图质量。

2.1.22 不符合项 22：冷剂压缩机防喘振阀口径与工艺管道口径不一致。

2.1.22.1 不符合项描述：厂家提供的冷剂压缩机入口防喘振阀口径与设计单位设计的工艺管路口径不一致。

2.1.22.2 不符合项及整改情况如图 2-39、图 2-40 所示。

图 2-39 压缩机喘振阀

图 2-40 调整后的工艺管线

2.1.22.3 不符合项危害：对压缩机喘振控制精度带来不利影响。

2.1.22.4 设计图纸或标准规范要求：设计应与厂家及时进行沟通，对于重要部位的设计应认真审核。

2.1.22.5 产生原因：设计与压缩机厂家沟通不畅，在设计喘振管线时未考虑压缩机厂家自带喘振阀的管径要求。

2.1.22.6 整改措施：经与厂家沟通，可在喘振阀两侧增加两个大小头。

2.1.22.7 保证措施：设计人员在进行设计时应充分考虑厂家设备对工艺的要求，加强设计与厂家的沟通。

2.2 设备问题

2.2.1 不符合项 1：冷剂储存单元丙烷储罐爬梯安装位置不符合要求。

2.2.1.1 不符合项描述：冷剂储存单元丙烷储罐爬梯影响液位计的安装。

2.2.1.2 不符合项及整改情况如图 2-41、图 2-42 所示。

图 2-41 液位计受管线和爬梯影响无法安装

图 2-42 调整后的液位计安装

2.2.1.3 不符合项危害：爬梯安装位置离液位计过近，导致液位计无法安装。

2.2.1.4 设计图纸或标准规范要求：在设计设备爬梯时应考虑全面，爬梯的安装不应影响设备上仪表的安装。

2.2.1.5 产生原因：（1）设备设计人员在设计过程中，未考虑到液位计的安装位置及安装所需的空间。（2）设备与仪表专业交接不到位，施工图完成之后未认真校核。

2.2.1.6 整改措施：设计出具变更单，将爬梯进行修改以满足液位计的安装。

2.2.1.7 保证措施：（1）设备设计人员在进行设计时应充分考虑与其相关的因素，包括仪表安装位置及空间的要求等，切实加强相关专业的交流和沟通。（2）施工图完成之后校核人员应认真对待，相关专业要进行自检和互检。（3）严把图纸校核关，确保施工图质量。

2.2.2 不符合项 2：循环水泵房设备基础设计不符合要求。

2.2.2.1 不符合项描述：循环水泵房设备基础标高过高，导致循环泵安装后无法安装检修行车。

2.2.2.2 不符合项整改情况如图 2-43 所示。

图 2-43　整改后的设备基础

2.2.2.3 不符合项危害：无法安装泵检修用的电动行车，给后期泵的检修带来极大不便。

2.2.2.4 设计图纸或标准规范要求：需要安装检修行车的设备，在设计基础时应考虑行车安装高度要求。

2.2.2.5 产生原因：（1）设备基础设计人员在前期设计时与厂家沟通不到位，未详细审核厂家提供设备数据。（2）或设备数据发送变化时未进行沟通。（3）设备选型错误，立式泵安装需要较大的空间，而当初设备用房是按卧式设备设计的。（4）施工图完成后图纸审核工作不到位。

2.2.2.6 整改措施：设计出具变更单，将设备基础重新进行修改，满足设备安装要求。

2.2.2.7 保证措施：（1）设计人员在设计时应首先确定设备型式，土建按设备要求进行设计。（2）在设计设备时还应认真审核设备厂家提供的相关数据，如有变动应及时沟通。（3）相关专业要进行自检和互检。（4）严把图纸校核关，确保施工图质量。

2.2.3 不符合项 3：压缩机进口管线无法配管。

2.2.3.1 不符合项描述：压缩机厂家要求压缩机一段和二段的进口直管段的长度至少是压缩机一段和二段入口法兰直径的 5 倍，现场设计的压缩机进口直管段无法满足厂家要求。

2.2.3.2 不符合项及整改情况如图 2-44、图 2-45 所示。

2.2.3.3 不符合项危害：导致压缩机进口管线须重新调整，严重影响工期。

2.2.3.4 设计图纸或标准规范要求：压缩机厂家要求压缩机一段和二段的进口直管段

图 2-44　压缩机入口直管段不符合要求

图 2-45　调整后的入口直管段

的长度至少是压缩机一段和二段入口法兰直径的 5 倍。

2.2.3.5　产生原因：设计人员未与厂家进行充分的沟通。

2.2.3.6　整改措施：设计对压缩机入口直管段重新调整，以满足压缩机厂家要求。

2.2.3.7　保证措施：设计与厂家进行深入的沟通，设计按照相关规范和厂家要求执行。

2.2.4　不符合项 4：冷剂储存单元泵类设备地脚螺栓位置与地脚螺栓孔不符。

2.2.4.1　不符合项描述：冷剂储存单元中泵类设备基础地脚螺栓位置与设备螺栓孔位置不符，导致泵无法进行安装。

2.2.4.2　不符合项及整改情况如图 2-46、图 2-47 所示。

图 2-46　地脚螺栓位置与设备螺栓孔位置不符

图 2-47　地脚螺栓位置与设备螺栓孔位置整改后照片

2.2.4.3 不符合项危害：浪费施工资源及影响施工进度，影响动设备安装的整体性。

2.2.4.4 设计图纸或标准规范要求：设备基础设计时设备地脚螺栓位置应与设备螺栓孔一致。

2.2.4.5 产生原因：(1)设备基础设计人员在参考厂家提供的设备基础图纸设计基础时计算错误。(2)图纸出版之前未进行认真审核。

2.2.4.6 整改措施：设计出具变更单，在基础上增加一垫板并在上面开孔，按照设备螺栓孔位置焊接螺栓，之后进行二次灌浆（应注意垫板的尺寸和螺栓的焊接）。

2.2.4.7 保证措施：要求设计单位在设计设备基础时，应严格按照厂家提供的设备安装图纸进行设计，并且在出版之前认真进行审核。

2.2.5 不符合项5：脱碳单元贫胺溶液泵入口未增加过滤器。

2.2.5.1 不符合项描述：脱碳单元贫胺溶液泵入口设计时未考虑增加过滤器，以保护贫胺泵正常运行。

2.2.5.2 不符合项及整改情况如图2-48、图2-49所示。

图2-48 贫胺泵入口无过滤器

图2-49 泵入口管线增加过滤器

2.2.5.3 不符合项危害：泵的入口如果没有安装过滤器，一旦贫胺溶液中的杂质进入泵内，将会给泵造成损害，影响装置的正常运行。

2.2.5.4 设计图纸或标准规范要求：在泵进出口管线设计时应充分考虑对泵的保护，特别是容易产生杂质给泵造成损伤的管线，应在入口增加过滤器。

2.2.5.5 产生原因：设计人员在进行贫胺泵（电驱离心式）的配管时，未考虑管线中的杂质给泵的运行造成的不利影响。

2.2.5.6 整改措施：设计出具变更单，将入口水平管线加长以便安装过滤器。

2.2.5.7 保证措施：（1）设计人员在设计时应考虑不同泵对入口管线中杂质的要求。（2）现场施工之前应严格对图纸进行审查，避免此类问题的发生。

2.2.6 不符合项6：脱碳单元贫胺泵设计时未考虑对泵进行冷却降温。

2.2.6.1 不符合项描述：脱碳单元贫胺泵设计时未考虑对泵进行冷却降温，未设计冷却管线。

2.2.6.2 不符合项及整改情况如图2-50、图2-51所示。

图2-50 设计无循环冷却管线　　　　　图2-51 增加泵循环冷却管线

2.2.6.3 不符合项危害：未设计循环冷却管线导致设备运行时，因温度过高对机泵造成损伤。

2.2.6.4 设计图纸或标准规范要求：对于需要进行降温的泵类设备在设计时应考虑增加循环冷却管线。

2.2.6.5 产生原因：（1）设计时未考虑设备的特征及需要，并且未与厂家进行深入沟通核对设备对工艺流程的要求。（2）施工图完成之后图纸审核不到位。

2.2.6.6 整改措施：设计出具变更单，按厂家要求重新设计循环冷却管线。

2.2.6.7 保证措施：（1）设计时应充分考虑设备的特征及需要，让厂家提供设备的详细说明及设备对工艺流程的要求。（2）施工图完成之后校核人员应认真对待，相关专业要进行自检和互检。（3）严把图纸校核关，确保施工图质量。

2.2.7 不符合项7：冷剂压缩机基础设计不符合要求。

2.2.7.1 不符合项描述：冷剂压缩机基础设计时未考虑电动机接线预留孔。

2.2.7.2 不符合项整改情况如图2-52所示。

2.2.7.3 不符合项危害：冷剂压缩机基础设计时未考虑电动机接线预留孔，导致电动机接线无法安装，需要对基础进行重新处理，造成不必要的返工和浪费。

2.2.7.4 设计图纸或标准规范要求：在设计压缩机基础时应考虑电动机接线孔的大小

图 2-52 重新在基础上进行钻孔

和预留位置。

2.2.7.5 产生原因：(1) 土建设计人员未考虑设备电气对基础的要求。(2) 施工图完成之后自检和互检不到位。

2.2.7.6 整改措施：设计出具变更单，在基础上钻孔或开槽。

2.2.7.7 保证措施：(1) 土建设计人员在设计时，应充分考虑设备、工艺配管、设备电气及仪表以及操作和检修对基础的要求。(2) 确保基础能全部满足设备的各方面要求。(3) 施工图完成之后校核人员应认真对待，相关专业要进行自检和互检。(4) 严把图纸校核关，确保施工图质量。

2.2.8 不符合项 8：异戊烷增压泵基础标高不符合要求。

2.2.8.1 不符合项描述：异戊烷增压泵基础标高过低，导致泵入口管线上的过滤器及导淋无法安装。

2.2.8.2 不符合项及整改情况如图 2-53、图 2-54 所示。

图 2-53 异戊烷增压泵基础标高过低

图 2-54 将异戊烷增压泵基础增高 400mm

2.2.8.3　不符合项危害：异戊烷增压泵基础过低，泵入口管线标高也随之降低，导致泵入口管线的过滤器无法按要求进行安装。需要对基础重新进行处理，造成不必要的返工和浪费。

2.2.8.4　设计图纸或标准规范要求：设备基础的设计标高应能满足设备接管的安装要求。

2.2.8.5　产生原因：（1）土建设计人员在设计时，未考虑配管的标高要求。（2）施工图完成之后自检和互检不到位。（3）图纸审核形同虚设。

2.2.8.6　整改措施：设计出具变更单，将设备基础标高提升400mm。

2.2.8.7　保证措施：（1）土建设备基础设计人员在设计时，应充分考虑设备、工艺配管、操作和检修对标高的要求。（2）确保基础能全部满足设备的各方面要求。（3）施工图完成之后校核人员应认真对待，相关专业要进行自检和互检。（4）严把图纸校核关，确保施工图质量。

2.2.9　不符合项9：装车臂基础设计无法满足安装要求。

2.2.9.1　不符合项描述：装车臂基础设计时未考虑基础所受的斜向拉力。

2.2.9.2　不符合项及整改情况如图2-55、图2-56所示。

图2-55　装车臂基础发生倾斜

图2-56　调整后的装车臂基础

2.2.9.3　不符合项危害：装车臂安装完成后基础发生倾覆，装车臂被摔坏。

2.2.9.4　设计图纸或标准规范要求：设备基础在设计时应能满足设备的安装要求。

2.2.9.5　产生原因：（1）土建设计人员在设计时未考虑装车臂的特殊性，忽略了斜向的受力。（2）施工图完成后图纸审核工作不到位。

2.2.9.6　整改措施：设计出具变更单，重新设计基础。

2.2.9.7　保证措施：（1）设计人员在设计设备基础时应考虑设备的特性，分析设备的受力。（2）相关专业要进行自检和互检。（3）严把图纸校核关，确保施工图质量。（4）施工前应做好图纸会审工作。

2.2.10 不符合项10：LNG储罐外罐喷淋设计考虑不周。

2.2.10.1 不符合项描述：LNG储罐外罐喷淋管线图纸出图较晚，给安装带来不便。

2.2.10.2 不符合项情况如图2-57、图2-58所示。

图2-57 设计未提供消防喷淋图纸　　　　图2-58 消防喷淋安装极其不便

2.2.10.3 不符合项危害：设计出图较晚，外罐焊接已完成，给预焊板及管线安装和检测带来不便。

2.2.10.4 设计图纸或标准规范要求：设计出图应及时，方便现场安装施工。

2.2.10.5 产生原因：设计人员在设计时考虑不周全，出图滞后。

2.2.10.6 整改措施：设计及时提供施工图纸。

2.2.10.7 保证措施：设计人员在设计时应作充分的考虑，及时出图，以免影响施工。

2.2.11 不符合项11：冷剂储存单元设备预埋地脚螺栓设计不符合要求。

2.2.11.1 不符合项描述：冷剂储存单元乙烯储罐、LNG储罐及LNG气化器预埋地脚螺栓方位与设备安装方位相差90°。

2.2.11.2 不符合项及整改情况如图2-59、图2-60所示。

2.2.11.3 不符合项危害：浪费施工资源及影响施工进度；重新钻孔放置地脚螺栓，对其进行灌浆将导致设备基础的整体性减弱。

2.2.11.4 设计图纸或标准规范要求：设备基础设计时基础地脚螺栓方位与设备安装方位应一致。

2.2.11.5 产生原因：（1）土建与设备专业设计人员未进行设计交接。（2）图纸出版之前未进行认真审核。

2.2.11.6 整改措施：设计出具变更单要求重新钻孔放置地脚螺栓，并进行一次灌浆。

2.2.11.7 保证措施：（1）要求设计单位在土建与设备设计时应相互进行交接，并且

图 2-59　预埋地脚螺栓位置不合要求

图 2-60　整改后的地脚螺栓位置

在图纸出版之前应认真进行审核。（2）施工前应做好图纸会审工作。

2.2.12　不符合项 12：脱碳单元设备预埋地脚螺栓方位与设备安装方位有偏差。

2.2.12.1　不符合项描述：脱碳单元胺液预过滤器及胺液后过滤器预埋地脚螺栓方位与设备安装方位存在偏差，导致设备无法安装。

2.2.12.2　不符合项及整改情况如图 2-61、图 2-62 所示。

图 2-61　预埋地脚螺栓方位与设备安装方位有偏差

图 2-62　整改后的设备安装

2.2.12.3　不符合项危害：浪费施工资源及影响施工进度，影响动设备安装的整体性。

2.2.12.4　设计图纸或标准规范要求：设备基础设计时设备地脚螺栓位置应与设备螺栓孔一致。

2.2.12.5　产生原因：（1）设备基础设计人员与设备设计人员未进行设计交接。（2）图纸出版之前未进行认真审核。

2.2.12.6 整改措施：设计出具变更单，在基础上增加一环形垫板将设备支腿与环形垫板焊接在一起，之后进行二次灌浆（注意：环形垫板的尺寸，及角焊缝的焊接质量）。

2.2.12.7 保证措施：要求设计单位在设计设备基础时，应严格按照厂家提供的设备安装图纸进行设计，并且在出版之前应认真进行审核。

2.2.13 不符合项13：钢结构基础二次灌浆后垫铁裸露在外面。

2.2.13.1 不符合项描述：管廊架基础二次灌浆层设计带斜坡，导致二次灌浆后部分垫铁裸露在外面。且管廊架柱脚筋板设计成不切角的型式，不仅影响美观同时还存在一定的安全隐患。

2.2.13.2 不符合项及整改情况如图2-63、图2-64所示。

图2-63 灌浆后垫铁裸露在外面

图2-64 柱脚加强筋板设计成不切角型式

2.2.13.3 不符合项危害：(1)垫铁外露导致其腐蚀加快，影响柱脚整体的稳定性，同时也不美观。(2)柱脚加强板不切角不仅浪费材料，而且也存在一定的安全隐患。

2.2.13.4 设计图纸或标准规范要求：钢结构基础二次灌浆后垫铁应全部被包裹在基础内部；立柱加强板设计成切角不仅美观、安全，还可以节约材料。

2.2.13.5 产生原因：设计人员设计时未充分考虑现场的实际施工结果，导致现场施工完成之后出现上述缺陷。

2.2.13.6 整改措施：(1)设计出具变更单，由斜坡改成直角。(2)立柱加强板进行切角处理。

2.2.13.7 保证措施：设计单位在设计时应充分考虑现场的实际施工结果，避免出现上述问题。

2.2.14 不符合项14：脱碳单元再生塔底重沸器设备管口与管线直径设计不一致。

2.2.14.1 不符合项描述：脱碳单元再生塔底重沸器设备管口与管线直径不一致，导致此段管线无法安装。

2.2.14.2　不符合项及整改情况如图2-65、图2-66所示。

图2-65　设备管口与管线直径不一致

图2-66　在管线上增加一同心异径大小头

2.2.14.3　不符合项危害：（1）设备管口与管线直径不一致，导致此段管线无法安装。（2）需重新采购管件，延误工期。

2.2.14.4　设计图纸或标准规范要求：工艺管线设计要求在无其他特殊要求的情况下，设备接管直径应与管线直径一致。

2.2.14.5　产生原因：（1）设备设计人员与工艺管线设计人员未进行交接。（2）施工图完成之后自检和互检不到位。

2.2.14.6　整改措施：设计出具变更单，在此处增加同材质的同心异径大小头。

2.2.14.7　保证措施：（1）设备设计人员应与工艺管线设计人员进行交接。（2）施工图完成之后校核人员应认真对待，设备及工艺管线设计人员要进行自检和互检。（3）严把图纸校核关，确保施工图质量。

2.2.15　不符合项15：脱水脱汞单元分子筛脱水塔爬梯设计欠妥不方便后期操作和检修。

2.2.15.1　不符合项描述：脱水脱汞单元分子筛脱水塔已有平台爬梯距温度变送器开口过远，导致操作和检修不便。

2.2.15.2　不符合项及整改情况如图2-67、图2-68所示。

2.2.15.3　不符合项危害：分子筛脱水塔已有平台爬梯距温度变送器开口过远，对今后的操作和检修带来极大不便。

2.2.15.4　设计图纸或标准规范要求：设备钢结构平台在设计时应考虑是否方便设备上仪表操作和检修。

图 2-67 分子筛脱水塔爬梯设置不合理　　　图 2-68 新增检修平台

2.2.15.5 产生原因：（1）设计人员在设计设备平台过程中，未考虑温度变送器的安装位置，平台能否满足变送器的检修要求。（2）施工图完成之后自检和互检不到位。

2.2.15.6 整改措施：设计出具变更单，在一层平台以上各增加一个直梯至设备吊杆下部。

2.2.15.7 保证措施：（1）设备钢结构平台设计人员在进行设计时应充分考虑与其相关的因素，包括钢平台应能满足设备上各仪表的检修和操作要求。（2）切实加强相关专业的交流和沟通。（3）施工图完成之后校核人员应认真对待，相关专业要进行自检和互检。（4）严把图纸校核关，确保施工图质量。（5）施工前应做好图纸会审工作。

2.2.16 不符合项 16：导热油炉装置区鼓风机风道跨度不符合安装要求。

2.2.16.1 不符合项描述：导热油炉装置区鼓风机风道转弯处跨度过大，应增加支撑。

2.2.16.2 不符合项危害：风道跨度过大，长时间之后风道容易发生扭曲变形，导致风道密封不好。

2.2.16.3 设计图纸或标准规范要求：风道较重且安装有阀门，当达到一定长度之后应设置支撑。

2.2.16.4 产生原因：（1）设计人员在设计时，未考虑到风道跨度及风道上面的阀门，未设置支撑。（2）施工图完成之后自检和互检不到位。

2.2.16.5 整改措施：设计出具变更单，在风道下部增加支撑。

2.2.16.6 保证措施：（1）对于大跨度风道或风道上安装有阀门的应适当增加支撑。（2）施工图完成之后校核人员应认真对待，相关专业要进行自检和互检。（3）严把图纸校核关，确保施工图质量。

2.2.17 不符合项 17：脱水脱汞单元脱水塔吊杆设计无法满足检修要求。

2.2.17.1 不符合项描述：脱水脱汞单元脱水塔吊杆过短，吊杆半径小于钢平台宽度，导致检修时起吊分子筛不方便。

2.2.17.2 不符合项及整改情况如图 2-69、图 2-70 所示。

图 2-69 脱水塔吊杆过短，吊杆半径小于钢平台宽度

图 2-70 调整后的脱水塔吊杆

2.2.17.3 不符合项危害：脱水塔吊杆过短，给装填分子筛带来极大不便。

2.2.17.4 设计图纸或标准规范要求：设计设备吊杆时应能满足起吊要求。

2.2.17.5 产生原因：(1) 设备设计人员在设计时，未考虑设备钢平台的宽度导致吊杆半径小于钢平台宽度。(2) 施工图完成之后自检和互检不到位。

2.2.17.6 整改措施：设计出具变更单，在设备上分别增加相应的钢结构平台。

2.2.17.7 保证措施：(1) 在设计设备吊杆时应充分考虑到设备自身平台的宽度，确保吊杆能满足设备操作及检修的要求。(2) 施工图完成之后校核人员应认真对待，相关专业要进行自检和互检。(3) 严把图纸校核关，确保施工图质量。

2.2.18 不符合项 18：脱碳单元吸收塔液位计与钢平台斜撑及栏杆安装发生冲突。

2.2.18.1 不符合项描述：脱碳单元吸收塔液位计与平台斜撑及栏杆相碰，影响液位计的安装。

2.2.18.2 不符合项及整改情况如图 2-71、图 2-72 所示。

2.2.18.3 不符合项危害：(1) 液位计与设备平台支撑冲突，导致液位计无法安装。(2) 造成不必要的返工和资源浪费。

2.2.18.4 设计图纸或标准规范要求：在进行设备钢平台设计时应考虑其不能影响液位计的安装。

2.2.18.5 产生原因：(1) 设计人员在设计设备平台过程中，未考虑液位计的安装位置及检修时所需的空间。(2) 对液位计及其根部阀的尺寸估计不足。(3) 施工图完成之后自检和互检不到位。

2.2.18.6 整改措施：设计出具变更单，调整斜撑及栏杆布置，以避开液位计。

图 2-71　吸收塔液位计与平台斜撑及栏杆安装冲突　　　图 2-72　调整后的液位计安装

2.2.18.7　保证措施：(1) 设备及钢结构平台设计人员在进行设计时应充分考虑与其相关的因素。(2) 切实加强相关专业的交流和沟通。(3) 施工图完成之后校核人员应认真对待，相关专业要进行自检和互检。(4) 严把图纸校核关，确保施工图质量。

2.2.19　不符合项 19：脱碳单元过滤器基础与设备实际位置不符。

2.2.19.1　不符合项描述：脱碳单元过滤器基础与设备实际位置不符，过滤器无法安装在基础上。

2.2.19.2　不符合项及整改情况如图 2-73、图 2-74 所示。

图 2-73　过滤器位置与基础位置不一致　　　图 2-74　重新设置过滤器基础

2.2.19.3 不符合项危害：设备基础作废，需要重新做基础，造成返工和浪费。

2.2.19.4 设计图纸或标准规范要求：设备基础设计时应与设备安装位置一致。

2.2.19.5 产生原因：设计人员在前期设计时与厂家沟通不到位，厂家提供的设备型式和尺寸与到货型式和尺寸不一致。

2.2.19.6 整改措施：设计出具变更单，按照过滤器位置重新设计基础。

2.2.19.7 保证措施：（1）设计人员在设计时首先应核实厂家提供的设备数据，厂家也应随时将更改的设备数据提供给设计院。（2）相关专业要进行自检和互检。（3）严把图纸校核关，确保施工图质量。

2.2.20 不符合项20：再生气压缩机基础设计不符合要求。

2.2.20.1 不符合项描述：再生气压缩机基础设计比再生气压缩机橇偏大，导致循环水管线阀门安装位置不够。

2.2.20.2 不符合项危害：导致循环水管线上的阀门安装位置不够，循环水管线需进行更改。

2.2.20.3 设计图纸或标准规范要求：设备基础在满足设备安装要求的前提下应注意节省空间不影响其他附件的安装。

2.2.20.4 产生原因：（1）设备基础设计人员在前期设计时与厂家沟通不到位，未详细审核厂家提供的设备数据。（2）循环水管线设计人员在设计时，对阀门安装位置和空间考虑不足。（3）施工图完成后图纸审核工作不到位。

2.2.20.5 整改措施：设计出具变更单，将循环水管线斜45°向侧面移开350mm，保证阀门的安装和检修空间。

2.2.20.6 保证措施：（1）设计人员在设计时应认真核实设备厂家提供的数据，设备基础应满足设备及相关附件安装的要求。（2）相关专业要进行自检和互检。（3）严把图纸校核关，确保施工图质量。

2.2.21 不符合项21：高压冷剂换热器设计基础与设备不符。

2.2.21.1 不符合项描述：高压冷剂换热器基础比设备偏大，导致设备管线安装不便。

2.2.21.2 不符合项危害：基础比设备偏大导致换热器壳程进口管线无法安装，需要对基础进行修改，浪费工期和资源。

2.2.21.3 设计图纸或标准规范要求：设备基础在设计时应能满足设备及其配管的安装要求。

2.2.21.4 产生原因：（1）设备基础设计人员在前期设计时与厂家沟通不到位，未详细审核厂家提供设备数据。（2）设备数据发生变化时未进行沟通。（3）施工图完成后图纸审核工作不到位。

2.2.21.5 整改措施：设计出具变更单，将设备基础重新进行修改，满足设备配管要求。

2.2.21.6 保证措施：（1）设计人员在设计时应认真核实设备厂家提供的数据，设备基础应满足设备配管的要求。（2）相关专业要进行自检和互检。（3）严把图纸校核关，确保施工图质量。

2.2.22 不符合项 22：闪蒸气压缩机基础净高增加。

2.2.22.1 不符合项描述：施工单位将闪蒸气压缩机基础施工完成后，设计重新调整标高压缩机基础高度增加 200 mm。

2.2.22.2 不符合项危害：混凝土增加 200mm，易出现新旧混凝土接茬面开裂，上部结构承重后易导致新浇筑的混凝土破裂。

2.2.22.3 设计图纸或标准规范要求：设备基础应满足设备及其附属设备的安装要求。

2.2.22.4 产生原因：压缩机基础设计人员在设计时未考虑到压缩机厂房内地坪标高，导致压缩机基础与室内地坪齐平，无法满足压缩机的安装要求。

2.2.22.5 整改措施：设计出具变更单，钢筋安装按照原设计钢筋型号和间距尺寸安装，混凝土标号高一标号浇筑。

2.2.22.6 保证措施：（1）设备基础设计人员在进行设计时应充分考虑设备厂房内地坪高度。（2）设备与土建专业人员在设计完成之后应进行互检，保证出图质量。

2.3 电气仪表问题

2.3.1 不符合项 1：液位计安装不符合要求。

2.3.1.1 不符合项描述：脱碳单元设备吸收塔顶气液分离器入口管线与液位计法兰净距为 352mm，由于其内侧要安装液位计，此间距无法满足液位计安装要求。

2.3.1.2 不符合项及整改情况如图 2-75、图 2-76 所示。

图 2-75 变更前间距为 352mm，无法安装液位计

图 2-76 设计变更增加一个 200mm 的短节

2.3.1.3 不符合项危害：造成不必要的返工，影响施工进度。

2.3.1.4 设计图纸或标准规范要求：设备工艺管线设计时应能满足设备上仪表安装的要求。

2.3.1.5 产生原因：（1）设备设计人员与仪表设计人员未进行设计交接，未考虑仪表安装预留空间。（2）图纸出版之前未进行认真审核。

2.3.1.6 整改措施：设计出具变更单，在管线增加一个500mm的短节，满足液位计的安装和检修要求。

2.3.1.7 保证措施：设计单位在设计过程中应充分考虑设备配管与设备上仪表的间距，并且在出版之前应认真审核各设备仪表安装间距是否满足使用要求。

2.3.2 不符合项2：除盐水装置进水管线上设计压力及温度就地显示仪表位置不符合要求。

2.3.2.1 不符合项描述：除盐水装置进水管线上压力及温度就地显示仪表设计位置过高，影响今后的操作和检修维护。

2.3.2.2 不符合项及整改情况如图2-77、图2-78所示。

图 2-77 仪表位置过高不方便操作

图 2-78 调整后的仪表位置

2.3.2.3 不符合项危害：压力及温度就地显示仪表设计位置过高，影响今后的操作和检修维护。

2.3.2.4 设计图纸或标准规范要求：工艺管线上就地显示仪表安装位置应满足操作要求。

2.3.2.5 产生原因：（1）仪表专业在进行设计时，未充分考虑仪表的安装位置是否影响后期的操作和检修维护。（2）施工图完成之后图纸审核不到位。

2.3.2.6 整改措施：设计出具变更单，将压力及温度仪表移至方便操作和检修维护的位置。

2.3.2.7 保证措施：（1）仪表专业在进行设计时应充分考虑仪表的安装位置，是否会影响后期的操作和检修维护。（2）施工图完成之后校核人员应认真对待，相关专业要进行自检和互检。(3) 严把图纸校核关，确保施工图质量。

2.3.3 不符合项 3：设计图纸缺少对功率较大的低压断路器定值整定的要求。

2.3.3.1 不符合项描述：对于低压配电柜的设计，尤其是对于功率较大电动机回路，设计选用的断路器往往具有速断电流及过电流跳闸时限的设定功能，但是设计文件缺少此部分的详细要求。

2.3.3.2 不符合项危害：保护电流过大可能导致断路器在设备故障时不动作，失去保护作用，保护电流过小，可能导致断路器过于灵敏，电动机无法正常启动。

2.3.3.3 设计图纸及标准要求：对于功率较大电动机回路，设计应选用的断路器往往具有速断电流及过电流跳闸时限的设定功能，并在设计文件中提出详细要求。

2.3.3.4 产生原因：设计人员与供货商之间的技术对接工作不够仔细，对断路器的功能认识不够仔细。

2.3.3.5 整改措施：设计根据电动机功率，提供电流设定的参考值。

2.3.3.6 保证措施：对于功率较大的电动机选用的断路器，设计应结合断路器的功能，在图纸中提供设定值，以便于施工单位进行设定及调试。

2.3.4 不符合项 4：对于防雷防静电接地的要求空泛，缺少实质性设计。

2.3.4.1 不符合项描述：设计图纸说明中虽包括工艺管线防雷防静电接地的问题，但是照抄设计规范要求，缺少接地的详细做法及接地点的具体位置。

2.3.4.2 不符合项危害：空泛的说明往往导致施工单位无从下手，最终忽略了此部分的施工。

2.3.4.3 设计图纸及标准要求：电气设计的深度应尽可能满足现场施工的需求。

2.3.4.4 产生原因：设计院电气专业与工艺专业不能很好地结合，防雷防静电不能仅靠电气专业设计完成。

2.3.4.5 整改措施：要求工艺与电气专业设计人员到现场结合实际情况进行设计，明确接地点及其详细做法，施工单位按照设计变更要求进行施工。

2.3.4.6 保证措施：加强对设计图纸的审核，避免出现依靠现场判断再进行施工的情况。

2.3.5 不符合项 5：脱硫塔的逻辑控制遇到问题，逻辑判断错误，导致脱硫塔生产流程无法正常运行。

2.3.5.1 不符合项描述：脱硫塔的氮气置换流程中，需要根据放空口处限流孔板前后的差压值来判断放空是否已经完成，如果差压值小于某一设定值，系统就会认为放空完成，关闭放空阀，开启充氮阀，但是在设计提供的控制流程中，采用的是差压值大于设定值然后关闭放空阀开启充氮阀门，直接导致系统氮气置换流程无法正常进行。

2.3.5.2 符合项危害：控制逻辑存在问题，导致置换流程无法正常完成，影响生产运行单位的使用。

2.3.5.3 设计图纸或标准规范要求：设计图纸要求控制逻辑按实际的流程需要进行设置。

2.3.5.4 产生原因：设计人员对工艺流程认识不清，工作存在疏忽。

2.3.5.5 整改措施：按照实际的流程需要，更改控制逻辑。

2.3.5.6 保证措施：仪表专业必须与工艺专业紧密结合，熟悉工艺流程需要的控制逻辑。

2.3.6 不符合项6：温度变送器设置到了管线的盲肠段，无法测量管线内正常流动介质的温度。

2.3.6.1 不符合项描述：温度变送器应该测量的是丙烷蒸发器下游，低温分离器入口天然气的温度（该丙烷蒸发器存在旁路阀门），工艺安装图中将取源部件设置到了旁路与丙烷蒸发器出口管线汇合三通的上游，正常生产时由于丙烷蒸发器并未投用，天然气经过旁路流通，该温度变送器无法测量到管线内正常流通的天然气的温度。

2.3.6.2 不符合项危害：温度变送器测量不到实际介质的温度，未能实现预定的功能。

2.3.6.3 设计图纸或标准规范要求：设计图纸要求温度变送器应按工艺流程要求进行安装。

2.3.6.4 产生原因：设计人员未能完全按照工艺流程绘制安装图。

2.3.6.5 整改措施：更改温度变送器安装位置。

2.3.6.6 保证措施：各专业之间加强沟通，加强工艺流程图及工艺安装图的审核。

2.3.7 不符合项7：电缆桥架设置到了钢平台的地面上，位置不合适。

2.3.7.1 不符合项描述：仪表自控安装图中电缆桥架设置到钢平台钢格板上方，不够美观，同时不利于后期维护和使用。

2.3.7.2 不符合项危害：钢平台的地面上安装电缆桥架，不美观，也不利于巡检工作。电缆桥架有个能被踩踏，造成人为破坏。

2.3.7.3 设计图纸或标准规范要求：按图纸要求位置进行安装，另外，按照GB 50303—2002《建筑电气工程施工质量验收规范》中第3.3.9条规定：测量定位，安装桥架的支架，经检查确认，才能安装桥架。

2.3.7.4 产生原因：设计人员对现场情况考虑不够全面。

2.3.7.5 整改措施：更改安装方式，改为在钢平台下方吊挂桥架。

2.3.7.6 保证措施：设计单位加强图纸校对，施工前期加强图纸会审工作。

2.3.8 不符合项8：仪表的远程控制与电气专业界面未能划清，控制电缆重复敷设。

2.3.8.1 不符合项描述：空冷器远程控制实现的过程中，仪表有部分电缆需要与电气专业的开关柜连接，控制电缆界面未能划清，导致中控室到低压配电室的电缆重复敷设。

2.3.8.2 不符合项危害：造成电缆浪费。

2.3.8.3 设计图纸或标准规范要求：《电力工程电缆设计规范》GB 50217—2007要求：明敷的电缆不宜平行敷设于热力管道上部。电缆与管道之间无隔板防护时，相互间距应符合电缆与管道相互间允许距离的规定（表2-1）。

表2-1 电缆与管道相互间允许距离 单位：mm

电缆与管道之间走向		电力电缆	控制和信号电缆
热力管道	平行	1000	500
	交叉	500	250
其他管道	平行	150	100

2.3.8.4　产生原因：各专业之间缺少沟通。

2.3.8.5　整改措施：取消其中一个专业的电缆。

2.3.8.6　保证措施：设计院各专业之间加强沟通。

2.4　水暖问题

2.4.1　不符合项 1：综合楼中央控制室内安装暖气片不符合要求。

2.4.1.1　不符合项描述：综合楼中央控制室内安装暖气片，存在严重安全隐患。

2.4.1.2　不符合项及整改情况如图 2-79、图 2-80 所示。

图 2-79　控制室内布置热水管线

图 2-80　调整为电暖气取暖

2.4.1.3　不符合项危害：综合楼中央控制室内安装暖气片，一旦暖气片出现故障将给中控室内的电气及控制设备造成损坏，严重危及厂区正常运行。

2.4.1.4　设计图纸或标准规范要求：对于重要的控制室和值班室内严禁采用暖气片取暖。

2.4.1.5　产生原因：土建采暖设计人员在设计时未考虑室内环境及房间的用途；施工图完成之后自检和互检不到位。

2.4.1.6　整改措施：设计出具变更单，将暖气片拆除换成电暖气。

2.4.1.7　保证措施：（1）土建采暖设计人员在设计时应充分考虑室内环境及房间的用途，对于不允许进水的房间应谨记。（2）施工图完成之后校核人员应认真对待，相关专业要进行自检和互检，特别是电气及自控专业应对土建设计进行审核。（3）严把图纸校核关，确保施工图质量。

2.4.2　不符合项 2：空氮站内暖气管线安装不方便操作。

2.4.2.1 不符合项描述:空氮站内暖气管线未绕墙安装,给后期操作人员带来不便。

2.4.2.2 不符合项及整改情况如图 2-81、图 2-82 所示。

图 2-81 空氮站暖气管线未贴设计

图 2-82 整改后的暖气管线

2.4.2.3 不符合项危害:暖气管线未绕墙安装,给操作带来不便。

2.4.2.4 设计图纸或标准规范要求:《工程施图设计统一规定》要求暖气管线布置紧凑美观及方便操作人员在室内行走。

2.4.2.5 产生原因:(1)采暖设计人员在设计时未考虑暖气管线布置紧凑美观及方便操作人员在屋内行走。(2)施工图完成后图纸审核工作不到位。

2.4.2.6 整改措施:设计出具变更单,将暖气管线改为绕墙安装。

2.4.2.7 保证措施:(1)采暖设计人员在设计时应充分考虑暖气管线布置紧凑美观及方便操作人员在屋内行走。(2)相关专业要进行自检和互检。(3)严把图纸校核关,确保施工图质量。

3 土建

3.1 材料报验

3.1.1 不符合项1：材料未进行报验。

3.1.1.1 不符合项描述：现场用砖未报验，进行使用。

3.1.1.2 不符合项及整改情况如图3-1、图3-2所示。

图3-1 材料未报验

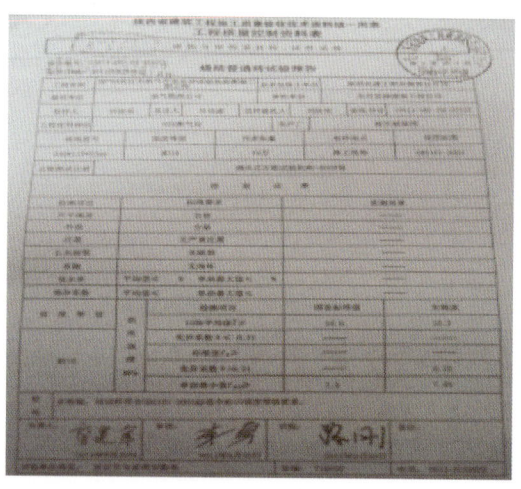

图3-2 材料报验

3.1.1.3 不符合项危害：不能保证原材料的质量，影响工程质量。

3.1.1.4 设计图纸或标准规范要求：《宁夏石油商业储备库工程物资进场检查确认管理程序》要求材料需进行现场试验合格后，方可验收，并上报现场监理确认。

3.1.1.5 产生原因：（1）质检员质量意识淡薄，违反施工报验程序。（2）施工管理层不够重视。

3.1.1.6 整改措施：对所用材料进行报验，并送实验室进行复检，合格后进行使用。

3.1.1.7 保证措施：加强材料管理力度，未经检查验收并符合要求的材料严禁进场使用。

3.1.2 不符合项2：进场机砖为普通黏土砖，不符合设计要求。

3.1.2.1 不符合项描述：监理验收进场机砖时，经查为普通黏土砖，与图纸要求不符。

3.1.2.2 不符合项及整改情况如图 3-3、图 3-4 所示。

图 3-3　进场的不符合要求的普通黏土砖

图 3-4　符合要求的砼实心砖

3.1.2.3 不符合项危害：普通黏土砖破坏耕地和对环境保护不利。

3.1.2.4 设计图纸或标准规范要求：设计图纸要求墙体 ±0.00 以下采用砼实心砖，±0.00 以上采用砼多孔砖。且根据国务院办公厅《关于进一步推进墙体材料革新和推广节能建筑的通知》（国办发 [2005]33 号）要求：截至 2010 年底，所有城市城区禁止使用实心黏土砖。

3.1.2.5 产生原因：（1）施工单位未按图纸要求进行机砖的采购。（2）施工单位环保意识不强，对建筑材料的国家相关政策不熟悉。

3.1.2.6 整改措施：将已进场的普通黏土砖退场，重新购置符合图纸要求的砼实心砖。

3.1.2.7 保证措施：要求施工单位加强对图纸的熟悉，并了解建筑材料的环保要求。

3.1.3 不符合项 3：钢柱规格有误。

3.1.3.1 不符合项描述：预制进场的钢柱 $\phi146\text{mm}\times4\text{mm}$ 与图纸要求 $\phi159\text{mm}\times4\text{mm}$ 不符。

3.1.3.2 不符合项及整改情况如图 3-5、图 3-6 所示。

3.1.3.3 不符合项危害：钢柱长细比增大，降低钢结构的稳定性和安全性。

3.1.3.4 设计图纸或标准规范要求：设计图纸要求钢结构的尺寸为 $\phi159\text{mm}\times4\text{mm}$。

3.1.3.5 产生原因：（1）$\phi159\text{mm}\times4\text{mm}$ 钢管规格与型号市场缺少，施工单位私自降低规格采购，存在侥幸心理。（2）施工单位质量意识淡薄，材料进场把关不严。（3）施工单位未落实质量"三检"制。

3.1.3.6 整改措施：经与设计方协商，采用在钢柱 1/2 高度处增加一道 $114\text{mm}\times4\text{mm}$ 柱间撑。

图 3-5　预制进场的钢结构

图 3-6　整改后的钢结构

3.1.3.7　保证措施：要求施工单位认真执行"三检（自检、互检、专检）"制程序，并加大进场材料的监控力度。

3.1.4　不符合项 4：进场防水腻子不符合要求。

3.1.4.1　不符合项描述：进场外墙腻子不满足设计防水的要求。

3.1.4.2　不符合项及整改情况如图 3-7、图 3-8 所示。

图 3-7　不符合要求的腻子

图 3-8　符合要求的腻子

3.1.4.3　不符合项危害：比防水性腻子使用寿命短，遇水脱落。

3.1.4.4　设计图纸或标准规范要求：设计图纸要求外墙使用防水腻子。

3.1.4.5　产生原因：购买材料人员对图纸要求不了解，管理人员疏忽图纸要求。

3.1.4.6　整改措施：将不符合要求的腻子更换成设计要求的腻子。

3.1.4.7 保证措施：购买材料要首先核对图纸的要求，然后汇总材料清单统一采购，材料进场后要自检，报验合格后方可用于施工。

3.1.5 不符合项5：中粗砂不符合要求。

3.1.5.1 不符合项描述：中粗砂进场部分级配差，不符合颗粒级配要求。

3.1.5.2 不符合项及整改情况如图3-9、图3-10所示。

图3-9 中粗砂级配不符合要求　　　　　　图3-10 调整级配

3.1.5.3 不符合项危害：碾压不密实，压实度达不到设计要求。

3.1.5.4 设计图纸或标准规范要求：按照设计要求储罐环梁内级配碎石应为2~3级配。

3.1.5.5 产生原因：（1）质量检查员责任心不强，把关不严。（2）材料验收人员质量意识淡薄。

3.1.5.6 整改措施：对不符合要求的级配砂石全部清除出场。

3.1.5.7 保证措施：试验检测人员加强对进场材料的检测，确保进场材料符合要求。

3.1.6 不符合项6：压缩机基础大体积砼未采用低水化热水泥。

3.1.6.1 不符合项描述：压缩机基础砼浇筑前，旁站监理检查现场搅拌用的水泥原材时发现未采用低水化热水泥。

3.1.6.2 不符合项及整改情况如图3-11、图3-12所示。

3.1.6.3 不符合项危害：非低水化热水泥，在浇筑初期产生大量水化热。由于混凝土是热的不良导体，且为大体积砼，则积聚在内部热量不易散发。内外温差形成的温度应力超过混凝土的抗拉强度时就会导致混凝土裂纹或开裂。

3.1.6.4 设计图纸或标准规范要求：GB 50496—2009《大体积混凝土施工规范》中第4.2.1条规定：应选用中、低热硅酸盐水泥或低热矿渣硅酸盐水泥，大体积混凝土施工所用水泥其3天的水化热不宜大于240kJ/kg，7天的水化热不宜大于270kJ/kg。

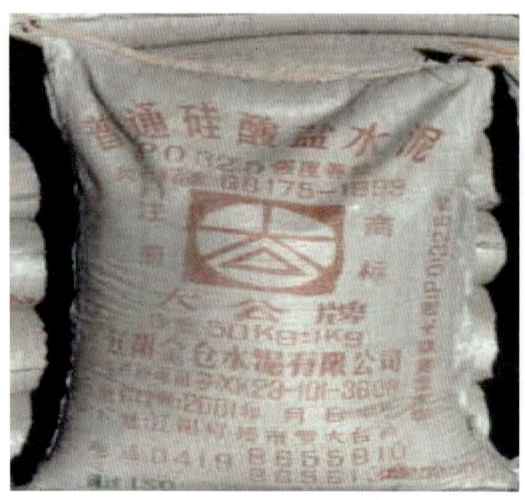 

图 3-11　普通水泥　　　　　　　图 3-12　低水化热水泥

3.1.6.5　产生原因：(1) 施工单位未按设计图纸及施工规范要求采用低水化热水泥。(2) 施工单位对大体积砼施工经验少，责任心差。

3.1.6.6　整改措施：要求施工单位将不合格水泥替换，重新配制满足要求的砼。

3.1.6.7　保证措施：要求施工单位加强对图纸和施工规范的熟悉，增强施工质量意识。

3.2　地基处理与基础工程

3.2.1　不符合项1：定位测量放线使用的经纬仪未经校验。

3.2.1.1　不符项描述：经纬仪未经年检校验，使用中出现较大偏差。

3.2.1.2　不符合项及整改情况如图3-13、图3-14所示。

3.2.1.3　不符合项危害：经纬仪未经校验，造成建筑物定位偏差较大，影响下道工序施工。

3.2.1.4　设计图纸或标准规范要求：GB 50026—2007《工程测量规范》第1.0.4条规定：工程测量所使用的仪器和相关设备，应做到及时检查、校正。加强维护保养，定期检修。(对相关的测量软件，正式使用前应进行验证)

3.2.1.5　产生原因：施工测量人员质量意识淡薄，对测量设备定期校验的重要性认识不足。

3.2.1.6　整改措施：更换合格测量设备重新定位放线。

3.2.1.7　保证措施：加强对测量设备年检校验记录的报验和监控。

3.2.2　不符合项2：回填土含水量超标。

3.2.2.1　不符合项描述：回填土含水量现场检测为13.6%超标。

3.2.2.2　不符合项及整改情况如图3-15、图3-16所示。

图 3-13　未经校验的经纬仪

图 3-14　经过校验的经纬仪

图 3-15　回填土含水量超标

图 3-16　调整含水量

3.2.2.3　不符合项危害：回填土含水量超标，容易造成回填土碾压不实，出现橡皮土。

3.2.2.4　设计图纸或标准规范要求：设计含水率要求为6%。

3.2.2.5　产生原因：质量检查员责任心不强，把关不严。施工人员质量意识淡薄。

3.2.2.6　整改措施：对含水量超标的全部清理，重新按要求回填。

3.2.2.7　保证措施：调试灰土拌合机加水量，试验人员加大检测力度，不合格品不得出场。

3.2.3　不符合项3：灰土拌合所用的石灰不符合要求。

3.2.3.1　不符合项描述：灰土拌合所用的石灰粒径超标且含有未熟化的生石灰。

3.2.3.2　不符合项及整改情况如图3-17、图3-18所示。

3.2.3.3　不符合项危害：石灰粒径超标且含有未熟化的生石灰，容易造成回填土鼓包。

图 3-17 石灰粒径超标

图 3-18 石灰合格

3.2.3.4 设计图纸或标准规范要求：《宁夏石油商业储备库工程储罐基础施工组织设计》中要求消解后的白石灰，必须经过 5mm 过筛，不得夹杂有未熟化的生石灰及其他杂质。

3.2.3.5 产生原因：（1）施工管理人员对施工工人没有进行技术交底工作。（2）施工单位质检员检查不到位，施工人员责任心不强，没有意识到此问题存在的潜在风险。

3.2.3.6 整改措施：现场将灰土中部分石灰粒径超标及夹杂未熟化生石灰清除出场，并加强了拌合站灰土的过程质量管理。

3.2.3.7 保证措施：生石灰进行彻底消解，并过筛保证石灰粒径。

3.2.4 不符合项 4：基底土被扰动。

3.2.4.1 不符合项描述：使用机械开挖基础土方，未留置人工清理土层。

3.2.4.2 不符合项及整改情况如图 3-19、图 3-20 所示。

图 3-19 机械超挖

图 3-20 碎石垫层找平

3.2.4.3 不符合项危害：地基土被扰动，造成基础沉降不均匀，影响建筑物的稳定性。

3.2.4.4 设计图纸或标准规范要求：设计图纸及施工技术手册规定，土方开挖应按从上到下分层分段依次进行。如用机械挖土，深5m以内的浅基础可一次开挖。在接近设计坑底标高或边坡边界时，应预留200～300mm，用人工开挖和修整，边挖边修坡，以保证不扰动土和标高符合设计要求。

3.2.4.5 产生原因：(1) 基础开挖前，未按程序进行施工技术交底。(2) 基础开挖时，施工人员质量意识淡薄，未认真审图及施工技术的要求。

3.2.4.6 整改措施：要求施工单位将被扰动的基底土清除，采用碎石填压到基底设计标高。

3.2.4.7 保证措施：加强施工前的施工技术交底，增强施工人员责任心与质量意识。

3.2.5 不符合项5：灰土搅拌不均匀。

3.2.5.1 不符合项描述：施工单位拌制的灰土不均匀，未达到设计要求的配比。

3.2.5.2 不符合项及整改情况如图3-21、图3-22所示。

图3-21 灰土拌合不均

图3-22 重新进行灰土拌合

3.2.5.3 不符合项危害：灰土搅拌不均匀导致灰土的压实度达不到设计要求，影响地基的稳定性。

3.2.5.4 设计图纸或标准规范要求：GB 50202—2002《建筑地基与基础工程施工质量验收规范》中第4.2.1条要求：灰土土料、石灰或水泥(当水泥替代灰土中的石灰时)等材料及配合比应符合设计要求，灰土应搅拌均匀。

3.2.5.5 产生原因：(1) 施工人员责任心不强，施工管理人员技术交底未做。(2) 施工单位质检人员检查不到位。

3.2.5.6 整改措施：将不符合要求的灰土铲除，重新按照3：7灰土的设计要求搅拌后再回填并碾压密实。

3.2.5.7 保证措施：(1)施工单位管理人员编写符合现场实际和设计要求的技术交底，并及时给施工人员交底。(2)加强现场施工人员的责任心。

3.2.6 不符合项6：储罐罐基础出现积水。

3.2.6.1 不符合项描述：罐基础内有积水，未采取排水措施。

3.2.6.2 不符合项及整改情况如图图3-23、图3-24所示。

图3-23 储罐基础内有积水，未及时采取 排水措施

图3-24 进行排水

3.2.6.3 不符合项危害：基础内积水不及时排除，容易造成基础塌方，同时也给施工作业人员带来安全隐患。

3.2.6.4 设计图纸或标准规范要求：GB 50202—2002《建筑地基基础工程施工质量验收规范》中第7.8.1条规定：降水与排水是配合基坑开挖的安全措施，施工前应有降水与排水设计。当在基坑外降水时，应有降水范围的估算，对重要建筑物或公共设施在降水过程中应进行监测。

3.2.6.5 产生原因：质量监督员未将基坑积水及时进行排除，对此问题没有高度重视。

3.2.6.6 整改措施：采取措施将基础内的积水全部排出，并按设计要求重新对地基进行处理。

3.2.6.7 保证措施：施工前加强施工技术交底，安排专人对基础积水现象进行检查，发现有积水现象应及时排除。

3.2.7 不符合项7：场地临时施工道路不符合要求。

3.2.7.1 不符合项描述：场地临时施工道路土质比校松软且道路压实度不够，道路表面不平整。

3.2.7.2 不符合项及整改情况如图3-25、图3-26所示。

图 3-25　场地施工道路不符合要求　　　　图 3-26　铺设钢板增加地面承载力

3.2.7.3　不符合项危害：重型车辆可能会出现陷胎等情况，严重时会出现翻车等安全隐患影响现场施工。

3.2.7.4　设计图纸或标准规范要求：GB 50369—2006《油气长输管道工程施工及验收规范》第 6.2.1 条规定：施工便道应平坦，并具有足够的承载能力，应保证施工车辆的行驶安全。

3.2.7.5　产生原因：施工单位对施工临时道路的重要性认识不足。

3.2.7.6　整改措施：（1）对厂区施工道路地基进行逐层夯实，以达到规范要求。（2）对于分布于软土地基地段上的进场道路和场地可利用原有道路，采取底层铺 1～2 层砂石，上层铺铁板的方式进行加固，以满足设备通行和施工需要。

3.2.7.7　保证措施：（1）施工单位应充分认识到施工临时道路的重要性。（2）施工单位应对施工现场地质情况作出准确分析，根据现场实际情况对厂区临时施工道路进行处理，以满足施工过程中材料和设备进场的要求。

3.2.8　不符合项 8：基础回填未分层夯实。

3.2.8.1　不符合项描述：基础回填未分层夯实。

3.2.8.2　不符合项及整改情况如图 3-27、图 3-28 所示。

3.2.8.3　不符合项危害：基础回填土未分层夯实，容易造成基础不均匀下沉。

3.2.8.4　设计图纸或标准规范要求：GB 50202—2002《建筑地基基础工程施工质量验收规范》中第 4.2.2 条规定：施工过程中应控制分层铺设的厚度，以及夯实时加水量、夯压遍数和压实系数。

3.2.8.5　产生原因：现场未进行技术交底，未按照施工规范要求进行施工。

3.2.8.6　整改措施：铲除已回填的部分，重新按要求对基础回填土进行分层夯实。

3.2.8.7　保证措施：施工前加强施工技术交底，保证虚铺厚度符合规范要求。

3.2.9　不符合项 9：灰土回填不符合要求。

3.2.9.1　不符合项描述：灰土回填后出现鼓包现象。

图 3-27　基础回填未分层夯实　　　　　　图 3-28　碾压夯实

3.2.9.2　不符合项及整改情况如图 3-29、图 3-30 所示。

图 3-29　灰土回填后出现鼓包现象　　　　图 3-30　铲除重新碾压

3.2.9.3　不符合项危害：灰土鼓包后容易造成基础涨裂。

3.2.9.4　设计图纸或标准规范要求：设计图纸要求灰土回填压实后不得出现鼓包等缺陷。

3.2.9.5　产生原因：（1）含水率不符合要求。（2）石灰熟化不透，存在大块颗粒。

3.2.9.6　整改措施：对基础鼓包部分全部清除，重新按要求进行回填处理。

3.2.9.7　保证措施：施工前加强施工技术交底，延长石灰消解期，保证生石灰充分熟化。

3.2.10 不符合项 10：基础回填垃圾未清干净。

3.2.10.1 不符合项描述：基础内垃圾未清理即进行回填。

3.2.10.2 不符合项及整改情况如图 3-31、图 3-32 所示。

图 3-31 基础未清理进行回填

图 3-32 基础内垃圾清理完成

3.2.10.3 不符合项危害：基础内垃圾不清理，容易造成基础不均匀下沉。

3.2.10.4 设计图纸或标准规范要求：GB 50202—2002《建筑地基基础工程施工质量验收规范》中第 6.3.1 条要求：土方回填前应清除基底的垃圾和树根等杂物，抽除坑穴积水和淤泥，验收基底标高。如在耕植土或松土上填方，应在基底压实后再进行回填。

3.2.10.5 产生原因：（1）质检员检查不到位，对工人交底不到位。（2）现场操作人员没有按施工交底进行作业。

3.2.10.6 整改措施：对基础内垃圾全部清理，验收合格后再进行回填。

3.2.10.7 保证措施：施工前加强施工技术交底，安排专人进行清理。

3.2.11 不符合项 11：灰土铺设厚度不符合要求。

3.2.11.1 不符合项描述：灰土虚铺厚度不符合要求，现场检查虚铺厚度达 480mm。

3.2.11.2 不符合项及整改情况如图 3-33、图 3-34 所示。

3.2.11.3 不符合项危害：虚铺厚度过大将导致碾压不密实，压实度达不到设计要求。

3.2.11.4 设计图纸或标准规范要求：SH/T 3528—2005《石油化工钢储罐地基与基础施工及验收规范》中第 3.2.8 条要求：灰土地基最大虚铺厚度 250～300mm（采用压路机 6~10t 双轮）。

3.2.11.5 产生原因：（1）质量检查员责任心不强，把关不严。（2）质检员交底不到位。（3）施工员责任心不强。

3.2.11.6 整改措施：对虚铺厚度超标的铲除后重新按要求进行铺设。

图 3-33 虚铺厚度过大

图 3-34 虚铺厚度整改后照片

3.2.11.7 保证措施：(1) 对每层虚铺厚度进行标高测试，不符合要求的进行调整。(2) 在隐蔽工程施工时监理应进行旁站检查。

3.2.12 不符合项 12：沥青砂厚度不符合要求。

3.2.12.1 不符合项描述：储罐沥青砂取样 1 个厚度为 65mm 不符要求。

3.2.12.2 不符合项及整改情况如图 3-35、图 3-36 所示。

图 3-35 沥青砂厚度不够

图 3-36 重新铺设沥青砂

3.2.12.3 不符合项危害：容易对沥青砂质量造成不良影响。

3.2.12.4 设计图纸或标准规范要求：设计要求沥青砂铺设厚度为 100mm。

3.2.12.5 产生原因：(1) 沥青砂施工过程没有对厚度进行控制。(2) 现场操作人员没有按施工交底进行作业。

3.2.12.6　整改措施：对厚度不合格的沥青砂进行现场清理，重新铺设。

3.2.12.7　保证措施：加强施工现场的质量管理，确保沥青砂铺设厚度。

3.2.13　不符合项13：沥青砂出现裂纹。

3.2.13.1　不符合项描述：沥青砂接缝处出现裂纹现象。

3.2.13.2　不符合项及整改情况如图3-37、图3-38所示。

图3-37　沥青砂表面裂纹

图3-38　沥青砂表面裂纹修补

3.2.13.3　不符合项危害：沥青砂裂纹容易引起沥青砂层开裂。

3.2.13.4　设计图纸或标准规范要求：SH/T 3528—2005《石油化工钢储罐地基与基础施工及验收规范》中第9.3节要求：沥青砂绝缘层表面应平整密实、无裂纹、无分层。

3.2.13.5　产生原因：(1)技术员和质检员工作不认真。(2)对沥青砂缝隙碾压不到位。

3.2.13.6　整改措施：对接缝部位重新碾压。

3.2.13.7　保证措施：对接缝部位重点进行碾压，加强质量检查力度。

3.2.14　不符合项14：环梁防腐层局部位置损坏。

3.2.14.1　不符合项描述：储罐基础环梁防腐层局部位置有脱皮、透底和气泡现象。

3.2.14.2　不符合项及整改情况如图3-39、图3-40所示。

3.2.14.3　不符合项危害：容易造成防腐层脱落，对环梁造成腐蚀。

3.2.14.4　设计图纸或标准规范要求：设计图纸要求防腐涂层厚度不得小于设计厚度，涂层施工完成后进行外观检查，不允许出现脱皮、漏刷、气泡、透底、流坠或皱皮等现象。

3.2.14.5　产生原因：(1)环梁防腐后未达到设计要求。(2)施工人员责任心不强，质量意识淡薄。

3.2.14.6　整改措施：将不符合要求的防腐层清理，重新喷刷。

3.2.14.7　保证措施：(1)对环梁防腐层局部位置有脱皮、透底或气泡现象的区域进

图 3-39 防腐层有脱皮、透底和气泡现象

图 3-40 防腐层重新涂刷

行防腐涂料补刷。(2) 安排现场专职人员进行监督，并做好成品保护工作。

3.3 砌筑工程

3.3.1 不符合项 1：毛石挡墙灰缝过大。

3.3.1.1 不符合项描述：护坡灰缝为 120mm，远大于设计及施工规范要求。

3.3.1.2 不符合项及整改情况如图 3-41、图 3-42 所示。

图 3-41 灰缝不符合要求

图 3-42 重新铺设灰缝

3.3.1.3 不符合项危害：灰缝过大，护坡整体性差，强度达不到设计要求。

3.3.1.4 设计图纸或标准规范要求：石砌体的灰缝厚度要求，毛料石和粗料石砌体不宜大于20mm；细料石砌体不宜大于5mm。

3.3.1.5 产生原因：(1)现场操作人员没有按施工交底进行作业。(2)质检员施工过程检查不到位。

3.3.1.6 整改措施：对灰缝过大的挡墙拆除重新砌筑。

3.3.1.7 保证措施：对施工人员进行技术交底，质检员对重点进行检查。

3.3.2 不符合项2：墙体砌筑不符合要求。

3.3.2.1 不符合项描述：墙体砌筑未设置拉结筋，不符合设计要求。

3.3.2.2 不符合项及整改情况如图3-43、图3-44所示。

图 3-43 未设置拉结筋

图 3-44 进行调整

3.3.2.3 不符合项危害：墙体容易出现裂缝，墙体达不到抗震要求。

3.3.2.4 设计图纸或标准规范要求：GB 50203—2011《砌体工程施工质量验收规范》中第5.2.4条要求：拉结钢筋的数量为每120mm墙厚放置1个$\phi 6$拉结钢筋(120mm厚墙放置2个$\phi 6$拉结钢筋)；间距沿墙高不应超过500mm；埋入长度从留槎处算起每边均不应小于500mm，对抗震设防烈度6度、7度的地区，不应小于1000mm；末端应有90°弯钩。

3.3.2.5 产生原因：(1)质检员责任心不强检查不到位。(2)对施工人员未进行技术交底。

3.3.2.6 整改措施：按照设计及施工规范要求补设拉结筋。

3.3.2.7 保证措施：施工前对施工人员进行详细技术交底，按施工规范要求进行验收。

3.3.3 不符合项3：墙施工质量不符合要求。

3.3.3.1 不符合项描述：混凝土防渗墙表面出现蜂窝、麻面等缺陷。

3.3.3.2 不符合项及整改情况如图3-45、图3-46所示。

3.3.3.3 不符合项危害：防渗墙起不到防渗作用。

3.3.3.4 设计图纸或标准规范要求：GB 50204—2002《混凝土结构工程施工质量验收

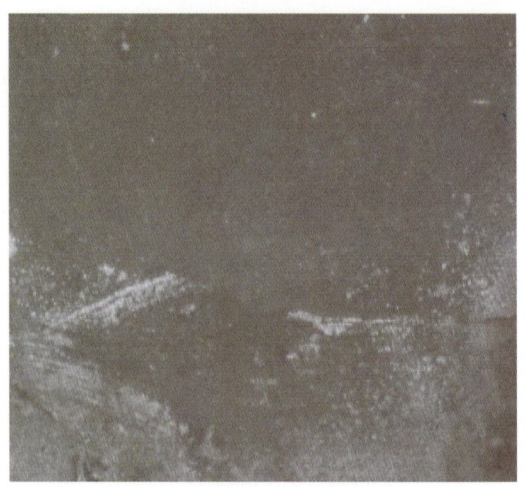

图 3-45 混凝土防渗墙表面缺陷　　　　图 3-46 混凝土防渗墙已整改

规范》中要求：混凝土表面不应出现蜂窝、孔洞或裂缝等现象。

3.3.3.5　产生原因：（1）施工管理人员对施工工人没进行技术交底工作。（2）操作人员质量意识淡薄。

3.3.3.6　整改措施：对不符合要求的进行凿除，重新浇筑。

3.3.3.7　保证措施：保证模板的强度和平整度，混凝土应振捣密实。

3.4　混凝土结构工程

3.4.1　不符合项1：火炬塔架人工挖孔桩基础混凝土质量问题。

3.4.1.1　不符合项描述：火炬塔架人工挖孔桩基础混凝土浇筑后，钻芯取样检测时桩底近1m的桩长没有取出样芯，同时取出部分混凝土碎石和糊状砂浆，桩底1m以上混凝土样芯完好，同时钻取80cm样芯完好。

3.4.1.2　不符合项及整改情况如图3-47、图3-48所示。

3.4.1.3　不符合项危害：桩身整体混凝土强度达不到设计要求影响上部结构安全。

3.4.1.4　设计图纸或标准规范要求：GB 50202—2002《建筑地基基础工程施工质量验收规范》中第5.6.3条要求：施工结束后，应检查混凝土强度，并应做桩体质量及承载力的检验。

3.4.1.5　产生原因：桩底存有积水，排水措施不完善，导致混凝土浇筑后发生离析，强度达不到设计要求。

3.4.1.6　整改措施：经与设计沟通后，设计同意每组桩基中间分别重新增加一根人工挖孔桩进行补强，来满足火炬架基础的强度。

3.4.1.7　保证措施：施工前将排水措施准备充分，混凝土浇筑时采用导管进行浇筑。

3.4.2　不符合项2：柱子钢筋轴线位移。

图3-47 钻芯取样结果

图3-48 按桩基设计要求整改

3.4.2.1 不符合项描述：柱基础轴线位移40mm，超出设计及施工规范要求。

3.4.2.2 不符合项及整改情况如图3-49、图3-50所示。

图3-49 柱子轴线位移

图3-50 对柱轴线位移进行调整

3.4.2.3 不符合项危害：柱子钢筋位移，造成主体结构与设计不符。

3.4.2.4 设计图纸或标准规范要求：GB 50204—2002《混凝土结构工程施工质量验收规范》中第8.3.2条要求：现浇混凝土结构的柱轴线位置允许偏差为8mm。

3.4.2.5 产生原因：技术员没有认真进行轴线复测。施工过程监督检查不到位。

3.4.2.6 整改措施：对柱轴线位移的全部拆除，重新绑扎浇筑。

3.4.2.7 保证措施：对施工人员进行详细技术交底，质检员认真复测轴线位置，保证施工质量。

3.4.3 不符合项3：钢筋丝头未采取保护措施。

3.4.3.1 不符合项描述：钢筋丝头加工完成后未采取保护措施。

3.4.3.2 不符合项及整改情况如图 3-51、图 3-52 所示。

图 3-51 丝头未保护

图 3-52 钢筋丝头加盖防护帽

3.4.3.3 不符合项危害：容易造成丝头生锈影响套筒的安装。

3.4.3.4 设计图纸或标准规范要求：JG 163—2004《滚轧直螺纹钢筋连接接头》中第 6.2.2 条规定：加工完的螺纹钢筋丝头应全部加保护套对丝头进行保护。

3.4.3.5 产生原因：(1) 施工管理人员对施工工人没进行技术交底工作。(2) 质量检查员检查不到位，没有对此问题存在的风险引起重视。

3.4.3.6 整改措施：对生锈的丝头全部切除，重新加盖。

3.4.3.7 保证措施：(1) 对现场施工人员进行技术交底。(2) 加工完成后丝头采取保护措施。

3.4.4 不符合项 4：模板接缝部位有错台翘曲不平现象。

3.4.4.1 不符合项描述：模板接缝处局部位置有错台翘曲不平，且有蜂窝现象。

3.4.4.2 不符合项及整改情况如图 3-53、图 3-54 所示。

3.4.4.3 不符合项危害：感观质量差。

3.4.4.4 设计图纸或标准规范要求：GB 50204—2002《混凝土结构工程施工质量验收规范》中第 8.2.2 条要求：现浇结构外观质量不宜有一般缺陷，如蜂窝、翘曲不平。

3.4.4.5 产生原因：(1) 混凝土浇筑前，质检员及现场监督人员未对模板进行认真验收。(2) 技术人员交底不到位。(3) 施工人员质量意识淡薄，无责任心。

3.4.4.6 整改措施：对不符合要求的凿除后重新浇筑。

3.4.4.7 保证措施：加强施工现场的质量管理，混凝土浇筑前对模板进行重点检查。

图 3-53 模板接缝不平

图 3-54 接缝处整改

3.4.5 不符合项 5：保护层厚度不符合要求。

3.4.5.1 不符合项描述：梁板支模时保护层厚度设置不符合要求。

3.4.5.2 符合项及整改情况如图 3-55、图 3-56 所示。

图 3-55 保护层厚度不符合要求

图 3-56 整改后的保护层厚度

3.4.5.3 不符合项危害：混凝土浇筑完成后容易发生露筋现象。

3.4.5.4 设计图纸或标准规范要求：GB 50204—2002《混凝土结构工程施工质量验收规范》中第 5.5.2 条要求：基础保护层厚度为 ±10mm。

3.4.5.5 产生原因：对现场技术员未进行技术交底，施工人员质量意识淡薄。

3.4.5.6 整改措施：对不符合要求的垫块进行更换。

3.4.5.7 保证措施：对现场施工人员进行技术交底，钢筋绑扎完成后安排专人进行检查。

3.4.6 不符合项6：框架梁箍筋预制尺寸不符合要求。

3.4.6.1 不符合项描述：巡检时发现框架梁箍筋预制偏小，受力钢筋保护层过大。

3.4.6.2 不符合项及整改情况如图3-57、图3-58所示。

图3-57 预制箍筋偏小，主筋保护层过大　　　　图3-58 调整后的箍筋符合要求

3.4.6.3 不符合项危害：钢筋保护层过大导致结构下部离受力筋对混凝土粘接锚固作用的降低，其抗拉强度下降，造成混凝土开裂，钢筋锈蚀，结构强度降低，造成严重的质量安全隐患。

3.4.6.4 设计图纸或标准规范要求：GB 50010—2010《混凝土结构设计规范》第8.2.1条规定：纵向受力的普通钢筋及预应力钢筋其混凝土保护层（钢筋外边缘至混凝土表面的距离）不应小于钢筋公称直径。

3.4.6.5 产生原因：（1）钢筋预制前，未按程序进行施工技术交底。（2）施工单位技术力量薄弱，对钢筋保护层重要性认识不到位。

3.4.6.6 整改措施：要求施工单位重新制作此部位的箍筋。

3.4.6.7 保证措施：施工前加强施工技术交底，增加施工单位的技术力量，并加大监理的巡检力度。

3.4.7 不符合项7：钢筋焊接问题。

3.4.7.1 不符合项描述：钢筋电渣压力焊焊接接头轴线偏移过大，弯折角过大。

3.4.7.2 不符合项及整改情况如图3-59、图3-60所示。

3.4.7.3 不符合项危害：钢筋焊接接头偏离正常状态，致使钢筋焊口或近缝区产生缺陷，接头抗拉强度不够或产生脆断，影响结构安全。

3.4.7.4 设计图纸或标准规范要求：JGJ 18—2003《钢筋焊接及验收规程》中第4.5.5条要求：不同直径钢筋焊接时，上下两钢筋轴线应在同一轴线上；电渣压力焊接头外观检查结果应符合下列要求：四周焊包均匀凸出钢筋表面的高度应大于或等于

图 3-59 钢筋电渣压力焊焊接接头轴线偏移过大，弯折角过大　　图 3-60 钢筋焊接问题整改后照片

4mm；钢筋与电极接触处，应无烧伤缺陷；接头处的弯折角不大于 4°；接头处的轴线偏移不得大于钢筋直径的 0.1 倍，且不得大于 2mm。外观检查不合格的接头应切除重焊，或采取补强焊接措施。

3.4.7.5　产生原因：（1）钢筋端头歪斜。（2）电极变形太大或安装不准确。（3）焊机夹具晃动太大。（4）操作不注意，焊接操作不规范。

3.4.7.6　整改措施：（1）在焊接接头处割开，并将接头表面清理干净。（2）钢筋端头弯曲时，焊前应予以矫直或切除，避免过大的顶压力。（3）保持电极的正常外形，变形较大时应及时修理或更新，安装时应力求位置准确。（4）夹具如因磨损晃动较大，应及时维修。（5）接头焊毕，稍冷却后再小心地移动钢筋。

3.4.7.7　保证措施：（1）焊工必须持有有效的焊工考试合格证。（2）焊接夹具应有足够的刚度，在最大允许荷载下应移动灵活，操作方便。（3）焊剂罐的直径与所焊钢筋直径相适应，不致在焊接过程中烧坏。（4）电压表和时间显示器应配备齐全，以便操作者准备掌握各项焊接参数。（5）电源应符合要求，当电源电压下降大于 5%，则不宜进行焊接。（6）作业场地应有安全防护措施，制订和执行安全技术措施，加强焊工的劳动保护，防止发生烧伤、触电、火灾、爆炸以及烧坏机器等事故。（7）注意接头位置，注意同一连接区段内，纵向受力钢筋的接头面积百分率应符合设计要求，当设计无具体求时应符合在受拉区不宜大于 50% 的规定，要调整接头位置后才能施工。（8）加强施工前的施工班组技术交底。（9）对上岗施焊的焊工严格执行持证上岗制度。（10）加强电渣焊机操作使用培训，及时更换受损卡具。（11）加强质量巡检，对不正确施焊操作及时制止并改正，避免不合格焊接件的产生。

3.4.8　不符合项 8：模板内垃圾未清理。

3.4.8.1 不符合项描述：环梁模板支护完成后垃圾未清理干净。

3.4.8.2 不符合项及整改情况如图 3-61、图 3-62 所示。

图 3-61 模板内垃圾未清理

图 3-62 模板内垃圾清理干净

3.4.8.3 不符合项危害：影响混凝土的强度，容易对混凝土质量造成不良影响。

3.4.8.4 设计图纸或标准规范要求：GB 50204—2002《混凝土结构工程施工质量验收规范》中第 4.2.3 条要求：浇筑混凝土前，模板内的杂物应清理干净。

3.4.8.5 产生原因：(1) 技术员和质检员检查不到位。(2) 施工人员质量意识淡薄，无责任心。

3.4.8.6 整改措施：对模板内垃圾进行清理，并浇水湿润。

3.4.8.7 保证措施：加强施工现场的质量管理，混凝土浇筑前对模板进行重点检查验收。

3.4.9 不符合项 9：混凝土出现跑模现象。

3.4.9.1 不符合项描述：防渗墙混凝土施工过程中发生跑模现象。

3.4.9.2 不符合项及整改情况如图 3-63、图 3-64 所示。

3.4.9.3 不符合项危害：容易造成防渗墙截面尺寸过大与设计要求不符。

3.4.9.4 设计图纸或标准规范要求：GB 50204—2002《混凝土结构工程施工质量验收规范》中第 4.1.1 条要求：模板及其支架应具有足够的承载力、刚度和稳定性，能可靠地承受浇筑混凝土的重量、侧压力以及施工荷载。

3.4.9.5 产生原因：模板支护强度不够；局部振捣强度过大。

3.4.9.6 整改措施：对跑模的混凝土凿除，重新进行浇筑。

3.4.9.7 保证措施：施工前对模板进行仔细检查，避免施工中出现质量问题。

3.4.10 不符合项 10：自拌混凝土所用原材料未进行称量。

图 3-63　防渗墙跑模　　　　　　　　图 3-64　对模板进行加固

3.4.10.1　不符合项描述：混凝土搅拌时原材料未进行称量偏差较大，混凝土质量无法保证。

3.4.10.2　不符合项及整改情况如图 3-65、图 3-66 所示。

图 3-65　混凝土未过磅　　　　　　　图 3-66　材料过磅

3.4.10.3　不符合项危害：自拌混凝土施工时，原材料未进行称量偏差较大，导致混凝土的配比不准确，影响混凝土质量。

3.4.10.4　设计图纸或标准规范要求：GB 50204—2002《混凝土结构工程施工质量验收规范》中第 7.4.3 条规定混凝土原材料每盘称量的偏差应符合下列要求：水泥和掺合料为 ±2%；粗（细）骨料为 ±3%；水和外加剂为 ±2%。

3.4.10.5　产生原因：(1) 施工技术人员交底不明确。(2) 现场操作人员没有按施工交底进行作业。

3.4.10.6 整改措施：自拌混凝土所用原材料应全部进行称量，并做好记录。

3.4.10.7 保证措施：（1）对施工人员进行详细的技术交底。（2）质检员重点检查混凝土原材料的称量记录。

3.4.11 不符合项11：压缩机基础二次灌浆出现裂缝。

3.4.11.1 不符合项描述：压缩机运行时，二次灌浆采用的细石砼产生通长裂缝。

3.4.11.2 不符合项及整改情况如图3-67、图3-68所示。

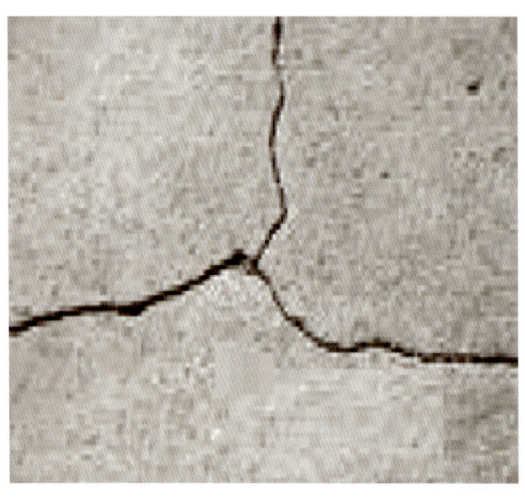 

图3-67 灌浆层出现裂缝　　　　　　　图3-68 采用新材料与新工艺

3.4.11.3 不符合项危害：由于压缩机是大型的动设备，二次灌浆层空鼓裂纹，使得压缩机振动异常，影响压缩机的正常使用和寿命。

3.4.11.4 设计图纸或标准规范要求：GB 50231—2009《机械设备安装工程施工及验收通用规范》第4.2.9条规定：灌浆层宜采用补偿收缩砼，应将灌浆层捣实，应在灌浆层达到设计强度的75%以上时，取出临时支撑件或调整螺钉，并应复测机械设备的安装水平，且将临时支撑件的空隙用砂浆填实。

3.4.11.5 产生原因：（1）设计的细石砼不具备补偿收缩性。（2）压缩机底座较大，但与基础面的距离小，施工单位对灌浆层振捣不到位。（3）施工单位对灌浆层养护不及时或措施不合理，责任心差。

3.4.11.6 整改措施：与设计方共同确定裂缝的补强处理方案，要求按施工补强方案实施整改。

3.4.11.7 保证措施：（1）采用具有微膨胀性和自流性高的成品二次灌浆料。（2）要求施工单位加强技术交底，加强对灌浆层的养护。

3.4.12 不符合项12：混凝土表面有空鼓现象。

3.4.12.1 不符合项描述：环梁混凝土局部位置有大面积空鼓或裂纹。

3.4.12.2 不符合项及整改情况如图3-69、图3-70所示。

图 3-69　混凝土空鼓　　　　　　　　　图 3-70　空鼓修复

3.4.12.3　不符合项危害：混凝土构件空鼓，造成混凝土质量无法保证。

3.4.12.4　设计图纸或标准规范要求：GB 50204—2002《混凝土结构工程施工质量验收规范》中第 8.2.2 条要求：现浇结构的外观质量不宜有一般缺陷（构件表面出现空鼓裂纹）。

3.4.12.5　产生原因：(1)未进行技术交底，环梁浇筑时振捣不到位。(2)技术员和质检员检查不到位。(3)环梁浇筑完毕后没有及时进行 C35 细石混凝土的找平，与环梁主体形成夹层。

3.4.12.6　整改措施：对混凝土空鼓的部位全部凿出，重新进行浇筑。

3.4.12.7　保证措施：加强施工现场的质量管理，对混凝土及时覆盖养护。

3.4.13　不符合项 13：楼板梁私自拆模。

3.4.13.1　不符合项描述：楼板梁在未提供砼抗压强度报告时私自进行模板拆除。

3.4.13.2　不符合项及整改情况如图 3-71、图 3-72 所示。

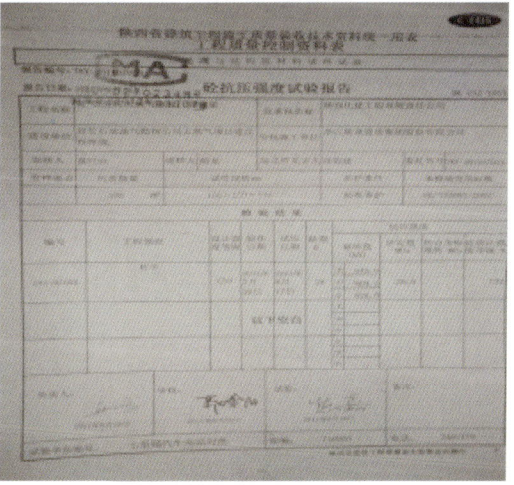

图 3-71　私自进行拆模　　　　　　　　图 3-72　达到规范要求强度后进行拆模

3.4.13.3 不符合项危害：达不到规范强度要求容易造成梁板变形，影响梁板质量。

3.4.13.4 设计图纸或标准规范要求：GB 50204—2002《混凝土结构工程施工质量验收规范》中第4.3.1条规定：底模拆除时的混凝土强度要求如表3-1所示。

表3-1 底模拆除时的混凝土强度要求

构造类型	构造跨度，m	达到设计的混凝土立方体抗压强度标准值的百分率，%
板	≤2	≥50
	>2, ≤8	≥75
	>8	≥75
梁、拱、壳	≤8	≥100
	>8	≥100
悬臂构件	—	≥100

3.4.13.5 产生原因：质检员质量意识差，违反程序作业。现场操作人员没有按施工交底进行作业。

3.4.13.6 整改措施：进行实体检测，检测混凝土的强度，是否满足拆模要求的强度。

3.4.13.7 保证措施：(1)施工前对应进行详细技术交底。(2)加强质量意识。(3)混凝土试块送实验室进行强度实验，达到要求后进行拆模。

3.4.14 不符合项14：设备基础灌浆不符合要求。

3.4.14.1 不符合项描述：灌浆出现裂纹，与底座有间隙。

3.4.14.2 不符合项及整改情况如图3-73、图3-74所示。

图3-73 灌浆出现裂纹，与底座有间隙

图3-74 整改后的基础

3.4.14.3 不符合项危害：不能保证输油管线动荷载作用在基础上，严重影响主体结构安全。

3.4.14.4 设计图纸或标准规范要求：钢结构主体结构具有一定刚度空间后，采用C40细石混凝土进行二次灌浆。GB 50204—2002《混凝土结构工程施工质量验收规范》要求：首次使用的混凝土配合比应进行开盘鉴定，其工作性应满足设计配合比的要求。开始生产时应至少留置一组标准养护试件，作为验证配合比的依据。结构混凝土的强度等级必须符合设计要求。用于检查结构构件混凝土强度的试件，应在混凝土的浇筑地点随机抽取。取样与试件留置应符合下列规定：每拌制100盘且不超过100m³的同配合比的混凝土，取样不得少于一次，每次取样应至少留置一组标准养护试件，同条件养护试件的留置组数应根据实际需要确定。混凝土浇筑完毕后，应按施工技术方案及时采取有效的养护措施，并应符合下列规定：在浇筑完毕后的12h以内对混凝土加以覆盖并保湿养护。

3.4.14.5 产生原因：(1)灌浆料配比不当。(2)二次灌浆层收缩。(3)干浆法捣固不实。(4)捣固时间不够。(5)添加大石块。(6)浆中间停顿。(7)养护不好。

3.4.14.6 整改措施：(1)应对钢结构基础需要二次灌浆部分进行全面凿毛并清理干净，不得有松动的碎石、浮浆、浮灰、油污或蜡质等。(2)灌浆前应对将要浇筑部分进行洒水，保湿24h，灌浆前应对模板加固牢固，严禁漏浆，灌浆应做压光处理，振捣要密实。(3)灌浆达到终凝后应及时覆盖并洒水养护且保持养护7天，由专人负责，混凝土严格按实验室出具的求配比进行施工，灌浆要连续，充分捣实，任何灌浆部位都要通填满、捣实，灌浆后认真养护，灌浆料要高于基础混凝土标号一号，或采用灌浆料。

3.4.14.7 保证措施：混凝土按要求进行配比，并充分捣实，一次浇筑成型。

3.4.15 不符合项15：混凝土浇筑问题。

3.4.15.1 不符合项描述：混凝土浇筑时导致管道和法兰受污染，清洗非常困难，易造成法兰密封面损坏，增加后续防腐难度。

3.4.15.2 不符合项如图3-75所示。

图3-75 混凝土浇筑时导致管道和法兰受污染

3.4.15.3　不符合项危害：难以保证工艺管道的感官质量，防腐难以进行。

3.4.15.4　设计图纸或标准规范要求：《宁夏石油商业储备库工程设备施工组织设计》中要求已完成的工艺管线应做好保护，避免给管线造成任何损伤。

3.4.15.5　产生原因：施工人员成品保护意识不强，不考虑后续施工工序，监督力度不到位。

3.4.15.6　整改措施：（1）对施工人员进行成品保护教育，责成施工人员清理。（2）混凝土浇筑前对附近易受污染部位采取塑料布等隔离。（3）加大现场监控力度。

3.4.15.7　保证措施：（1）施工单位加强现场管理。（2）提高成品保护意识，技术人员在作业之前对现场人员进行交底。（3）质检人员应严格履行职责，认真检查发现问题及时落实整改。

3.4.16　不符合项16：电缆沟盖板盖反。

3.4.16.1　不符合项描述：电缆沟盖板反盖致使受力筋不能起到应有的作用导致盖板断裂。

3.4.16.2　不符合项及整改情况如图3-76、图3-77所示。

图3-76　电缆沟盖板盖反

图3-77　电缆沟盖板整改后照片

3.4.16.3　不符合项危害：盖板反盖受力筋在上部导致不能发挥应有的作用，盖板受应力集中而折断，产生安全质量事故。

3.4.16.4　设计图纸或标准规范要求：盖板的受力筋应置于盖板的底部，保证盖板受力均匀不受影响，铺设盖板时应保证盖板的方向正确。

3.4.16.5　产生原因：（1）操作工人没有基本的构件安装知识。（2）技术人员交底不详细。（3）质检人员检查不到位。（4）未按照规范要求铺设。

3.4.16.6　整改措施：将损坏的盖板拆除后，重新按要求铺设新的盖板。

3.4.16.7　保证措施：（1）盖板预制初期做好正反面的标记，防止在盖板倒运及安装时候损坏,以避免安装后的返工。(2)技术人员加强对施工班组的技术交底工作。(3)质检人员在施工过程中加强质检工作。

3.4.17　不符合项17:现浇混凝土问题。

3.4.17.1　不符合项描述:现浇混凝土出现表面蜂窝、麻面现象。现象描述:混凝土局部表面出现缺浆和许多小凹坑、麻点,形成粗糙面结构,局部出现酥松、砂浆少、石子多、石子之间形成空隙类似蜂窝状的窟窿。

3.4.17.2　不符合项及整改情况如图3-78、图3-79所示。

图3-78　混凝土出现表面蜂窝、麻面

图3-79　整改后的混凝土

3.4.17.3　不符合项危害:影响工程结构安全。

3.4.17.4　设计图纸或规范要求:GB 50204—2002《混凝土结构工程施工质量验收规范》要求:现浇结构拆模后,应由监理(建设单位、施工单位)对外观质量和尺寸偏差进行检查,作出记录,并应及时按施工技术方案对缺陷进行处理。现浇结构的外观质量不宜有一般缺陷。对已经出现的一般缺陷,应由施工单位按技术处理方案进行处理,并重新检查验收。

3.4.17.5　产生原因:(1)模板拼缝、对拉螺栓孔处不严密局部漏浆。(2)混凝土振捣不实,气泡未排出,停在模板表面形成麻点。(3)下料不当或下料过高,未设串通使石子集中,造成石子砂浆离析。(4)混凝土未分层下料,振捣不实或漏振,或振捣时间不够。(5)模板表面粗糙或粘附水泥浆渣等杂物未清理干净,拆模时混凝土表面被粘坏。(6)模板未浇水湿润或湿润不够,构件表面混凝土的水分被吸去,使混凝土失水过多出现麻面。(7)人:施工前技术人员对施工人员技术交底不详细,施工人员对混凝土浇筑时的一些注意事项不熟悉或经常按自己施工习惯进行施工,现场技术员和质检员未进行现场旁站指导与监督检查,技术员、质检员和施工人员责任心与质量意识不强。(8)机:振捣设备选择不当或设备在施工时出现故障。(9)料:由于施工场地原因,混凝土车不能直接进入施工场地进行混凝土浇筑,施工人员采用手推车或导流槽浇筑混凝土,导致混凝土离析；或者使用周转多次的不合格模板，造成混凝土外观质量不合格。(10) 法：混凝土浇筑方法或混凝土振捣方法不当。(11) 环：浇筑混凝土前未对模板支设情况进行检查就进入下一工艺环节施工。(12) 测：施工前未对混凝土塌落度进行测量或测量不规范。

3.4.17.6　整改措施：(1) 对出现蜂窝、麻面的混凝土外观进行铲除，洗刷干净后，用1∶2或1∶2.5水泥砂浆抹平压实。(2) 较大蜂窝，凿去蜂窝处薄弱松散颗粒，刷洗净后，支模用高一级细石混凝土仔细填塞捣实，较深蜂窝，如清除困难，可埋压浆管、排气管，表面抹砂浆或灌筑混凝土封闭后，进行水泥压浆处理。(3) 对于深度超过10mm的孔洞，人工剔除松动石子及混凝土残渣，采用高一标号砂浆填实抹平。(4) 对于深度不超过10mm的孔洞，人工清除表面浮灰及混凝土残渣，待外墙装饰抹灰时，填实抹平。

3.4.17.7　保证措施：(1) 施工前由技术员和质检员对施工班组进行技术与质量详细交底，在施工过程中进行技术指导和质量监督。(2) 施工前选择符合要求的振捣设备，确保振捣设备状况良好，符合使用要求。(3) 混凝土浇筑时采取措施避免产生离析现象，使用合格的模板，模板周转次数不超过三次。(4) 根据基础模板高度，混凝土一次倒入模板内不可过深，避免振捣不到位。(5) 混凝土浇筑时振捣棒要快插慢拔，看到有混凝土浆冒出再撤出振捣棒，特别是基础四个角都要振捣到位，避免出现死角现象。(6) 混凝土浇筑前要对模板进行检查，检查不合格不得进行下道工序施工。(7) 按规范要求要对每批混凝土进行塌落度测量。(8) 加强混凝土浇筑时的振捣监督。(9) 混凝土浇筑前6h模板浇水湿润，但模板内不得有积水。(10) 加强模板施工质量验收工作，保证拼缝密实，加固牢固。

3.4.18　不符合项18：混凝土未连续浇筑。

3.4.18.1　不符合项描述：泵基础混凝土未进行连续浇筑。

3.4.18.2　不符合项及整改情况如图3-80、图3-81所示。

图3-80　混凝土未连续浇筑

图3-81　凿毛处理

3.4.18.3 不符合项危害：出现分层现象，不能保证设备基础的整体质量。

3.4.18.4 设计图纸或标准规范要求：GB 50204—2002《混凝土结构工程施工质量验收规范》中第7.4.4条要求：混凝土运输、浇筑及间歇的全部时间不应超过混凝土的初凝时间。同一施工段的混凝土应连续浇筑，并应在底层混凝土初凝之前将上一层混凝土浇筑完毕。

3.4.18.5 产生原因：现场质检员管理不到位，对现场施工人员未进行技术交底。

3.4.18.6 整改措施：对已初凝混凝土进行凿毛处理，保证上层混凝土有效粘接。

3.4.18.7 保证措施：对施工人员进行技术交底，质检人员加大检查力度。

3.4.19 不符合项19：管墩存在质量缺陷。

3.4.19.1 不符合项描述：工艺管墩外观出现缺棱掉角现象。

3.4.19.2 不符合项及整改情况如图3-82、图3-83所示。

图3-82 管墩缺棱掉角　　　　　　　图3-83 管墩质量缺陷整改完成

3.4.19.3 不符合项危害：感官差，影响正常使用。

3.4.19.4 设计图纸或标准规范要求：GB 50204—2002《混凝土结构工程施工质量验收规范》中第8.2.2条规定：现浇结构的外观质量不宜有一般缺陷，如缺棱少角、蜂窝麻面等。

3.4.19.5 产生原因：现场施工人员成品保护意识淡薄。

3.4.19.6 整改措施：将管墩基础凿毛后用高强度水泥砂浆进行修补。

3.4.19.7 保证措施：对现场管理人员进行成品保护教育，并要求做好成品保护工作。

3.5 结构安装工程

3.5.1 不符合项1：钢结构基础柱面涂刷油漆问题。

3.5.1.1 不符合项描述：钢结构基础顶面与柱底包脚部位300mm以内涂刷油漆。

3.5.1.2 不符合项及整改情况如图3-84、图3-85所示。

图 3-84　未按设计要求进行防腐　　　　图 3-85　将已完成的油漆打磨掉

3.5.1.3　不符合项危害：不能保证二次灌浆质量，严重影响结构使用功能。

3.5.1.4　设计图纸或标准规范要求：结构基础顶面与钢柱底 300mm 以内不得涂刷油漆。

3.5.1.5　产生原因：(1) 钢结构防腐施工未进行施工技术交底。(2) 项目技术员和质检员监督检查不到位，缺乏质量管理意识。(3) 施工人员缺乏质量意识，存在惰性思想，未对图纸进行详细审核。

3.5.1.6　整改措施：(1) 在二次灌浆前，施工单位对包脚部位 300mm 以内进行打磨，除掉油漆。(2) 施工前重新进行施工技术交底，按设计文件进行施工。

3.5.1.7　保证措施：(1) 在二次灌浆前进行工序交接和技术交底，责任落实到人。(2) 加强质量监督力度，提高技术人员、质量检查员和施工人员质量意识。(3) 包脚部位进行打磨处理，按工序程序进行报验，验收合格后方可进行二次灌浆。

3.5.2　不符合项 2：压缩机厂房钢结构防火涂料脱落。

3.5.2.1　不符合项描述：现场检查发现进场钢结构预制件防火涂料有空鼓脱落现象。

3.5.2.2　不符合项及整改情况如图 3-86、图 3-87 所示。

3.5.2.3　不符合项危害：防火涂料空鼓脱落降低钢结构的耐火极限，影响钢结构的安全性。

3.5.2.4　设计图纸或标准规范要求：GB 50205—2001《钢结构工程施工质量验收规范》第 14.3.6 条规定：防火涂料不应有误涂、漏涂，涂层应闭合无脱层、空鼓、明显凹陷、粉化松散和浮浆等外观缺陷，乳突应剔除。且设计图纸说明中要求，选用的防火涂料与构件表面的防腐油漆之间应进行相容性试验。

3.5.2.5　产生原因：(1) 施工单位未按图纸要求对防腐油漆和防火涂料做相容性试验。(2) 施工单位技术人员质量意识淡薄，存有侥幸心理。

3.5.2.6　整改措施：将防火涂料清除，重新购买防火涂料，经相容性试验合格

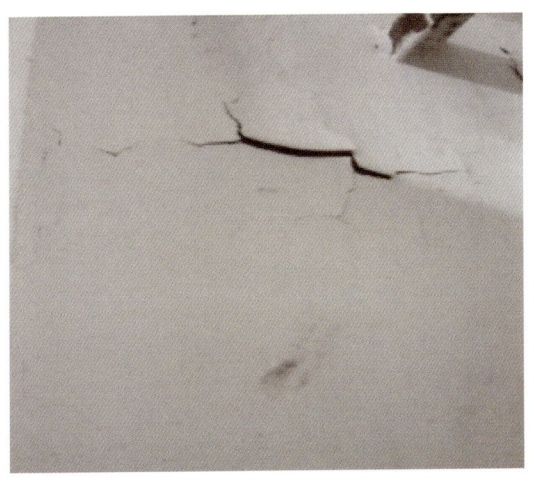

图 3-86 不合格防火涂料

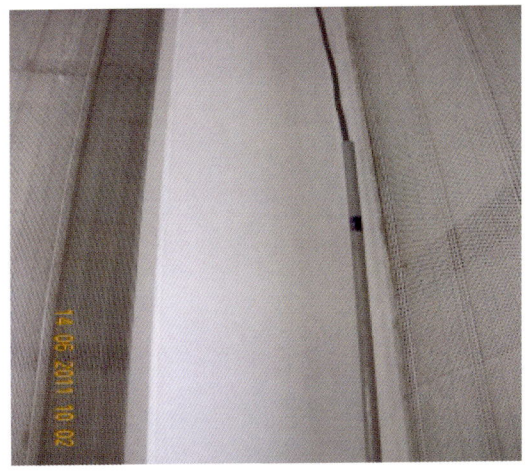

图 3-87 整改后的防火涂料

后,再进行喷涂。

3.5.2.7 保证措施:要求施工单位加强对试验的重视,增加技术交底的针对性和对上岗人员的培训。

3.5.3 不符合项 3:钢结构返锈问题。

3.5.3.1 不符合项描述:现场钢结构安装前堆放不规范,引起钢结构底漆涂层破坏,出现返锈现象。

3.5.3.2 不符合项及整改情况如图 3-88、图 3-89 所示。

图 3-88 钢结构返锈

图 3-89 重新进场的钢结构

3.5.3.3 不符合项危害:需要重新除锈涂刷防腐底漆,造成不必要的返工和浪费。

3.5.3.4 设计图纸或标准规范要求:施工组织设计中要求合理安排材料进场的时间并

做好材料的保护，避免出现材料返工和浪费的现象。

3.5.3.5 产生原因：施工人员质量意识淡薄，成品保护不到位。

3.5.3.6 整改措施：(1)对进场材料及附件重新摆放。(2)对损坏的漆面重新进行除锈涂刷。

3.5.3.7 保证措施：(1)改善计划安排减少制作及存放时间。(2)给现场制作人员交底，减少材料的碰撞。(3)装卸过程使用吊装带，地面用软材料垫护。

3.6 装饰工程

3.6.1 不符合项1：外窗台抹灰堵上泄水孔。

3.6.1.1 不符合项描述：外窗台抹灰堵上泄水孔，不符合要求。

3.6.1.2 不符合项及整改情况如图3-90、图3-91所示。

图3-90 外墙排水孔被堵上

图3-91 整改后的外墙排水孔

3.6.1.3 不符合项危害：泄水孔不通容易造成窗框内积水。

3.6.1.4 设计图纸或标准规范要求：GB 50210—2001《建筑装饰装修工程质量验收规范》中第5.3.10条要求：有排水孔的金属门窗排水孔应畅通，位置和数量应符合设计要求。

3.6.1.5 产生原因：技术人员交底不到位，质检人员未及时检查发现问题。

3.6.1.6 整改措施：铲除抹灰层重新按要求进行抹灰。

3.6.1.7 保证措施：加强技术交底，按照规范要求进行施工。

3.6.2 不符合项2：水泥不合格，室内地面出现起砂起皮现象。

3.6.2.1 不符合项描述：现场检查发现生产辅助用房地面起砂起皮现象严重，经查所用水泥未进行进场复验。

3.6.2.2 不符合项及整改情况如图3-92、图3-93所示。

图 3-92　地面起砂　　　　　　　图 3-93　处理地面起砂

3.6.2.3　不符合项危害：室内地面起砂起皮，影响地面使用的耐久性和美观性。

3.6.2.4　设计图纸或标准规范要求：GB 50209—2010《建筑地面工程施工质量验收规范》中第 3.0.3 条规定：建筑地面工程采用的材料应按设计要求和本规范的规定选用，并应符合国家标准的规定；进场材料应有中文质量合格证明文件、规格、型号及性能检测报告，对重要材料应有复验报告。

3.6.2.5　产生原因：(1) 施工单位未按规范要求对进场后的水泥进行复验。(2) 施工单位采购材料不合格，以次充好。

3.6.2.6　整改措施：将已施工地面清除，重新购置水泥，经复验合格后再进行施工。

3.6.2.7　保证措施：加强进场材料的复验监控，有效落实自检、互检、专检的"三检"制。

3.6.3　不符合项3：内墙面抹灰不符合要求。

3.6.3.1　不符合项描述：现场检查内墙面抹灰质量时，发现部分位置出现裂纹。

3.6.3.2　不符合项及整改情况如图 3-94、图 3-95 所示。

3.6.3.3　不符合项危害：容易产生空鼓、开裂和脱落等缺陷，影响建筑物感观质量。

3.6.3.4　设计图纸或标准规范要求：GB 50210—2001《建筑装饰装修工程质量验收规范》中第 4.3.5 条要求：各抹灰层之间及抹灰层与基体之间必须粘接牢固，抹灰层应无脱层、空鼓和裂缝。

3.6.3.5　产生原因：(1) 抹灰前基层处理不彻底，基层未提前洒水湿润。(2) 混凝土表面未做拉毛处理或处理不到位。(3) 底层抹灰与面层抹灰间隔时间短，抹灰厚度不均或过薄。(4) 水泥砂浆配合比控制不严。(5) 不同材料基体结构间未设置加强措施。(6) 抹压程度不够，密实度不好。

3.6.3.6　整改措施：用小铁锤轻敲裂缝处，看是否空鼓。不空鼓时，用水泥浆掺建筑胶将缝填实抹平；空鼓时，将空鼓灰层敲掉，重新做基层界面处理、抹灰及收面压光，并保证表面平整。

图 3-94　内墙面抹灰有裂纹　　　　　　　图 3-95　对抹灰损坏位置进行处理

3.6.3.7　保证措施：(1) 施工前进行专项交底，明确操作质量要求。(2) 加强施工过程监控，上道工序验收合格后再进行下道工序施工。(3) 加强施工过程技术指导。

3.6.4　不符合项 4：塑钢窗安装不符合要求。

3.6.4.1　不符合项描述：塑钢窗安装后开关不灵活，关闭不严密。

3.6.4.2　不符合项及整改情况如图 3-96、图 3-97 所示。

图 3-96　窗关闭不严密　　　　　　　　　图 3-97　整改后的塑钢窗

3.6.4.3　不符合项危害：导致门窗开关不方便且影响关闭隔断效果。

3.6.4.4　设计图纸或标准规范要求：GB 50210—2001《建筑装饰装修工程质量验收规

范》中第 5.4.5 条规定：塑料门窗扇应开关灵活，关闭严密，无倒翘。

3.6.4.5　产生原因：塑钢窗制作时尺寸错误，安装过程中没有进行水平和垂直检查造成窗口歪斜。

3.6.4.6　整改措施：将有问题的窗拆除重新安装，将有尺寸有问题的窗重新制作安装。

3.6.4.7　保证措施：（1）预制时应严格按照图纸尺寸进行制作。（2）安装前应检查窗尺寸，遇到不符合的情况应与各方沟通解决，不能强行安装。

3.7　冬雨季施工

3.7.1　不符合项 1：冬季基础土方回填不符合要求。

3.7.1.1　不符合项描述：施工单位在基础土方回填时，回填土中冻块粒径超过 15cm。

3.7.1.2　不符合项及整改情况如图 3-98、图 3-99 所示。

图 3-98　回填土冻块粒径大于 15cm

图 3-99　整改后的回填土

3.7.1.3　不符合项危害：回填土冻块粒径大，容易导致回填土压实度达不到要求，会引起回填土不均匀沉降。

3.7.1.4　设计图纸或标准规范要求：JGJ/T 104—2011《建筑工程冬季施工规程》中第 3.2.4 条要求：冬期土方回填时，每层铺土厚度应比常温施工时减少 20%～25%，预留沉陷量应比常温施工时增加。对于大面积回填土和有路面的路基及其人行道范围内的平整场地填方，可采用含有冻土块的土回填，但冻土块的粒径不得大于 15cm，其含量（按体积计）不得超过 30%，铺填时冻土块应分散开并应逐层夯实。

3.7.1.5　产生原因：施工单位管理人员对冬季施工规范要求认识不足，施工中未按要求回填。

3.7.1.6 整改措施：施工单位管理人员应该制定关于冬季土方回填的方案，并严格按照冬季施工规范要求施工，施工中加强自检。

3.7.1.7 保证措施：（1）施工单位现场加强管理，技术人员对回填作业人员进行技术交底，强调回填土的要求。（2）回填之前要认真检查回填土的质量，对于不符要求的回填土严禁回填使用。（3）质检人员应严格检查，发现问题及时要求整改。

3.7.2 不符合项2：冬季砌筑施工时使用的砂浆不符合要求。

3.7.2.1 不符合项描述：施工单位在基础砖砌筑过程中使用的砂浆温度低于5℃。

3.7.2.2 不符合项及整改情况如图3-100、图3-101所示。

图3-100 砌筑砂浆温度低

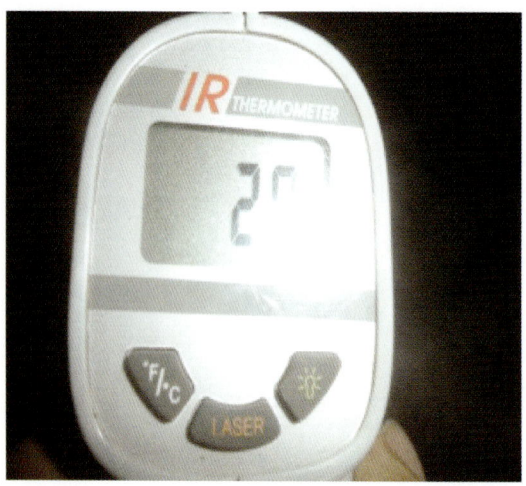
图3-101 整改后的砌筑砂浆温度

3.7.2.3 不符合项危害：砂浆强度达不到设计要求，砌筑的砖墙没有足够的承载力。

3.7.2.4 设计图纸或标准规范要求：JGJ/T 104—2011《建筑工程冬季施工规程》中第3.2.4条要求：砌筑时砂浆温度不应低于5℃。

3.7.2.5 产生原因：施工管理人员责任心不强，对冬季施工的规范要求认识不足，没有严格落实技术交底。

3.7.2.6 整改措施：将不符合要求的砂浆铲除，按照建筑冬季施工规范要求采用将水温加热等措施，保证砂浆的砌筑温度不低于5℃。

3.7.2.7 保证措施：加强施工前的技术交底工作，冬季施工时严格按照规范要求进行。

3.7.3 不符合项3：冬季混凝土浇筑后保温措施不符合要求。

3.7.3.1 不符合项描述：混凝土浇筑后，未按冬季施工方案要求做好保温措施。

3.7.3.2 不符合项及整改情况如图3-102、图3-103所示。

3.7.3.3 不符合项危害：保温措施不完善，容易导致混凝土受冻，达不到设计要求的强度。

3.7.3.4 设计图纸或标准规范要求：冬季施工方案要求做混凝土浇筑完成之后应做好

图 3-102 保温措施不符合要求

图 3-103 重新进行保温

保温措施,确保混凝土不会受冻。

3.7.3.5 产生原因:(1)施工人员质量意识差。(2)质检人员未进行冬季施工技术交底。(3)现场监理人员检查不到位。

3.7.3.6 整改措施:及时对未保温的混凝土基础按照施工方案做好保温工作。

3.7.3.7 保证措施:施工人员应提高质量意识,对冬季施工保温的重要性引起高度重视,并按要求进行施工。

4 工艺

4.1 管道附件的检验及储存

4.1.1 不符合项1：已预制的管段未及时封堵，有杂物进入。

4.1.1.1 不符合项描述：管线预制完成的管口没有设置临时盲板封堵，有杂物进入。

4.1.1.2 不符合项及整改情况如图4-1、图4-2所示。

 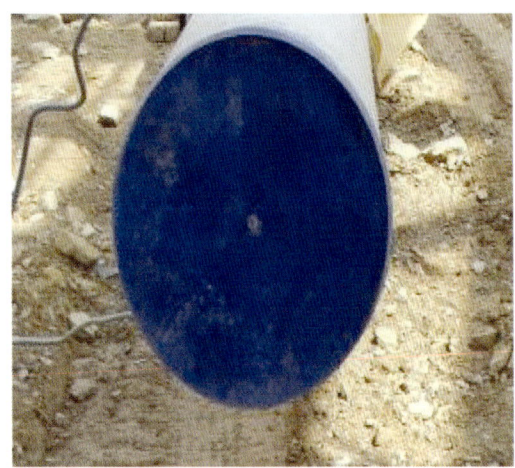

图4-1 已预制的管口未及时封堵　　　　　图4-2 管口已按要求封堵

4.1.1.3 不符合项危害：可能导致杂物进入管内和设备阀门不易清理，缩短其使用寿命，给试压或投产试运行带来严重的安全隐患。

4.1.1.4 设计图纸或标准规范要求：GB 50235—2010《工业金属管道工程施工规范》中第7.2.4条规定：预制完毕的管段，应将内部清理干净，并及时封闭管口。

4.1.1.5 产生原因：(1)施工技术交底不明确。(2)施工人员对盲板封堵的认识不足。(3)现场质检员责任心不强，质量意识淡薄。(4)施工现场未配备管口封堵临时盲板。

4.1.1.6 整改措施：确保预制管段管口及时加装临时盲板并有效封堵。

4.1.1.7 保证措施：(1)加强施工技术交底，对完成后管段及时加装临时盲板，进行有效封堵。(2)质检员加强现场监督检查,发现此类问题及时进行整改。

4.1.2 不符合项2:进场管材质量不符合规范要求。

4.1.2.1 不符合项描述:进场包装完好的不锈钢管材,打开包装后,管材表面存在麻坑、污垢、锈迹、划痕或打磨现象,且划痕深度超过规范要求的壁厚负偏差值。

4.1.2.2 不符合项及整改情况如图4-3、图4-4所示。

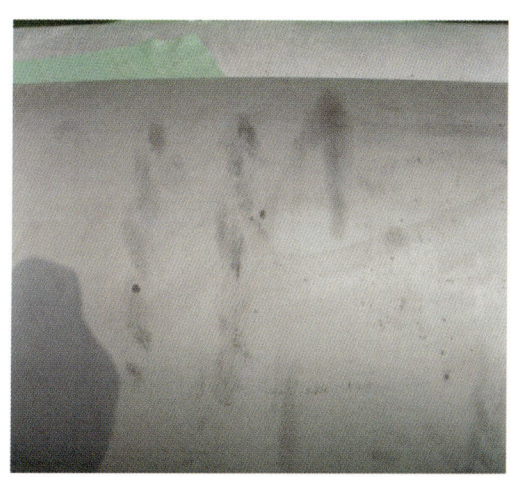
图4-3 管材表面污垢、划痕

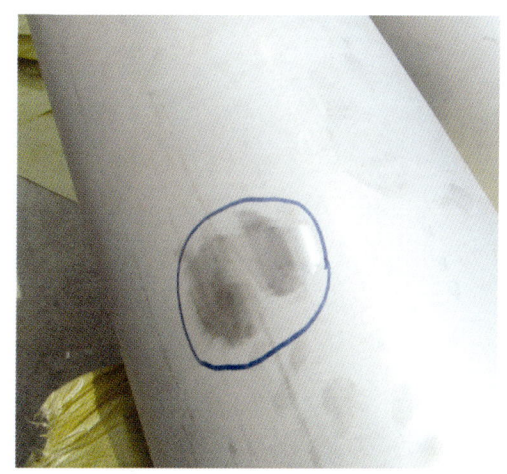
图4-4 重新采购的管材

4.1.2.3 不符合项危害:对管材本身耐腐性能造成影响,影响不锈钢管材的使用寿命,且在划痕处易产生韧性断裂失效。

4.1.2.4 设计图纸或标准规范要求:GB/T 14796—2002《流体输送用不锈钢无缝钢》第6.7条要求:钢管的内外表面不得有裂纹、折叠、轧折、离层和结疤存在。这些缺陷应完全消除,清除深度不得超过公称壁厚的负偏差,其清理处实际壁厚不得小于壁厚所允许的最小值。

4.1.2.5 产生原因:(1)厂家生产制造不锈钢管材时,未按规范要求对不锈钢管进行保护,使用倒链直接进行吊装作业,或在吊装过程中存在划伤、碰伤现象。(2)对不锈钢管材的堆放未进行有效控制,致使管材表面受到污染。(3)出厂前自检不到位。

4.1.2.6 整改措施:将不合格不锈钢管材进行退货返厂处理。

4.1.2.7 保证措施:对出现过问题的厂家,增加进场管材的抽检比例。增派专门人员进行驻厂监造,对即将出厂管材进行初步验收,保证出厂质量。或根据实际情况,更换供应厂家。

4.1.3 不符合项3:进场DN800蝶阀阀体存在砂眼和气孔等缺陷,未经试压直接使用。

4.1.3.1 不符合项描述:雨水提升池用进场DN800 150lb蝶阀阀体存在砂眼和气孔等缺陷,且未经现场验收确认和试压等程序直接使用。

4.1.3.2 不符合项及整改情况如图4-5、图4-6所示。

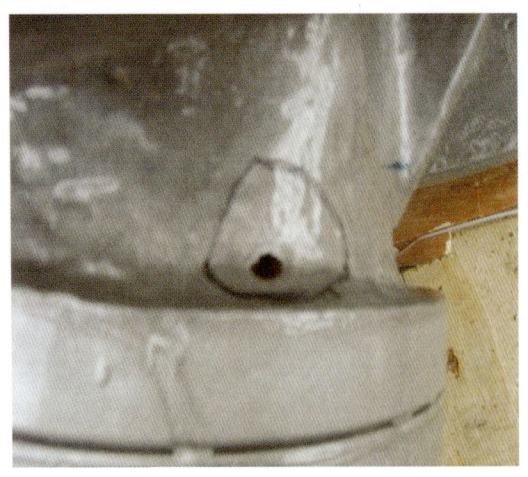 

图 4-5　进场阀门存在砂眼　　　　　　图 4-6　更换后的阀门

4.1.3.3　不符合项危害：阀门稳定性和密封性不能得到保证，造成不必要的返工，影响施工工期。

4.1.3.4　设计图纸或标准规范要求：根据 SY 4203—2007《石油天然气建设工程施工质量验收规范》中第 5.2.4.2 条规定阀体、阀盖和阀外表面无气孔、砂眼或裂纹等缺陷。第 5.2.4.3 条规定阀门的检验范围应为：阀门均应进行现场单体试压检验。

4.1.3.5　产生原因：总包单位对进场阀门未经严格自检，且未通知监理进行验收，私自安装。

4.1.3.6　整改措施：按规范要求重新对阀门进行检验与试压，对不合格阀门进行退场处理。

4.1.3.7　保证措施：对进场阀门按照规范验收要求进行检验，严格按照进场验收程序执行，未经监理验收合格的阀门，无论合格与否，都不允许进场使用。

4.1.4　不符合项 4：进场的工艺管件质量不符合要求。

4.1.4.1　不符合项描述：进场的工艺管件对接焊缝存在严重凹槽，不符合质量要求。

4.1.4.2　不符合项及整改情况如图 4-7、图 4-8 所示。

4.1.4.3　不符合项危害：凹槽深度严重超标，构件承受强度压力降低，运行过程存在质量安全隐患。

4.1.4.4　设计图纸或标准规范要求：GB 50235—2010《工业金属管道工程施工及验收规范》中第 4.1.2 条要求：管道元件和材料在使用前应按国家现行有关标准和设计文件的规定核对其材质、规格、型号、数量和标识，并应进行外观质量和几何尺寸检查验收，其结果应符合设计文件和相应产品标准的规定。管道元件和材料标识应清晰完整，并应能够追溯到产品质量证明文件。

4.1.4.5　产生原因：未落实进场材料验收程序，监理未进行签认，材料进场管理存在漏洞。

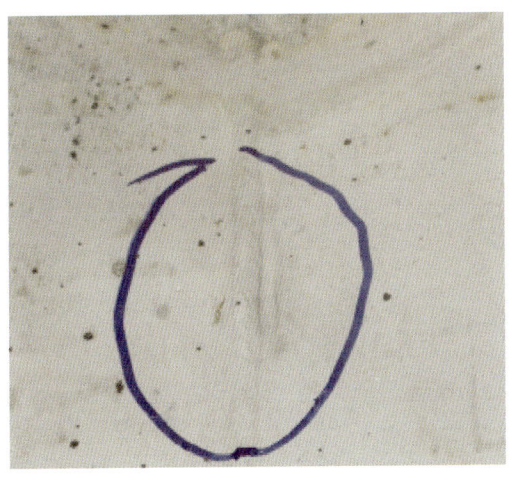

图 4-7 对焊弯头内焊道两侧存在凹槽

图 4-8 对不符合要求的弯头进行返厂处理

4.1.4.6 整改措施：(1) 对进场的所有管件进行检查，对不符合质量要求的管件进行返厂，并按设计和规范要求重新采购。(2) 对重新进场的材料，严格按照验收程序组织进场报验，监理签认合格后方可进场使用。

4.1.4.7 保证措施：(1) 采购前熟悉设计技术规格书，严格按照设计要求采购材料，严格执行材料进场验收制度，认真履行材料进场报验程序。(2) 落实管件驻厂监造制度，确保管件出厂质量。

4.1.5 不符合项5：不锈钢与碳钢混放。

4.1.5.1 不符合项描述：不锈钢管与碳钢管存放时混淆，不符合规范要求。

4.1.5.2 不符合项及整改情况如图4-9、图4-10所示。

图 4-9 不锈钢管与碳钢管混淆

图 4-10 不锈钢管摆放符合要求

4.1.5.3 不符合项危害：不锈钢管道和碳钢管道混淆一起存放，使不锈钢与碳钢接触，容易使不锈钢表面产生渗碳现象，降低不锈钢的使用寿命。

4.1.5.4 设计图纸或标准规范要求：GB 50235—2010《工业金属管道工程施工及验收规范》中第4.1.9条要求：管道元件和材料在施工过程中应妥善保管，不得混淆或损坏，其标记应明显清晰。材质为不锈钢、有色金属的管道元件和材料，在运输和储存期间不得与碳素钢、低合金钢接触。

4.1.5.5 产生原因：（1）技术交底不详细。（2）质检人员责任心不强，监督管理不到位。（3）材料存放场地狭窄，不利于材料的堆放。

4.1.5.6 整改措施：对混淆的不锈钢和碳钢分开设置，合理存放。

4.1.5.7 保证措施：（1）对施工人员进行详细的技术交底。（2）加强现场材料管理，材料的保管和存放应有专人负责。（3）管理人员加强现场监督管理。

4.1.6 不符合项6：进场的管道堆放不符合要求。

4.1.6.1 不符合项描述：现场堆管不符合要求，使用管材作为管墩，并且不同管径的管材混放。

4.1.6.2 不符合项及整改情况如图4-11、图4-12所示。

图4-11 不同管径管材混放　　　　　　图4-12 管材分类堆放且采用软质管墩

4.1.6.3 不符合项危害：（1）使用管材作为管墩容易造成管材变形不能正常使用。（2）不同管径材质管材堆放在一起给吊装及预制带来困难。

4.1.6.4 设计图纸及规范要求：GB 50540—2009《石油天然气站内工艺管道工程施工规范》中第4.3.1条规定：对已验收的钢管应分规格和材质分层同向码垛，分开堆放，堆放高度应保证钢管不失稳变形，且最高不应超过3m。底层钢管应垫软质材料，并应加防滑楔子。垫起高度为200mm以上。

4.1.6.5 产生原因：施工人员对已验收的管材保护的重要性认识不到位，贪图省事。

4.1.6.6　整改措施：不同管径、不同材质的管材分类堆放且做好标识，管墩采用软质草袋，防止管线受损。

4.1.6.7　保证措施：（1）施工前技术员按照规范要求加强对施工人员的技术交底，编制施工作业指导书，明确堆管场设置要求。（2）加大对施工现场堆管作业的检查力度。

4.1.7　不符合项7：弯头、三通没有保护措施。

4.1.7.1　不符合项描述：进场后的工艺所用弯头直接放置在土地上，未采取任何保护。

4.1.7.2　不符合项及整改情况如图4-13、图4-14所示。

图4-13　进场弯头底层未作垫层　　　　　图4-14　弯头底层已铺设沙袋垫层

4.1.7.3　不符合项危害：（1）地面硬物会损伤底层管子的防腐层。（2）三通管口直接放置地面容易损伤坡口，会对焊接质量造成影响。

4.1.7.4　设计图纸及规范要求：GB 50540—2009《石油天然气站内工艺管道工程施工规范》中第4.3.3条规定：弯头、弯管、异径管和三通应采取防锈防变形措施。

4.1.7.5　产生原因：（1）技术人员未对施工人员进行技术交底，操作人员对规范要求不清，错误操作。（2）现场卸车人员责任心差，为图省事，未按要求堆放进场弯头、三通。

4.1.7.6　整改措施：进场弯头、三通底层应提前按照规范要求进行处理。

4.1.7.7　保证措施：（1）施工前技术员按照规范要求加强对施工人员的技术交底。（2）施工中质检员严格控制施工质量。

4.1.8　不符合项8：防腐完毕的管子未按照要求进行堆放。

4.1.8.1　不符合项描述：某施工单位对防腐完成的管件随意堆放，部分管件被含有石子的砂土掩埋。

4.1.8.2　不符合项及整改情况如图4-15、图4-16所示。

4.1.8.3　不符合项危害：（1）砂土中含有大量的石子和石块，容易砸伤管件并损伤防腐层，影响管件的使用。（2）管件中进入大量的砂子或石子，给管线清管造成一定难度。

图 4-15 防腐完毕的管件被掩埋

图 4-16 管件重新进行清理并进行规范堆放

4.1.8.4　设计图纸及规范要求：GB 50540—2009《石油天然气站内工艺管道工程施工规范》中第4.3.1条要求：检验合格的防腐管应根据规格和防腐等级，同向分类码垛堆放，防腐（保温）管之间和底层宜垫软质材料并加防滑楔子。

4.1.8.5　产生原因：（1）堆管场区规划不合理，刚好堆在管线开挖一侧。（2）总承包商没有起到协调管理作用，各工序交叉作业时没有提前进行组织各班组进行现场交底工作、优化工序。

4.1.8.6　整改措施：（1）将管线清理出来后检查管线管体及防腐层是否存在损伤，管体损伤严重的严禁使用，对防腐损伤的应及时进行补齐。（2）同时做好管线清管工作。

4.1.8.7　保证措施：要求总承包单位在区域开工前应先进行技术交底工作，合理安排施工工序，避免交叉作业产生的管理及施工不符合项。

4.1.9　不符合项9：阀门未封盖，未支垫，法兰面生锈。

4.1.9.1　不符合项描述：进场的阀门没有专人进行统计、管理；阀门法兰没有进行保护且阀门下未进行支垫。

4.1.9.2　不符合项及整改情况如图4-17、图4-18所示。

4.1.9.3　不符合项危害：阀门不集中管理，容易出现阀门丢失；同时造成阀门损坏不能正常使用，影响工程施工质量及施工进度。

4.1.9.4　设计图纸及规范要求：根据质量管理体系文件中进场材料（设备）管理要求：设备如设计无特殊要求可在料场存放。但必须对壳体所有进出口、接管法兰口涂黄油，用盲板或油毡封孔，下垫上盖。

4.1.9.5　产生原因：（1）施工单位现场质量体系没有按照编制审批后的体系文件正常进行运转。（2）管理人员未对现场进场材料情况进行详细的统计和梳理，管理意识淡薄。

4.1.9.6　整改措施：对新进场的阀门按不同型号、规格进行统计，并放置在专门的材料管理区域进行集中管理，做好保护工作。

4.1.9.7　保证措施：施工单位管理人员应强化材料管理力度，不定期对材料管理情况进行检查，对检查出的问题及时进行整改，完善进场材料管理制度。

图 4-17 进场阀门没有集中进行保护、管理,阀门随意堆放

图 4-18 进场阀门已统一进行集中管理

4.1.10 不符合项 10：未向保管员进行登记随意将焊条取走。

4.1.10.1 不符合项描述：在对焊材进行检查时发现,施工人员未向保管员进行登记,随意将焊条取走。

4.1.10.2 不符合项及整改情况如图 4-19、图 4-20 所示。

图 4-19 随意拿取焊条

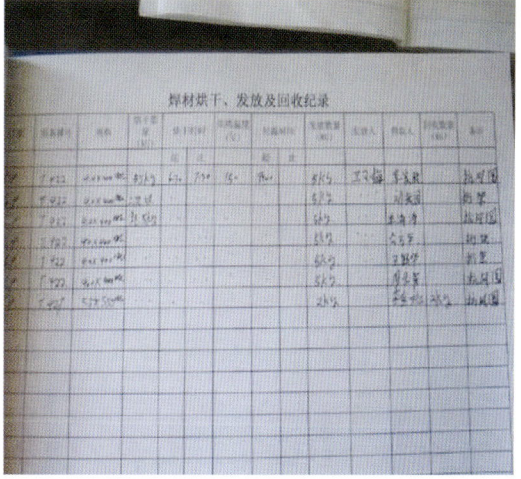

图 4-20 焊条收发记录齐全

4.1.10.3 不符合项危害：施工人员随意拿取焊条,造成焊条管理失控。按照规范要求,焊条在使用前应先进行烘干,因部分焊条可能存在受潮现象,如不进行烘干直接进行使用,将直接影响焊接质量。

4.1.10.4 设计图纸及规范要求：按照 JB/T 3223—1996《焊接材料质量管理规程》中第 8.6 节要求：焊接材料的出库量应严格按产品消耗定额控制；并以领料单为出库凭据，经保管员确认后放可发放。

4.1.10.5 产生原因：(1)焊材管理人员责任心差，对焊材管理不当。(2)施工单位没有安排专人进行焊材管理。(3)施工单位管理人员未向焊接施工人员进行焊材管理的交底工作，焊接施工人员没有意识到规范领用焊材的重要性。

4.1.10.6 整改措施：施工单位管理人员应安排专职人员进行焊材收发管理，同时做好焊接施工人员的焊材管理交底工作。

4.1.10.7 保证措施：施工单位管理人员应安排专职人员进行焊材管理，施工人员应按照焊条质量管理规程领取焊条。

4.1.11 不符合项 11：废旧焊条和使用焊条未进行区分。

4.1.11.1 不符合项描述：焊材管理检查时发现焊条材料库中废旧焊条及在用焊条未进行分类堆放，混放在一起。

4.1.11.2 不符合项及整改情况如图 4-21、图 4-22 所示。

图 4-21 废旧焊条与在用焊条混放

图 4-22 焊条已进行分类堆放

4.1.11.3 不符合项危害：废旧焊条与在用焊条混放，施工人员在领取焊条时容易将废旧焊条领走，影响焊接质量。

4.1.11.4 设计图纸及规范要求：根据 JB/T 3223—1996《焊接材料质量管理规程》中第 8.4 节要求：对变质、受潮的废弃焊条，应及时进行回收，不能将废旧焊条重新进行使用。

4.1.11.5 产生原因：(1)焊材管理人员责任心差，对焊材管理不当。(2)施工单位没有安排专人进行焊材管理。

4.1.11.6 整改措施：废旧焊条应统一进行回收并做好标示，由专人进行统计。

4.1.11.7 保证措施：施工单位管理人员应安排专职人员进行焊材管理，废旧焊条应统一进行回收并做好标示。

4.1.12 不符合项12：异径三通在吊装过程中造成防腐层损伤。

4.1.12.1 不符合项描述：管件在吊装过程中采用钢丝绳进行吊装，未加装任何保护措施，造成管件防腐层损伤。

4.1.12.2 不符合项及整改情况如图4-23、图4-24所示。

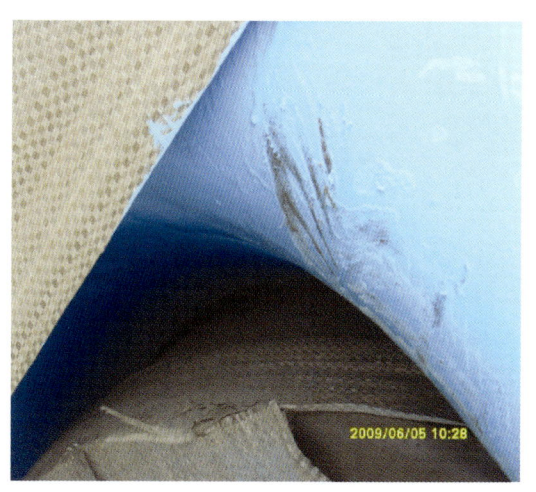

图4-23 三通防腐层损伤

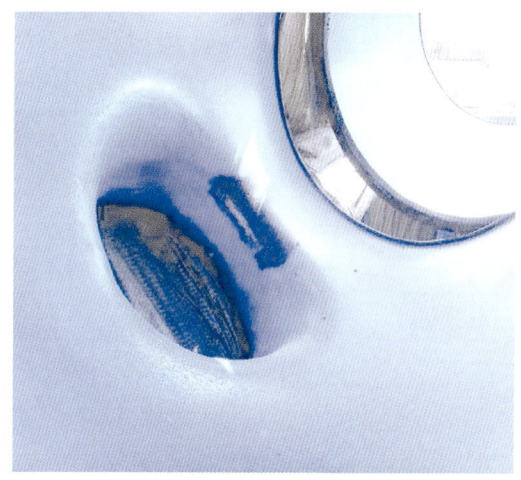

图4-24 增加防护措施进行防腐层保护

4.1.12.3 不符合项危害：防腐层损伤会造成管材受到腐蚀，影响生产运行安全。

4.1.12.4 根据项目部质量管理体系文件要求：如采用钢丝绳进行吊装时应加装防护措施。

4.1.12.5 产生原因：（1）管理人员吊装技术交底不彻底。（2）施工人员责任心不强。

4.1.12.6 整改措施：要求施工单位人员吊装管件时采用尼龙带，如采用钢丝绳应加装防护措施。

4.1.12.7 保证措施：（1）对施工人员进行技术交底，使施工人员认识到管件防腐层损伤的危害性。（2）管理人员应加强现场吊装过程QHSE管理工作。

4.1.13 不符合项13：吊卸螺旋管过程中，未做防护。

4.1.13.1 不符合项描述13：工艺管线在吊卸螺旋管过程中，未做防护对管口造成损伤。

4.1.13.2 不符合项及整改情况如图4-25、图4-26所示。

4.1.13.3 不符合项危害：管口损伤造成管线坡口角度出现偏差，影响管线组对间隙不均匀，直接影响管线焊接质量。

4.1.13.4 根据设计及规范要求：根据施工单位上报的施工组织设计要求，管子装卸应使用不损伤管口的专用吊具。

4.1.13.5 产生原因：（1）施工单位技术交底不明确。（2）施工操作人员未按照设计和规范要求进行操作。

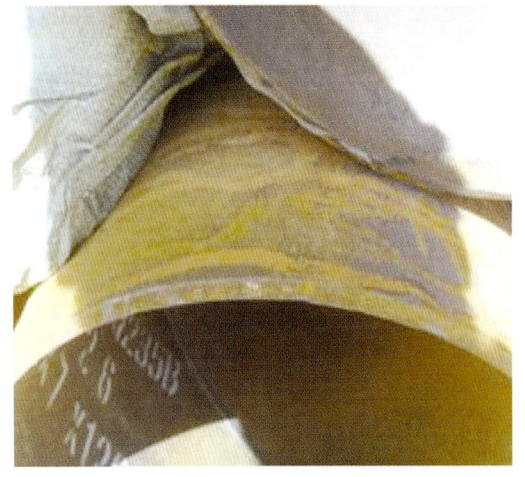

图 4-25　管线管口吊装时损伤

图 4-26　管口已加装保护措施

4.1.13.6　整改措施：停止吊装作业，管口保护圈加装后使用专用吊具进行吊装。

4.1.13.7　保证措施：（1）吊管前应对吊装工具进行检查，是否配备专用吊具。（2）加强管材进场吊卸作业监督，未配备专用吊具的严禁进行作业施工。（3）加强管材装卸管理，装卸管材时有专人指挥。（4）严禁采用撬、滚、滑等损伤防腐层的方法装卸管材。

4.1.14　不符合项14：玻璃钢管表面划伤。

4.1.14.1　不符合项描述：玻璃钢管进场时存在损伤现象，不符合要求。

4.1.14.2　不符合项及整改情况如图4-27、图4-28所示。

图 4-27　玻璃钢管表面存在划伤现象

图 4-28　返厂补修后重新进场

4.1.14.3　不符合项危害：玻璃钢管划伤一定程度影响管壁厚度，降低管道承受压力和工作耐久性。

4.1.14.4 设计图纸或标准规范要求：《大连 LNG 接收站 ORV 海水管道专项施工方案》第 5.1.1 条规定：玻璃钢管外表面应无明显裂纹、分层、破损等缺陷。

4.1.14.5 产生原因：(1) 在运输或者保管的过程中保护不到位，造成玻璃钢管线表层划伤。(2) 装箱交货时未进行质量鉴定签收。(3) 质检人员责任心不强，材料进厂验收未严格检查。

4.1.14.6 整改措施：损伤轻微可在现场进行补修；损伤严重则应返厂处理。

4.1.14.7 保证措施：(1) 确保材料在运输或保管过程中不受损伤。(2) 严格按照物资进场报验程序组织验收。(3) 质检员严格控制进厂材料的质量监督。

4.1.15 不符合项 15：法兰密封面不符合要求。

4.1.15.1 不符合项描述：法兰密封面存在严重划痕。

4.1.15.2 不符合项及整改情况如图 4-29、图 4-30 所示。

图 4-29 法兰端面有划痕

图 4-30 法兰面符合要求

4.1.15.3 不符合项危害：法兰密封不严密，容易出现天然气泄漏事件。

4.1.15.4 设计图纸或标准规范要求：SY 50540—2009《石油天然气站内工艺管道工程施工规范》中第 4.2.7 条规定：法兰密封面应光滑、平整，不得有毛刺、划痕、径向沟槽、沙眼及气孔。

4.1.15.5 产生原因：(1) 质检人员质量意识淡薄，未按照规范要求进行进场检查。(2) 厂家技术人员质量意识淡薄，未严格按照规范要求进行检查。(3) 厂家管理人员存侥幸心理。(4) 运输过程中，防护不到位，磕碰产生缺陷。

4.1.15.6 整改措施：更换为合格的法兰。

4.1.15.7 保证措施：(1) 提高质检人员质量意识，严格按照施工规范要求进行进场材料检验，杜绝不合格设备、材料进场。(2) 加强材料在运输过程中的保护。

4.1.16 不符合项 16：保温绝热材料现场随意堆放不符合要求。

4.1.16.1 不符合项描述：隔热材料现场随地乱放，当天施工完毕未进行覆盖或回收，不符合规范要求。

4.1.16.2 不符合项及整改情况如图 4-31、图 4-32 所示。

图 4-31 保温绝热材料现场随意堆放

图 4-32 按要求堆放遮盖保管保温绝热材料

4.1.16.3 不符合项危害：材料随地堆放，易受潮和暴晒，影响保温绝热材料的使用寿命，同时造成材料浪费。

4.1.16.4 设计图纸或标准规范要求：《大连 LNG 接收站罐区管廊及管线安装工程管线保冷施工方案》的规定：Armaflex 柔性保冷材料保温材料现场存放时，应避免阳光直射，应保存在干燥环境，避免淋雨或被水浸泡，且所有绝热材料应避免被污染，应保持清洁、干燥，不受损伤。

4.1.16.5 产生原因：（1）未对施工人员进行详细的技术交底。（2）质检人员质量监督管理不到位。（3）施工人员材料管理意识差，随意堆放。

4.1.16.6 整改措施：根据进度要求发放材料，现场未用完的绝热保温材料应存放在合适的地点，避免雨淋或被水浸泡。

4.1.16.7 保证措施：（1）对施工人员进行详细的技术交底。（2）加强现场材料管理，材料保管和存放应有专人负责。（3）管理人员加强现场监督，发现问题及时整改。

4.1.17 不符合项 17：D219mm 母材管端内表面有重皮。

4.1.17.1 不符合项描述：D219mm×14mm 母材管端内表面有重皮。

4.1.17.2 不符合项及整改情况如图 4-33、图 4-34 所示。

4.1.17.3 不符合项危害：无法确定该管道其他部位的合格性，存在质量隐患。

4.1.17.4 设计图纸或标准规范要求：GB 6479—2000《高压化肥设备用无缝钢管》第 4.8 条表面质量要求：钢管内外表面不应有裂纹、折叠、轧折、结疤和离层，这些缺陷应完全清除。清除深度不应超过公称壁厚的负偏差，其清理处的实际壁厚不应小于壁厚偏差所允许的最小值。在钢管内外表面上，热轧（挤压、扩）钢管的允许清除深度不大于壁厚的 5%，

图 4-33 母材管端内表面有重皮　　　　　　图 4-34 母材合格

且最大深度为 0.5 mm。

4.1.17.5 产生原因：(1) 现场管理人员质量意识淡薄，未认真检查。(2) 厂家制造缺陷。

4.1.17.6 整改措施：材料退场，换取符合标准要求的管材进场。

4.1.17.7 保证措施：现场管理人员增强安全、质量意识，加强材料进场检查，杜绝不合格材料进场。

4.1.18 不符合项 18：管端内壁表面有沟槽现象。

4.1.18.1 不符合项描述：管端内壁表面有沟槽现象，管材存在严重缺陷。

4.1.18.2 不符合项及整改情况如图 4-35、图 4-36 所示。

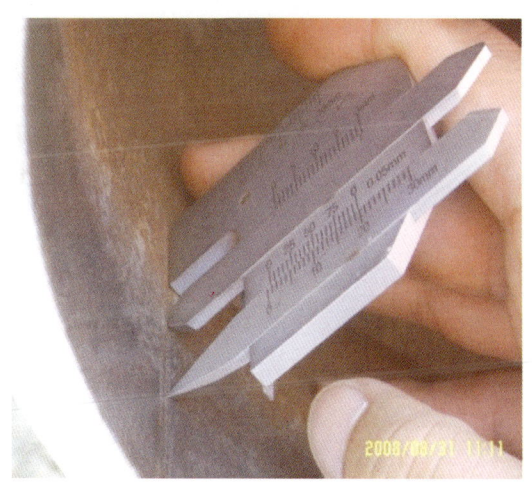

图 4-35 管端内壁表面有沟槽现象　　　　　　图 4-36 管材合格

4.1.18.3 不符合项危害：局部减薄量太大，使该处管道强度不能满足工程需要，存在质量及安全等隐患。

4.1.18.4 设计图纸或标准规范要求：GB 6479—2000《高压化肥设备用无缝钢管》第 4.8 条表面质量要求：钢管内外表面不应有裂纹、折叠、轧折、结疤和离层，这些缺陷应完全清除。清除深度不应超过公称壁厚的负偏差，其清理处的实际壁厚不应小于壁厚偏差所允许的最小值。在钢管内外表面上，热轧（挤压、扩）钢管允许的清除深度不大于壁厚的 5%，且最大深度为 0.5 mm。

4.1.18.5 产生原因：（1）现场管理人员质量意识淡薄，未认真检查。（2）厂家制造产品存在缺陷。

4.1.18.6 整改措施：对不合格材料进行退场处理。

4.1.18.7 保证措施：强化管理人员安全、质量意识，加强进场材料监督检查力度，杜绝不合格材料进场。

4.1.19 不符合项 19：钢管壁厚及外径不符合。

4.1.19.1 不符合项描述：经检查发现 D219mm×14mm 钢管壁厚小于 12.3mm，且最小一端内径为 185mm，不符合要求。

4.1.19.2 不符合项及整改情况如图 4-37、图 4-38 所示。

图 4-37 D219mm×14mm 钢管壁厚小于 12.3mm

图 4-38 D219mm×14mm 钢管最小一端内径为 18.5cm

4.1.19.3 不符合项危害：管道强度不足，不能保证管道在高压下的正常运行，存在安全隐患。

4.1.19.4 设计图纸或标准规范要求：GB 6479—2000《高压化肥设备用无缝钢管》规定的外径和壁厚的允许偏差要求如下：当外径 $D > 159mm$ 时，外径允许偏差为 ±0.90%；当壁厚 $S \leqslant 20mm$ 时，壁厚允许偏差为 ±10%。

4.1.19.5 产生原因：（1）厂家制造产品存在缺陷。（2）施工单位未严格执行进场材料检验制度。

4.1.19.6　整改措施：对不合格材料进行退场处理。

4.1.19.7　保证措施：（1）合同约束厂家严格按照规范要求提供合格产品。（2）加强进场材料监督、检查力度，杜绝不合格材料进场。

4.1.20　不符合项20：甲醇管线大小头管件不合格。

4.1.20.1　不符合项描述：管线试运行期间发现甲醇管线大小头管件处出现泄漏，经查发现管件存在针眼，为不合格产品。

4.1.20.2　不符合项及整改情况如图4-39、图4-40所示。

图4-39　不合格的甲醇管线大小头

图4-40　采购合格的大小头进行预制

4.1.20.3　不符合项危害：发生泄漏事故，容易造成火灾。

4.1.20.4　设计图纸或标准规范要求：GB 12459—2005《钢制对焊无缝管件》第6.1.1条规定：成品管件不得有裂纹、过烧及其他有损强度和外观的缺陷。

4.1.20.5　产生原因：（1）厂家制造产品存在缺陷。（2）施工单位未根据规范对进场高压管件进行复验。

4.1.20.6　整改措施：割除该处管件，重新焊接合格管件。

4.1.20.7　保证措施：严格按照规范要求对进场材料进行检查、复验。

4.1.21　不符合项21：管道组成件缺少质量证明文件。

4.1.21.1　不符合项描述：阀门配套的法兰、螺栓、钢圈和缠绕垫片无质量证明文件及合格证。

4.1.21.2　不符合项及整改情况如图4-41、图4-42所示。

4.1.21.3　不符合项危害：无法证明法兰、螺栓、钢圈和缠绕垫片等管道组成件质量是否合格，存在质量隐患。

4.1.21.4　设计图纸或标准规范要求：SY 4203—2007《石油天然气建设工程施工质量验收规范　站内工艺管道工程》第5.2.1.2条规定：管道组成件应具有产品质量证明书、

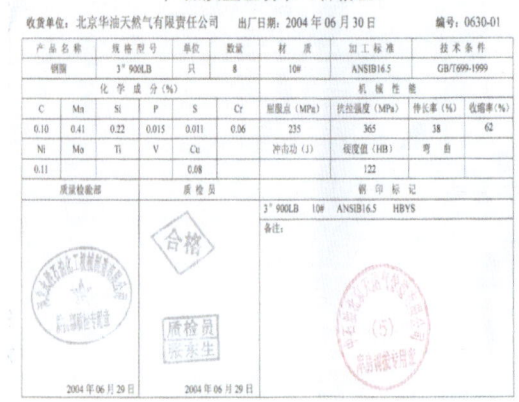

图 4-41　法兰材质证明文件　　　　图 4-42　钢圈材质证明文件

出厂合格证与说明书。

4.1.21.5　产生原因：施工单位质量意识淡薄，存在侥幸心理，未提供附件证明材料。

4.1.21.6　整改措施：资料不齐全的设备和材料监理不予以验收。

4.1.21.7　保证措施：严格按照规范要求对进场材料和设备进行检查。

4.1.22　不符合项 22：管道内部有杂物。

4.1.22.1　不符合项描述：管道内部未清理干净，有沙石等杂物。

4.1.22.2　不符合项及整改情况如图 4-43、图 4-44 所示。

图 4-43　管道内部有杂物不合格　　　　图 4-44　管道内部清洁合格

4.1.22.3　不符合项危害：减少管道使用寿命，严重时，堵塞分离器排污系统，引起非正常停产。

4.1.22.4　设计图纸或标准规范要求：SY 4203—2007《石油天然气建设工程施工质量验收规范　站内工艺管道工程》第7.1.5条规定：管子内部应清理干净，无污物与杂物。

4.1.22.5　产生原因：(1)施工前技术交底不明确。(2)施工单位管理人员质量意识淡薄。(3)现场监督检查不到位。

4.1.22.6　整改措施：将管子内部杂物清理干净后方可进行下步施工。

4.1.22.7　保证措施：完善施工前技术交底制度，加强现场管理力度。

4.1.23　不符合项23：管道堆放不符合要求。

4.1.23.1　不符合项描述：管道堆放不符合要求，管线直接放置在水泥管墩上。

4.1.23.2　不符合项及整改情况如图4-45、图4-46所示。

图4-45　管道堆放不符合要求

图4-46　重新增加软垫

4.1.23.3　不符合项危害：水泥管墩硬物容易损伤管子防腐层。

4.1.23.4　根据设计及规范要求：根据SY 4203—2007《站内工艺管道施工质量验收规范　站内工艺管道工程》要求：在布管前应在硬质管墩上铺设软垫防止损伤防腐层。

4.1.23.5　产生原因：(1)施工前技术交底不明确，施工人员无标准化施工意识。(2)施工人员缺乏责任心，为减少布管工序将管子随便弃置于水泥管墩上。

4.1.23.6　整改措施：布管前在管墩上应铺设一层软垫，防止防腐层损伤。

4.1.23.7　保证措施：施工前加强技术交底工作，施工单位管理人员应加强检查力度，杜绝此类情况发生。

4.2　管道下料与加工

4.2.1　不符合项1：不锈钢管线预制打磨不符合要求。

4.2.1.1　不符合项描述：不锈钢管线预制打磨时未使用不锈钢专用砂轮。

4.2.1.2　不符合项及整改情况如图 4-47、图 4-48 所示。

图 4-47　不锈钢打磨未使用专用砂轮

图 4-48　不锈钢打磨使用专用砂轮

4.2.1.3　不符合项危害：使用普通砂轮打磨后，容易发生渗碳加速不锈钢的腐蚀。

4.2.1.4　设计图纸或标准规范要求：GB 50235—2010《工业金属管道工程施工规范》中第 5.2.2 条要求：当采用砂轮切割或修磨不锈钢、镍及镍合金、钛及铁合金、锆及锆合金时，应使用专用砂轮。

4.2.1.5　产生原因：(1) 施工单位不按要求配置不锈钢专用砂轮片。(2) 现场工人质量意识不强，不按规范要求进行操作。(3) 施工单位技术人员责任心不强，对施工人员技术交底不到位，现场施工时也未进行检查和指导。

4.2.1.6　整改措施：更换不锈钢专用砂轮片重新打磨。

4.2.1.7　保证措施：(1) 施工单位在施工设备物资配置上应满足施工要求。(2) 技术人员应加强责任心，对容易出现问题的部位应加强技术交底的力度，并在施工过程中进行检查和指导，发现问题及时纠正处理。(3) 工人经岗前培训合格后方可上岗。(4) 质检人员应加强过程检查和控制。

4.2.2　不符合项 2：管段预制完成后实际使用位置与预制不符，导致焊口检测片失效。

4.2.2.1　不符合项描述：脱碳单元管线预制完成后，实际用于脱水脱汞相同管径、形式的管段，焊口已在预制完成后检测完毕。

4.2.2.2　不符合项危害：导致管线检测口混乱，出具检测报告与焊口不能一一对应，极易出现焊口漏检、缺检现象。

4.2.2.3　设计图纸或标准规范要求：《延长 LNG 工程无损检测施工组织设计》中要求无损检测底片应与现场实际相一致。

4.2.2.4　产生原因：预制管段表面标识不清楚，导致管段混用。

4.2.2.5　整改措施：将管段按单元、按管线进行分类堆放，对已混用的管线重新进行检测。

4.2.2.6　保证措施：对预制管段进行统一管理，检测完成的管段不允许混用。

4.2.3　不符合项3：不锈钢管道问题。

4.2.3.1　不符合项描述：不锈钢管道污染、渗碳。

4.2.3.2　不符合项及整改情况如图4-49、图4-50所示。

图4-49　不锈钢管道污染、渗碳

图4-50　不锈钢管道整改后照片

4.2.3.3　不符合项危害：管材及法兰易产生渗碳，引起锈蚀。

4.2.3.4　设计图纸或标准规范要求：工艺管线采用白钢法兰和不锈钢管材一起焊接。

4.2.3.5　产生原因：(1)施工人员质量意识淡薄，技术交底不到位。(2)未按设计图纸施工。(3)成品防护不到位。

4.2.3.6　整改措施：(1)对被污染的部位进行酸洗处理。(2)覆盖易污染部位。(3)采取隔离措施，防止渗碳发生。

4.2.3.7　保证措施：(1)进行专项交底，明确质量要求。(2)对易污染的管道进行覆盖，上部施工应采取防护措施，避免焊接飞溅及切割氧化物的污染。

4.2.4　不符合项4：管道坡口加工问题。

4.2.4.1　不符合项描述：管道坡口加工不规整，对口间隙过小。

4.2.4.2　不符合项及整改情况如图4-51、图4-52所示。

4.2.4.3　不符合项危害：焊道坡口和间隙小过，容易造成焊缝根部未焊透出现未融合现象，属于严重焊接缺陷，从而影响焊缝的焊接质量，导致焊缝强度降低。

4.2.4.4　设计图纸或标准规范要求：《延长LNG工艺装置区工艺管线焊接工艺评定》中要求：对于管道对接壁厚＞9mm，向上焊对口间隙1～3mm。

4.2.4.5　产生原因：(1)施工单位技术人员技术交底不够详细。(2)管道组对人员技术水平差，存在盲目施工现象。(3)质量管理人员责任心不强，监督检查不到位。

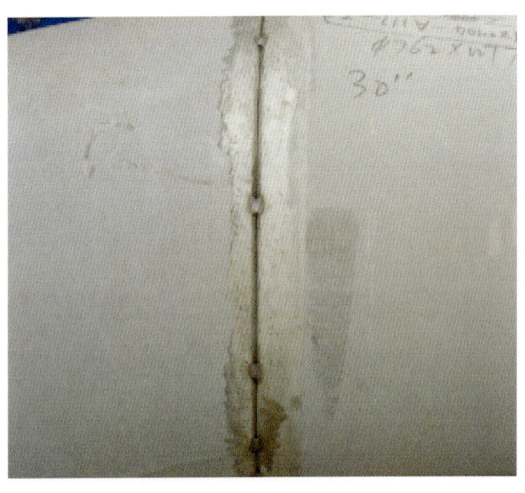
图 4-51 对口间隙过小

图 4-52 对口间隙符合要求

4.2.4.6　整改措施：（1）对管道坡口重新进行打磨加工，保证坡口质量。（2）按照设计和规范要求将对口间隙过大的焊口重新组对，保证组对焊接质量。

4.2.4.7　保证措施：（1）对作业人员进行详细的质量技术交底。（2）质检员加强组对过程的监督管理，严格落实"三检"制。（3）开展管道组对焊接培训交流，提高组对焊接水平。

4.2.5　不符合项5：不锈钢管线组对不符合要求。

4.2.5.1　不符合项描述：不锈钢管线对口时由于椭圆度超标，使用铜锤强力组对导致管线上多处出现锤痕。

4.2.5.2　不符合项及整改情况如图4-53、图4-54所示。

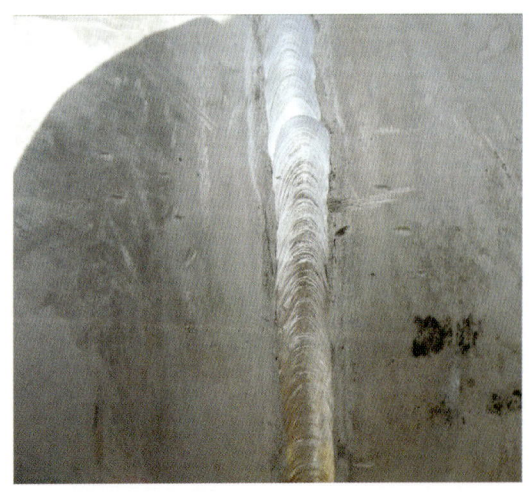
图 4-53 强力组对给管线造成损伤

图 4-54 整改后的管线

4.2.5.3 不符合项危害：强力组对焊接时容易发生变形，管线上的锤痕将容易发生应力集中并加速不锈钢的腐蚀。

4.2.5.4 设计图纸或标准规范要求：GB 50235—2010《工业金属管道工程施工规范》中第6.2.8条规定：钢管端口圆度超标时应进行校圆，校圆时宜采用整形器调整，不应用锤击方法进行调整。

4.2.5.5 产生原因：(1)施工单位没有配置圆度整形器。(2)现场工人质量意识不强，不按规范要求进行操作。(3)施工单位技术人员责任心不强，对施工人员技术交底不到位，现场施工时也未进行检查和指导。

4.2.5.6 整改措施：割口后使用整形器进行校正符合要求后重新进行焊接。

4.2.5.7 保证措施：(1)施工单位在施工设备物资配置上应满足施工要求。(2)技术人员应加强责任心，对容易出现问题的部位应加强技术交底的力度，并在施工过程中进行检查和指导，发现问题及时纠正处理。(3)工人经岗前培训合格后方可上岗。(4)现场监督人员、质检人员应加强过程检查和控制。

4.2.6 不符合项6：不锈钢管线组对不符合要求。

4.2.6.1 不符合项描述：放空火炬不锈钢管线焊接时，使用自制的碳钢对口器进行组对。

4.2.6.2 不符合项及整改情况如图4-55、图4-56所示。

图4-55 不锈钢组对不符合要求

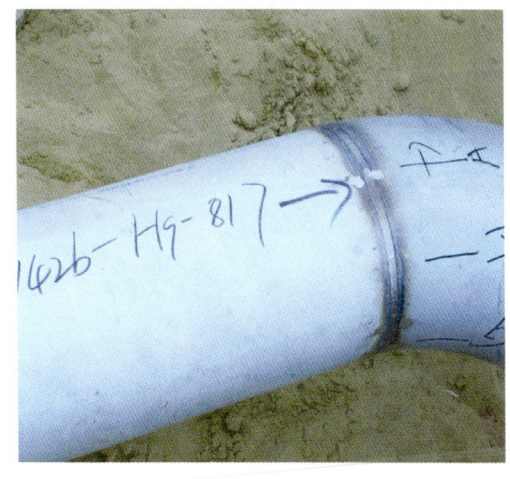

图4-56 整改后不锈钢管线组对焊接

4.2.6.3 不符合项危害：在焊接对口器的部位容易发生腐蚀。

4.2.6.4 设计图纸或标准规范要求：GB 50235—2010《工业金属管道工程施工规范》中第7.6.3条要求：不锈钢和有色金属管道安装时，应采取防止管道污染的措施。安装工具应保持清洁，不得使用造成铁污染的黑色金属工具。

4.2.6.5 产生原因：(1)施工单位未按要求配置专用对口器。(2)施工单位现场施工人员未进行岗前培训，对于不锈钢施工中应注意的事项不清楚。（3）施工单位技术人员责任心不强，对施工人员技术交底不到位，现场施工时也未进行检查和指导。

4.2.6.6　整改措施：拆除碳钢对口器，使用不锈钢制作简易对口器进行组对。

4.2.6.7　保证措施：（1）施工单位的施工设备配置应满足现场施工的要求，技术人员应加强责任心，对容易出现问题的部位应加强技术交底的力度，并在施工过程中进行检查和指导，发现问题及时纠正处理。（2）工人经岗前培训合格后方可上岗。（3）质检人员应加强焊接过程控制。

4.2.7　不符合项7：管道对口间隙过大。

4.2.7.1　不符合项描述：管道坡口加工不规整，导致对口间隙过大。

4.2.7.2　不符合项及整改情况如图4-57、图4-58所示。

图4-57　对口间隙过大不符合规范要求

图4-58　对口间隙符合规范要求

4.2.7.3　不符合项危害：焊道宽度增加，容易造成焊缝塌陷、低于母材或者焊道咬边，从而影响焊缝的焊接质量，导致焊缝强度降低。

4.2.7.4　设计图纸或标准规范要求：GB 50540—2009《石油天然气站内工艺管道工程施规范》第7.4.1条中规定：焊缝允许错边量不应大于壁厚的12.5%，且小于3mm。

4.2.7.5　产生原因：（1）施工单位技术人员技术交底不够详细，管道组对人员技术水平差，存在盲目施工抢进度现象。（2）质量监督人员责任心不强，现场检查不到位。

4.2.7.6　整改措施：（1）对管道坡口重新进行加工打磨，保证坡口质量。（2）按照设计和规范要求将对口间隙过大的焊口重新组对，保证组对质量。

4.2.7.7　保证措施：（1）对作业人员进行详细的技术交底。（2）质检员加强组对过程监督管理，严格落实"三检"制。（3）开展管道组对培训交流，提高组对焊接水平。

4.2.8 不符合项8：管线错边不符合要求。

4.2.8.1 不符合项描述：管线对口时错边量为6mm，严重超标。

4.2.8.2 不符合项及整改情况如图4-59、图4-60所示。

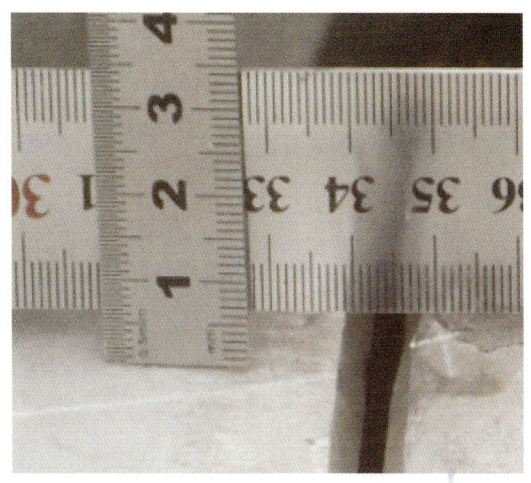

图4-59 管线对口错边量超标

图4-60 对口错边量符合要求

4.2.8.3 不符合项危害：(1)焊接过程中可能导致焊缝变形过大，产生焊接残余应力，容易引起应力集中，从而给试压或投产试运行带来安全隐患。(2)容易导致焊缝偏离原位置，降低焊接接头的强度，影响焊缝外观质量。

4.2.8.4 设计图纸或标准规范要求：GB 50540—2009《石油天然气站内工艺管道工程施工规范》中第6.2.8条要求：管子端口圆度超标时应进行校圆，校圆时宜采用整形器调整，不应用锤击方法进行调整。

4.2.8.5 产生原因：(1)组对前技术交底不详细，作业人员对组对的要求不清楚。(2)质检员质量意识淡薄，监督检查不到位。

4.2.8.6 整改措施：按照设计要求，重新进行组对，保证组对质量。

4.2.8.7 保证措施：(1)要强化焊接操作人员的质量意识，做好质量技术交底工作，对组对不熟练的焊工加强针对性培训，必要时进行专人指导。(2)增加质量检查力度，强化过程监督控制，发现问题及时解决，对存在的质量共性问题及时召开现场分析会，剖析产生原因，采取预控措施，确保管道组对质量。

4.2.9 不符合项9：焊缝坡口受损不符合要求。

4.2.9.1 不符合项描述：焊缝坡口受损，未做补焊处理即进行组对。

4.2.9.2 不符合项危害：难以保证焊道质量。

4.2.9.3 设计及规范要求：GB 50540—2009《石油天然气站内工艺管道工程施工规范》中第5.1.3条要求：管道切口表面应平整，无裂纹、重皮、毛刺、凹凸、缩口、熔渣、氧化物、铁屑等。

4.2.9.4 产生原因:(1)现场质量意识不强。(2)焊工技术能不过关。(3)管工责任心不强。

4.2.9.5 整改措施:使用焊丝将坡口伤处进行补焊处理,对补焊位置进行打磨,平滑处理。

4.2.9.6 保证措施:(1)对施工人员进行质量培训,增强其质量意识。(2)加大组对检查力度,全部坡口形式达到 WPS 要求。

4.2.10 不符合项 10:管子端口椭圆用锤击方法校圆伤及母材。

4.2.10.1 不符合项描述:部分管口出现椭圆情况,施工单位野蛮施工采用锤击方法校圆管线,导致管线母材损伤,管口两端出现多处凹坑。

4.2.10.2 不符合项及整改情况如图 4-61、图 4-62 所示。

图 4-61 敲击管线损伤母材

图 4-62 已更换管线

4.2.10.3 不符合项危害:造成管线管口变形,影响焊接质量。

4.2.10.4 根据设计及规范要求:GB 50540—2009《石油天然气站内工艺管道工程施工规范》中第 6.2.22 条要求:法兰连接应与管道保持同轴,其螺栓孔中心偏差不超过孔径的 5%,并保持螺栓自由穿入。法兰螺栓拧紧后应露出螺母以外 0~3 个螺距,螺纹不符合规定的应进行调整。

4.2.10.5 产生原因:(1)施工前技术交底不到位,技术管理现场监督不到位,任由施工人员施工。(2)施工人员不清楚相关规范要求,野蛮施工。

4.2.10.6 整改措施:现场配置校管器,对强行校对的管线进行更换,加强施工监督工作。

4.2.10.7 保证措施:(1)要求施工单位配置专用校管器。(2)加强对施工人员教育,强化质量意识。

4.3 管道安装

4.3.1 不符合项1：液化单元直缝弯头对接不符合要求。

4.3.1.1 不符合项描述：液化单元直缝弯头对接后未按要求进行错开90°或100mm。

4.3.1.2 不符合项及整改情况如图4-63、图4-64所示。

图4-63 直缝弯头对接形成十字缝

图4-64 整改后的焊缝

4.3.1.3 不符合项危害：它的危害主要会产生三向应力，应力集中和金属过热引起成分改变影响强度。

4.3.1.4 设计图纸或标准规范要求：设计要求直缝管件对接时，焊缝应错开90°或不小于100mm。

4.3.1.5 产生原因：（1）施工单位技术人员责任心不强，技术交底不到位，管工在组对时未考虑有缝管件对施工的影响。（2）质检人员责任心不强，对容易出现问题的管件组对完成后未进行检查，现场焊工在焊接前未与管工进行交接检查。

4.3.1.6 整改措施：焊缝割口后重新组对进行焊接。

4.3.1.7 保证措施：（1）对于有缝管件的组对，施工单位技术人员应对施工班组加强技术交底。（2）焊接前现场焊工与管工应进行交接检查，对于出现的问题应及时整改。

4.3.2 不符合项2：液氮存储器螺栓太短。

4.3.2.1 不符合项描述：PSA制氮系统液氮存储器处螺栓太短，不符合设计要求。

4.3.2.2 不符合项及整改情况如图4-65、图4-66所示。

4.3.2.3 不符合项危害：连接强度不足，运行过程中易发生危险。

4.3.2.4 设计图纸或标准规范要求：设计要求，螺母应露出螺杆。

4.3.2.5 产生原因：（1）螺杆长度不满足要求。（2）安装螺母不到位。（3）质检员现

图 4-65 螺栓较短

图 4-66 修改后的螺栓

场监督检查不到位。

4.3.2.6　整改措施：螺母安装到位，或者更换符合长度要求的螺杆。

4.3.2.7　保证措施：(1) 安装过程中应注重细节管理，发现问题及时整改。(2) 对每个完成的工序进行专项检验、检查，强化过程监督，加大巡检力度。(3) 对安装人员要强化质量意识教育，做好质量技术交底工作。

4.3.3　不符合项 3：原始垫片（RJ 法兰的 O 形环）被金属垫片代替。

4.3.3.1　不符合项描述：LNG 外输计量站的垫片被更换。

4.3.3.2　不符合项及整改情况如图 4-67、图 4-68 所示。

图 4-67 安装错误的垫片

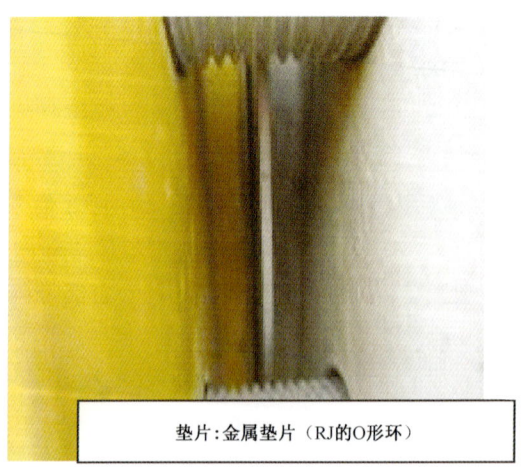

图 4-68 调整后的垫片

4.3.3.3　不符合项危害：安装错误，在试运投产过程中有可能导致危险事故发生。

4.3.3.4　设计图纸或标准规范要求：根据管道材料规定，这些法兰（RJ法兰）应该使用O形环。

4.3.3.5　产生原因：（1）未认真看设计图纸,设计交底不清晰。（2）现场监督管理不到位,未能及时发现整改。

4.3.3.6　整改措施：把安装错误的垫片进行更换。

4.3.3.7　保证措施：（1）施工前加强施工技术交底，安装过程中加强巡视检查力度。（2）严格按照设计图纸及相关规定要求进行施工。

4.3.4　不符合项4：螺栓长度过短。

4.3.4.1　不符合项描述：安全阀固定螺栓长度过短。

4.3.4.2　不符合项及整改情况如图4-69、图4-70所示。

图4-69　螺栓长度过短

图4-70　调换螺栓后螺纹外露长度合格

4.3.4.3　不符合项危害：固定强度不足，容易发生泄漏事故。

4.3.4.4　设计图纸或标准规范要求：SY 0402—2000《石油天然气站内工艺管道工程施工及验收规范》中第4.2.21条规定：法兰螺栓拧紧后应露出螺母以外2～3牙，螺纹不符合规定的应进行调整。

4.3.4.5　产生原因：（1）施工单位技术人员质量意识淡薄，存在侥幸心理。（2）施工作业人员未执行施工技术交底规定。

4.3.4.6　整改措施：更换合格螺栓。

4.3.4.7　保证措施：要求施工单位加强技术交底和班前教育，严格执行"三检"制程序。

4.3.5　不符合项5：不锈钢管线在穿墙时，套管安装不符合要求。

4.3.5.1　不符合项描述：不锈钢管线在穿墙时，碳钢套管与不锈钢管线之间未采取隔离措施。

4.3.5.2　不符合项及整改情况如图4-71、图4-72所示。

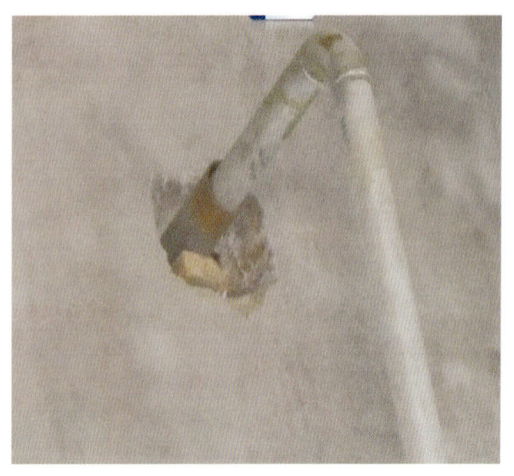 

图 4-71 碳钢套管与不锈钢接触　　　　图 4-72 碳钢套管与不锈钢之间增加垫片

4.3.5.3 不符合项危害：碳钢与不锈钢接触，容易产生渗碳作用，加速不锈钢的腐蚀。

4.3.5.4 设计图纸或标准规范要求：GB 50235—2010《工业金属管道工程施工规范》中第 7.6.3 条要求：安装不锈钢和有色金属管道时，应采取防止管道污染的措施。安装工具应保持清洁，不得使用造成铁污染的黑色金属工具。

4.3.5.5 产生原因：(1) 施工单位技术人员责任心不强，对施工人员技术交底不到位。现场施工时也未进行检查和指导。(2) 现场工人质量意识不强，不按要求进行操作。(3) 施工单位质检员现场检查不到位。

4.3.5.6 整改措施：在套管中添加不锈钢或对管道无害的非金属隔离垫等材料进行隔离。

4.3.5.7 保证措施：(1) 施工单位技术人员加强技术交底，现场施工时进行检查和指导。(2) 工人在上岗前应进行相关的培训，合格方可上岗作业。(3) 质检人员在施工过程中加强检查力度。

4.3.6 不符合项 6：不锈钢使用碳钢脚手架临时支架。

4.3.6.1 不符合项描述：不锈钢管道使用碳钢脚手架作为临时支架支撑时未采取隔离措施。

4.3.6.2 不符合项及整改情况如图 4-73、图 4-74 所示。

4.3.6.3 不符合项危害：碳钢与不锈钢接触的部位易发生渗透，加速不锈钢的腐蚀。

4.3.6.4 设计图纸或标准规范要求：GB 50235—2010《工业金属管道工程施工规范》中第 7.6.7 条要求：不锈钢、镍及镍合金管道组成件与碳钢管道支撑件之间，应垫入不锈钢或氯离子含量不超过 50ppm 的非金属垫片。

4.3.6.5 产生原因：(1) 施工单位现场施工人员未进行岗前培训，对于施工中不锈钢焊接注意事项不清楚。(2) 施工单位技术人员责任心不强，对施工人员技术交底不到位。现场施工时也未进行检查和指导。

图 4-73 钢支撑直接与不锈钢接触

图 4-74 支撑整改后的照片

4.3.6.6 整改措施：在碳钢与不锈钢之间增加不锈钢材料进行隔离。

4.3.6.7 保证措施：(1) 施工单位的技术人员应加强责任心，对容易出现问题的部位应加强技术交底的力度，并在施工过程中进行检查和指导，发现问题及时纠正处理。(2) 工人经岗前培训合格后方可上岗。(3) 质检人员应加强焊接过程控制。

4.3.7 不符合项 7：已完成的工艺管线未采取任何支撑措施。

4.3.7.1 不符合项描述：液化单位完成的工艺管线未采取任何支撑措施。

4.3.7.2 不符合项及整改情况如图 4-75、图 4-76 所示。

图 4-75 管线无临时支撑

图 4-76 按要求增加支撑

4.3.7.3 不符合项危害：容易导致设备接管处存在应力，对设备及接管的后期带来不利影响。

4.3.7.4　设计图纸或标准规范要求：GB 50235—2010《工业金属管道工程施工规范》中第 7.12.2 条规定：管道安装时应及时固定和调整支、吊架，支、吊架位置应准确；安装应平整牢固，管子接触应紧密。

4.3.7.5　产生原因：(1)施工单位成品保护措施不到位，施工单位技术人员责任心不强，对施工人员技术交底不到位，现场施工时也未进行检查和指导。(2)现场工人对管线的要求不熟悉，岗前未进行培训。

4.3.7.6　整改措施：及时按规范要求添加临时支撑。

4.3.7.7　保证措施：(1)施工单位应具备有效可行的成品保护体系，技术人员加强技术交底，现场施工时进行检查和指导。(2)工人在上岗前应进行相关的培训，合格方可上岗作业。(3)质检人员在施工过程中加强检查力度。

4.3.8　不符合项 8：有缝管线焊接问题。

4.3.8.1　不符合项描述：螺旋管焊缝与直缝管焊接时焊缝未错开。

4.3.8.2　不符合项及整改情况如图 4-77、图 4-78 所示。

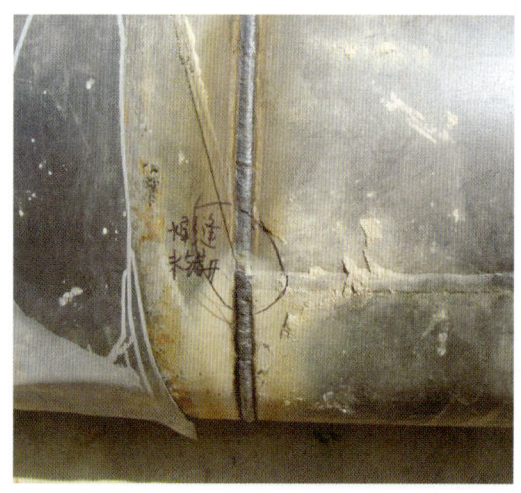
图 4-77　焊缝未错开

图 4-78　切割整改

4.3.8.3　不符合项危害：焊缝未错开会导致应力集中，产生安全质量事故。

4.3.8.4　设计图纸或标准规范要求：GB 50540—2009《石油天然气站内工艺管道工程施工规范》中第 6.2.10 条要求：螺旋缝焊接钢管对接时，螺旋焊缝之间应该错开 100mm 以上。

4.3.8.5　产生原因：(1)操作工人没有基本的焊接知识，技术人员交底不详细，质检人员检查不到位。(2)未按照规范要求焊接。

4.3.8.6　整改措施：将此焊缝割掉后重新按要求组对焊接。

4.3.8.7　保证措施：(1)管道组对初期先核实焊口是否错开，以避免焊接后的返工。(2)技术人员加强对施工班组的技术交底工作。(3)质检人员在施工过程中加强质检工作，在组对初期将问题排除。

4.3.9　不符合项 9：工艺管线水平度不符合要求。

4.3.9.1　不符合项描述：工艺管线水平度超过管线安装的允许偏差。

4.3.9.2　不符合项及整改情况如图 4-79、图 4-80 所示。

图 4-79　管线水平度不符合要求

图 4-80　管线水平度符合要求

4.3.9.3　不符合项危害：管线不稳定，有压差。

4.3.9.4　设计图纸或标准规范要求：SY 4203—2007《施工质量验收规范站内工艺管道验收规范》表 7 中要求：管道安装允许偏差：$DN>100mm$，平直度 $\leqslant 3L/1000$（L 为管道有交长度），最大不超过 70mm。

4.3.9.5　产生原因：（1）施工前未进行详细的技术交底。（2）施工操作人员质量意识淡薄，未严格按规范和施工组织设计进行施工作业，施工现场未配备管线水平度检查工具，作业人员凭经验目测管件安装水平度。

4.3.9.6　整改措施：按照设计要求重新调整管线的平整度。

4.3.9.7　保证措施：（1）进行详细的技术交底，确保管线安装质量。（2）加大质检人员检查力度，发现问题及时整改。（3）组织开展焊接安装技术培训，提高现场作业人员的操作技能。

4.3.10　不符合项 10：放空管线水平度不符合要求。

4.3.10.1　不符合项描述：DN50 放空管线水平度超过工艺管线安装允许偏差。

4.3.10.2　不符合项及整改情况如图 4-81、图 4-82 所示。

4.3.10.3　不符合项危害：密封面受压不均匀，容易导致法兰密封失效，从而造成天然气泄漏。

4.3.10.4　设计图纸或标准规范要求：SY 4203—2007《石油天然气建设工程施工质量验收规范　站内工艺管道工程》表 7，管道安装允许偏差：$DN\leqslant 100mm$，平直度

图 4-81　管线的水平度不符合要求　　　　图 4-82　管线的水平度符合要求

≤ $2L/1000$，最大不超过 40mm。

4.3.10.5　产生原因：(1) 现场管理人员未按照规范要求进行检查。(2) 现场操作人员责任心不强，且质量意识淡薄，未按规范施工。

4.3.10.6　整改措施：更换短节，使管线的平整度达到要求。

4.3.10.7　保证措施：(1) 提高施工人员质量意识及操作技能，严格按照施工规范要求施工。(2) 施工质检人员加大检查力度。

4.3.11　不符合项 11：三通未进行临时封堵。

4.3.11.1　不符合项描述：预制完成的三通管件管口未进行临时封堵。

4.3.11.2　不符合项及整改情况如图 4-83、图 4-84 所示。

图 4-83　三通管口未进行临时封堵　　　　图 4-84　三通管口已完成临时封堵

4.3.11.3 不符合项危害：减少管道、阀门和分离器使用寿命，严重时，堵塞分离器排污系统，引起非正常停产。

4.3.11.4 根据设计及规范要求：GB 50540—2009《石油天然气站内工艺管道工程施工规范》中第6.1.5条要求：钢管、管道附件内部应清理干净。安装工作有间断时，应及时封堵管口或阀门出入口。

4.3.11.5 产生原因：(1)施工单位设计交底不明确，施工人员不重视。(2)现场质量监督员责任心不强，质量意识淡薄。

4.3.11.6 整改措施：预制完成管线管口应加装临时盲板进行封堵。

4.3.11.7 保证措施：施工现场配备临时盲板，并加强施工技术交底工作，提高施工人员质量意识。

4.3.12 不符合项12：管线焊接清管器不符合要求。

4.3.12.1 不符合项描述：站内工艺管线清管器过盈量不符合要求，起不到清管作用。

4.3.12.2 不符合项及整改情况如图4-85、图4-86所示。

图4-85 清管器制作不符合要求

图4-86 重新制作清管器

4.3.12.3 不符合项危害：投产后导致阀门内漏，堵塞分离器排污系统，引起非正常停产，减少阀门和分离器的使用寿命。

4.3.12.4 根据设计及规范要求：根据项目部质量管理文件要求：管线应进行清管，保证管内无污物。

4.3.12.5 产生原因：(1)对管道清洁危害认识不足，清管不彻底。(2)开工准备不足，现场缺乏清管器。

4.3.12.6 整改措施：布管后，组对之前，安排专人负责清管。

4.3.12.7 保证措施：清管不彻底不容许进行管道组对焊接，同时要求施工单位安排专人进行清管检查。

4.3.13 不符合项13：伴热管线架设问题。

4.3.13.1 不符合项描述：伴热管线没有与主管平行；弯头处铁丝绑扎过少；煨弯不够美观。

4.3.13.2 不符合项危害：伴热效果难以达到设计要求。

4.3.13.3 根据设计及规范要求：设计文件要求电伴热安装应平行并且紧贴主管。

4.3.13.4 产生原因：(1)施工人员有麻痹思想，未按技术交底和施工方案施工。(2)施工队未按要求进行自检。

4.3.13.5 整改措施：(1)拆除伴热重新位置弯头，最好能够使用煨弯工具。(2)伴热管应与主管平行，并保证凝结水排水能够自行排放。(3)伴热管弯头处的绑扎铁丝不得少于3道。

4.3.13.6 保证措施：(1)施工前技术人员应加强技术交底，强调电伴热安装的注意事项。(2)施工过程中质检人员应严格检查电伴热的施工质量，发现问题及时要求进行整改。

4.3.14 不符合项14：管线安装垂直度。

4.3.14.1 不符合项描述：管线扭曲严重，垂直度不符合规范要求。

4.3.14.2 不符合项危害：影响结构安全。

4.3.14.3 根据设计及规范要求：GB 50540—2009《石油天然气站内工艺管道工程施工规范》中第6.2.12条要求：管道安装铅垂度不大于$3H/1000$，最大不能超过25mm。

4.3.14.4 产生原因：未按规范要求施工，管工缺乏专业知识。

4.3.14.5 整改措施：将管线重新调整；更换合适的管支架。

4.3.14.6 保证措施：(1)专业技术人员进行交底，并加强现场监督。(2)施工队兼职质检员加强现场监督，要求施工人员做好完工后检查工序。

4.3.15 不符合项15：螺栓使用问题。

4.3.15.1 不符合项描述：螺栓使用规格不统一。

4.3.15.2 不符合项危害：不美观。

4.3.15.3 根据设计及规范要求：GB 50235—2010《工业金属管道工程施工规范》中第7.3.4条要求：所有螺母应全部拧入螺栓，且紧固后的螺栓与螺母宜齐平。

4.3.15.4 产生原因：(1)现场质量意识不强。(2)管工责任心不强。(3)材料收发不规范。(4)监督部门监督不到位。

4.3.15.5 整改措施：(1)完善材料收发制度，杜绝随意代用。(2)更换螺栓，确保规格一致。(3)对此问题进行通报。

4.3.15.6 保证措施：(1)完善材料收发制度，按图发料。(2)加大巡查监督力度。

4.3.16 不符合项16：阀门安装不符合要求。

4.3.16.1 不符合项描述：阀门中心线和基础中心线不在一条直线上，偏差较大。

4.3.16.2 不符合项危害：影响工艺管道的结构安全。

4.3.16.3 根据设计及规范要求：设计文件要求阀门应放置在基础的正中位置。

4.3.16.4 产生原因：(1)基础安装时定位不准确。(2)阀门安装时发现问题，土建施工单位未能及时完成基础整改。

4.3.16.5　整改措施：拆除阀门，重新调整基础位置，保证两条中心线的偏差在规范允许范围内，然后恢复阀门。

4.3.16.6　保证措施：(1)严格按照设计文件进行施工。(2)加强与总包单位和土建施工单位的沟通、协作。

4.3.17　不符合项17：消防管线安装不符合要求。

4.3.17.1　不符合项描述：消防管线热熔连接时接头插入深度不够，可能导致管道渗漏。

4.3.17.2　不符合项危害：易造成消防管线泄漏。

4.3.17.3　根据设计及规范要求：设计文件要求管道在热熔焊接时应确保插入深度满足要求。

4.3.17.4　产生原因：施工方法不当，施工人员质量意识淡薄。

4.3.17.5　整改措施：管线切割后重新进行热熔连接。

4.3.17.6　保证措施：(1)严格按照施工方案进行施工，对员工进行技术交底。(2)严禁违反施工工序施工。(3)加强质量监督巡检，及时督促施工人员。(4)对全体员工进行质量教育，增强员工质量意识。

4.3.18　不符合项18：伴热管安装不合要求。

4.3.18.1　不符合项描述：伴热管线没有紧贴管线，伴热管线捆扎不规范。

4.3.18.2　不符合项危害：伴热效果未达到设计要求。

4.3.18.3　根据设计及规范要求：GB 50235—2010《工业金属管道工程施工规范》中第7.7.3条要求：伴热管不得直接点焊在主管上。弯头部位的伴热管绑扎带不得少于3道。

4.3.18.4　产生原因：(1)施工人员质量意识淡薄。(2)施工人员没有严格按规范施工。

4.3.18.5　整改措施：(1)重新煨制伴热管线。(2)按照规范重新捆扎伴热线。

4.3.18.6　保证措施：(1)强化施工人员的质量意识。(2)按照规范重新进行技术交底，并要求按规范施工。

4.3.19　不符合项19：闪蒸气单元支管路施工与设计要求不符。

4.3.19.1　不符合项描述：闪蒸气单元支管路设计要求为使用三通，现场施工为直接在主管上开孔。

4.3.19.2　不符合项及整改情况如图4-87、图4-88所示。

4.3.19.3　不符合项危害：不符合设计图纸规定要求，开孔处也未使用支管台进行补强。

4.3.19.4　设计图纸或标准规范要求：设计图纸要求此处为三通连接。

4.3.19.5　产生原因：施工单位采购时遗漏此处所用的三通，为了赶进度施工单位擅自在管线开孔。

4.3.19.6　整改措施：割口后重新按照设计要求施工。

4.3.19.7　保证措施：采购时应认真核实采购材料是否能满足现场施工需求，合理安排施工进度，不得不按要求施工盲目抢工期。

图 4-87 私自在主管上开孔　　　　图 4-88 整改后使用三通

4.3.20　不符合项 20：管线开孔后清理杂物不符合要求。

4.3.20.1　不符合项描述：管线开孔后杂物落入管内未清理。

4.3.20.2　不符合项危害：给管线吹扫带来很大不便。

4.3.20.3　根据设计及规范要求：GB 50235—2010《工业金属管道工程施工规范》中第 7.3.15 条要求：管道上的仪表取源部件的开孔和焊接应在管道安装前进行，当无法避免在已安装的管道上开孔时，管内因切割产生的异物应清除干净。

4.3.20.4　产生原因：施工人员质量意识淡薄。

4.3.20.5　整改措施：将管线内部的焊渣进行清理，并仔细检查是否有残留，确保管线内部的清洁度符合要求。

4.3.20.6　保证措施：(1) 施工前进行技术交底。(2) 现场质检员及监督员加强现场检查力度。

4.3.21　不符合项 21：镀锌钢管螺纹不合格。

4.3.21.1　不符合项描述：仪表风系统的镀锌钢管螺纹加工精度存在问题。

4.3.21.2　不符合项整改情况如图 4-89、图 4-90 所示。

4.3.21.3　不符合项危害：紧固不严密，出现大面积泄漏事故。

4.3.21.4　设计图纸或标准规范要求：镀锌钢管和薄壁钢管应采用螺纹连接，不应采用熔焊连接。管端螺纹的长度不应小于管线接头长度的 1/2，连接后螺纹宜外露 2～3 扣；镀锌钢管连接采用紧定螺钉连接的，螺钉应拧紧，且在振动的场所，紧定螺钉应有防松动措施。

4.3.21.5　产生原因：(1) 施工单位操作工技术水平低。(2) 设备老化，精度降低，无法达到规范要求精度。

4.3.21.6　整改措施：经与设计及业主商讨决定采用焊接处理。

4.3.21.7　保证措施：更换成合格设备，加强操作工培训。

图 4-89 钢管螺纹精度不够，固不到位图

图 4-90 焊接处理

4.4 管道焊接

4.4.1 不符合项 1：管材上引弧伤及母材。

4.4.1.1 不符合项描述：施工人员在焊接时在管线母材上引弧。

4.4.1.2 不符合项危害：引起管线母材材质变化，影响管线使用寿命。

4.4.1.3 根据设计及规范要求：GB 50540—2009《石油天然气站内工艺管道工程施工规范》中第 7.3.5 条要求：施焊时严禁在坡口以外的管壁上引弧，焊接地线与钢管应有可靠的连接方式，并应防止电弧擦伤母材。

4.4.1.4 产生原因：施工单位技术交底不到位。

4.4.1.5 整改措施：对管线的损伤部位进行补焊和打磨处理。

4.4.1.6 保证措施：（1）施工前加强技术交底，对于施工中容易发生的问题应重点进行交底。（2）质检人员在现场检查时发现问题及时处理。

4.4.2 不符合项 2：冷剂单元焊口出现裂纹。

4.4.2.1 不符合项描述：冷剂单元不锈钢冷剂管线焊缝在检查中发现有裂纹。

4.4.2.2 不符合项危害：裂纹逐渐扩大，在焊口裂纹处产生韧性断裂失效，无法保证管道的稳定安全运行。

4.4.2.3 设计图纸或标准规范要求：GB 50540—2009《石油天然气站内工艺管道工程施工规范》第 7.4.1 条规定：焊缝表面不应存在裂纹、未熔合、气孔、夹渣、引弧痕迹及夹具焊点等缺陷。

4.4.2.4 产生原因：（1）焊接过程中电流过大，药皮过早发红分解，使焊缝无气体保护也无冶金反应。（2）焊接时环境温度过低，材料变形能力减少，而抗拉强度和屈服强度增加。（3）焊接选用焊条、焊丝不符合焊接工艺评定要求。

4.4.2.5 整改措施：出现裂纹焊口进行割口处理，并重新按规范要求对焊口进行焊接和检测。

4.4.2.6　保证措施:(1)在焊接施工前根据焊接工艺评定对焊工进行技术交底。(2)做好防护措施,对管线做好预热及保温措施。(3)对焊接过程所用焊条、焊丝情况进行抽查,严禁使用不配套焊丝。

4.4.3　不符合项3:管道焊缝表面低于母材。

4.4.3.1　不符合项描述:管道焊接完毕,焊缝表面凹陷低于母材1mm,不符合规范要求。

4.4.3.2　不符合项及整改情况如图4-91、图4-92所示。

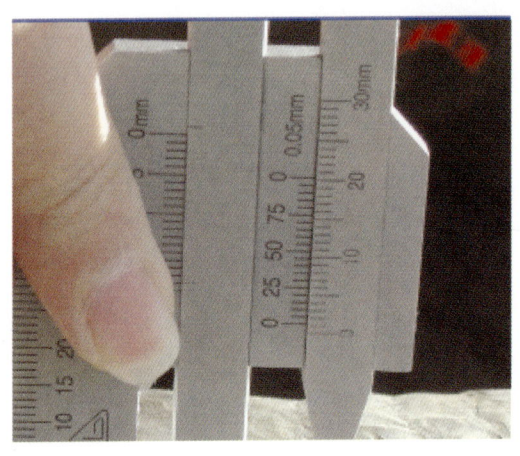　

图4-91　焊缝表面低于母材　　　　图4-92　焊缝表面余高符合要求

4.4.3.3　不符合项危害:焊口表面凹陷低于母材,容易导致焊道的强度不够,易产生应力集中,给试压或试运行带来安全隐患。

4.4.3.4　设计图纸或标准规范要求:SH 3501—2011《石油化工有毒可燃介质钢制管道工程施工及验收规范》第7.5.4条规定:焊缝表面不得低于管道表面。焊缝余高 Δh:对于100%射线检测焊接接头,$\Delta h \leqslant 1+0.1b^1$且不大于2mm;其余的焊接接头,$\Delta h \leqslant 1+0.2b^1$且不大于3mm。(注:$b^1$为焊接接头组对后坡口的最大宽度,mm)

4.4.3.5　产生原因:(1)质量技术交底不详细。(2)焊工技术不熟练,水平参差不齐。(3)焊接时电流过小或焊接速度过快,焊接方法不当。(4)质检员现场监督检查不到位。

4.4.3.6　整改措施:对低于母材的焊口部位进行补焊,保证焊道与母材圆滑过渡。

4.4.3.7　保证措施:(1)对焊接人员进行严格上岗焊接考试,考试合格下发焊接上岗证后允许焊接,对焊接操作人员要强化质量教育意识。(2)做好技术交底工作,采取预控措施,避免返工误工,确保管道的焊接安质量。

4.4.4　不符合项4:焊接过程中未对管件采取保护措施,使飞溅物残留在管件表面。

4.4.4.1　不符合项描述:焊接过程中产生飞溅,在管件坡口两侧100mm范围内,未采取保护措施,以致飞溅物残留在管件表面。

4.4.4.2　不符合项及整改情况如图4-93、图4-94所示。

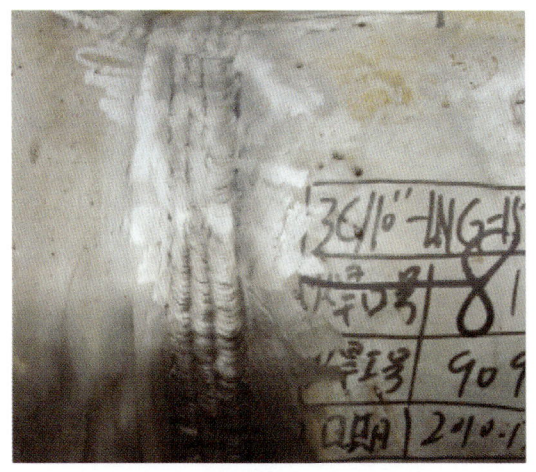 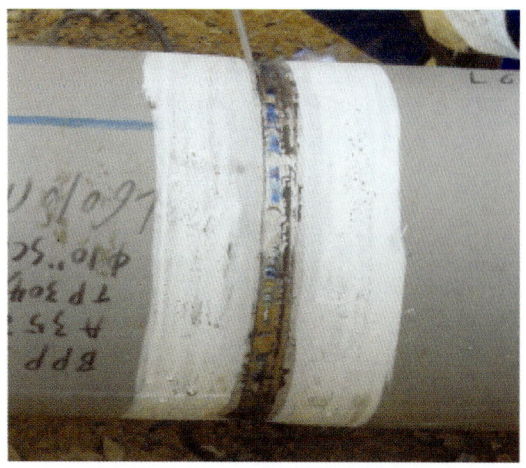

图 4-93　焊接飞溅物残留在焊件表面　　　　图 4-94　在焊件坡口两侧涂抹白垩粉

4.4.4.3　不符合项危害：焊接飞溅物附着在管壁上，影响管道外观质量，不利于后期保冷施工。

4.4.4.4　设计图纸或标准规范要求：SH 3501—2011《石油化工有毒可燃介质钢制管道工程施工及验收规范》第 7.2.10 条规定：不锈钢采用电弧焊时，坡口两侧各 100mm 范围内应涂白垩粉或其他防粘污剂。

4.4.4.5　产生原因：焊接电流过大，导致焊接飞溅，焊接时焊道两侧未采取保护措施。

4.4.4.6　整改措施：对焊道两侧粘附的飞溅物进行打磨处理。

4.4.4.7　保证措施：（1）焊接前在焊道两侧各 100mm 涂抹白垩粉进行保护。（2）清洁焊口表面杂质。

4.4.5　不符合项 5：焊接前坡口两侧清理不符合要求。

4.4.5.1　不符合项描述：管口组对前未清理坡口边缘铁锈。

4.4.5.2　不符合项及整改情况如图 4-95、图 4-96 所示。

4.4.5.3　不符合项危害：管口存在铁锈、油污、油漆和毛刺等直接影响焊接质量。

4.4.5.4　根据设计及规范要求：GB 50540—2009《石油天然气站内工艺管道工程施工规范》中第 7.3.1 条要求：焊件组对前应将坡口及其内外侧表面不小于 10mm 范围内的油、漆、垢、锈、毛刺及镀锌层等清除干净，且不得有裂纹、夹层等缺陷。

4.4.5.5　产生原因：（1）施工前技术交底不明确。（2）组对人员质量意识淡薄，责任心不强。（3）现场质检员失职，自检工作未贯彻实施。

4.4.5.6　整改措施：要求施工单位严格按照规范要求在管口组对前清理作业。

4.4.5.7　保证措施：组对前对管口两侧 100mm 范围内进行清理打磨，经质检员与监理确认合格后方可进行组对焊接作业。

4.4.6　不符合项 6：焊接造成母材受损。

4.4.6.1　不符合项描述：焊接接地钳使用不合理，且错误使用钢筋做接地，造成母材

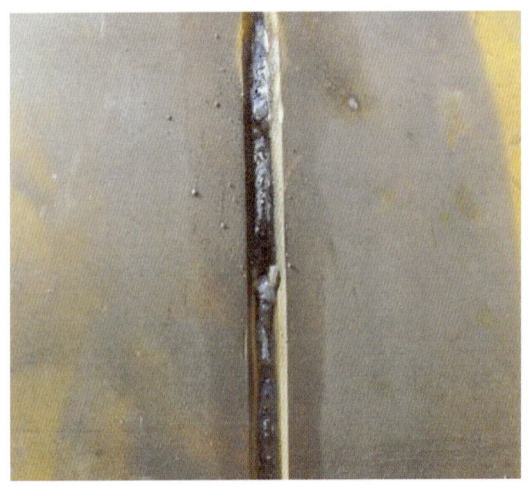

图 4-95　坡口两侧未清理干净　　　　　图 4-96　坡口两侧边缘除锈符合要求

受伤。

4.4.6.2　不符合项危害：接地不良且容易造成母材损伤。

4.4.6.3　根据设计及规范要求：GB 50540—2009《石油天然气站内工艺管道工程施工规范》中第 7.3.5 条要求：施焊时严禁在坡口以外的管壁上引弧，焊接地线与钢管应有可靠的连接方式，并应防止电弧擦伤母材。

4.4.6.4　产生原因：（1）现场质量意识不强。（2）焊工对焊机接地保护不好，造成损坏严重。

4.4.6.5　整改措施：（1）重新购买新接地钳，将老式接地钳全部更换。（2）将母材受伤部分进行打磨，补焊处理。（3）禁止使用除接地钳之外的其他任何方式做接地。

4.4.6.6　保证措施：（1）加强施工队伍质量意识培训。（2）加大巡查力度，对此类事件从严处理。

4.4.7　不符合项 7：阀芯烧坏。

4.4.7.1　不符合项描述：阀门连接法兰焊接时，没有采取措施导致阀芯被烧坏。

4.4.7.2　不符合项危害：安装完的球阀密封面损烧，造成阀门密封磨损，球阀内漏。

4.4.7.3　根据设计及规范要求：GB 50235—2010《工业金属管道工程施工规范》中第 6.0.6 条要求：端部为焊接连接的阀门，其焊接和热处理措施不得破坏阀门的严密性。

4.4.7.4　产生原因：（1）施工人员焊接质量控制不严格。（2）施工人员质量控制意识淡薄。（3）质量检查人员对施工规范不清楚。

4.4.7.5　整改措施：将球阀拆除，更换新的阀门。

4.4.7.6　保证措施：（1）加强焊接质量控制力度。（2）在阀门安装焊接时，采取打开球阀或不安装球阀单独连接法兰。

4.4.8　不符合项 8：焊条保温筒使用不符合要求。

4.4.8.1　不符合项描述：焊接现场使用焊条筒不符合要求，未对焊条起到保温作用。

4.4.8.2 不符合项及整改情况如图 4-97、图 4-98 所示。

图 4-97 焊条筒不保温

图 4-98 保温焊条筒

4.4.8.3 不符合项危害：焊条放置在非焊条保温筒内使用，使焊条再次受潮，影响焊接质量。

4.4.8.4 根据设计及规范要求：GB 50540—2009《石油天然气站内工艺管道工程施工规范》第 7.2.5 条中规定：焊条、焊丝在使用前应按产品说明书进行烘干，并在使用过程中保持干燥。产品说明书无要求时，可按以下要求进行：（1）低氢型焊条烘干温度为 350～400℃，恒温时间为 1～2h；焊接现场应设置恒温干燥箱（筒），温度控制在 100～150℃随用随取；当天未用完的焊条应收回，重新烘干后使用，重新烘干次数不应超过两次。

4.4.8.5 产生原因：（1）施工人员对焊条放置在非焊条保温桶内使用，影响焊接质量的认识不足。（2）施工单位现场未配置焊材保温桶。

4.4.8.6 整改措施：必须配置焊条保温桶，对操作人员加强管理和教育，强化质量意识。

4.4.8.7 保证措施：（1）加强焊材管理，施工现场的焊条必须存在焊条保温桶内，库房存放焊材应保证焊条干燥。（2）焊接材料的保管和发放应有专人负责，并填写好焊接材料的发放记录。（3）每天按用量领取焊材，以避免剩余焊材的重新烘干次数超过规范规定的要求。

4.4.9 不符合项 9：法兰焊接时法兰密封面直接朝向砂石地面。

4.4.9.1 不符合项描述：工艺管线预制现场法兰连同管线短节焊接，直接朝向砂石地面。

4.4.9.2 不符合项及整改情况如图 4-99、图 4-100 所示。

4.4.9.3 不符合项危害：损伤法兰的密封面，试压时出现渗漏，影响试压结果，生产运行时存在漏油风险。

图4-99 法兰面直接放置在沙石上

图4-100 法兰水平放置进行预制

4.4.9.4 根据设计及规范要求：施工方案中要求在施工过程中应加强成品的保护，避免出现不必要的返工和资源浪费。

4.4.9.5 产生原因：(1)施工单位设计交底不明确。(2)对现场施工质量监督不到位。

4.4.9.6 整改措施：对损伤的法兰进行更换，加强施工人员施工技术要求培训工作。

4.4.9.7 保证措施：(1)要求施工单位管理人员加大现场施工质量的监督检查力度。(2)针对出现的不符合项次数及时组织施工单位进行现场质量管理分析，确保施工质量。

4.4.10 不符合项10：工艺管线焊接错边量超标。

4.4.10.1 不符合项描述：现场检查时发现焊口错变量超标。

4.4.10.2 不符合项及整改情况如图4-101、图4-102所示。

图4-101 管线焊口错变量超标

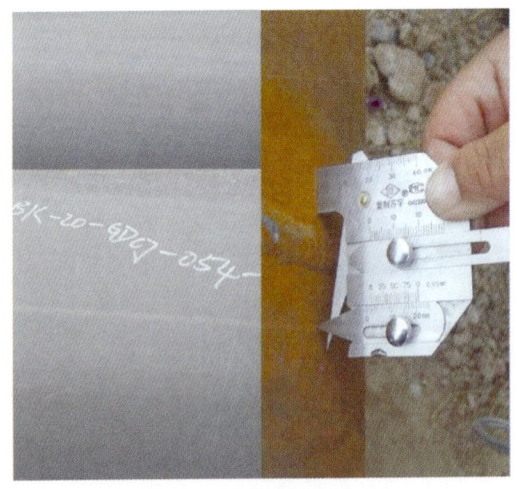
图4-102 管线重新进行焊接

4.4.10.3　不符合项危害：影响焊口质量，容易出现无损检测不合格，试压时存在质量及安全隐患。

4.4.10.4　根据设计及规范要求：GB 50540—2009《石油天然气站内工艺管道工程施工规范》第7.4.1条中规定：焊缝允许错边量不应大于壁厚的12.5%，且小于3mm。

4.4.10.5　产生原因：（1）焊口在组对前质检人员未对管线组对情况进行检查。（2）施工人员施工时责任心不强。

4.4.10.6　整改措施：对存在错变量超标的管线进行割除，重新组对前专职质检员应进行组对间隙、错变量控制等各项检查，检查合格后重新进行焊接。

4.4.10.7　保证措施：（1）要求施工单位管理人员组织施工人员进行技术培训。（2）施工单位管理人员加强现场质量监管力度。

4.4.11　不符合项11：焊接完成后焊缝处理不符合要求。

4.4.11.1　不符合项描述：现场检查发现施工单位未按相关规定对管托焊口药皮进行处理，影响焊缝检查和下步的防腐工作。

4.4.11.2　不符合项危害：影响焊道外观质量检查和下步的防腐工作。

4.4.11.3　设计及规范要求：GB 50540—2009《石油天然气站内工艺管道工程施工规范》中第7.3.14条要求每道焊口完成后，应清除表面焊渣和飞溅。

4.4.11.4　产生原因：（1）施工对象质量意识淡薄。（2）分包队伍人员素质相对较低，对其技术交底未收到。

4.4.11.5　整改措施：当即对分包队伍施工人员进行交底，当即进行整改。

4.4.11.6　保证措施：（1）对违章对象进行纠正。（2）责令违章对象所在施工单位采取有效措施，以避免类似违章事件反复发生。（3）对此类违章事件实施重点监控。

4.4.12　不符合项12：焊口检测不及时，致使焊接质量无法控制。

4.4.12.1　不符合项描述：焊口未及时完成检测，导致焊口质量不能及时反馈，影响因素不能及时排除，致使焊接质量无法控制。

4.4.12.2　不符合项危害：焊口影响因素不能及时反馈，影响因素引发的焊口质量问题扩大化。对焊工能力水平不能及时掌控。如管线位置较高，不能及时在预制完成后检测，增加了检测和返修难度。

4.4.12.3　设计图纸或标准规范要求：根据 GB 50235—2010《工业金属管道工程施工规范》中第8.1.1条要求：除设计文件和焊接工艺规程另有规定外，焊缝无损检测应安排在该焊缝焊接完成并经外观检查合格后进行。

4.4.12.4　产生原因：总包未对焊口完成情况进行有效统计，新焊口点口及检测过程滞后。

4.4.12.5　整改措施：根据焊接完成时间，规定完成检测时间。

4.4.12.6　保证措施：（1）分类堆放预制管段，每日及时上报完成焊口的数量、管线号和焊工号等数据。（2）达到检测条件焊口随即完成检测，检测单位及时反馈检测信息。（3）建立焊口检测反馈机制，对检测反馈不及时情况，按焊口数量对施工单位及检测单位依据责任人进行处罚。

4.4.13 不符合项 13：导热油管线抽检结果与厂家提供的合格报告不符。

4.4.13.1 不符合项描述：厂家成套提供的导热油管线，经现场抽检发现，焊口存在夹渣、未焊透或未融合等缺陷，与厂家提供的合格报告不符。

4.4.13.2 不符合项危害：导致焊口质量无法保证，对后续吹扫、试压及运行时造成很大的安全隐患。安装完成后，加大了检测及返修难度。

4.4.13.3 设计图纸或标准规范要求：GB 50540—2009《石油天然气站内工艺管道工程施工规范》中第 7.4.1 条规定：焊缝表面不应存在裂纹、未熔合、气孔、夹渣、引弧痕迹及夹具焊点等缺陷。

4.4.13.4 产生原因：(1) 厂家在厂内进行无损检测时弄虚作假，提供的焊口检测合格报告与实际情况不符。(2) 管线进场后，总包单位未对焊口按比例进行自检，导致问题的处理滞后。

4.4.13.5 整改措施：对焊口重新进行检测，对抽检不合格的按要求增加抽检比例。

4.4.13.6 保证措施：(1) 严格检查厂家提供的合格报告并对厂家成套提供的管材同样进行抽查，如发现问题则严格按照规范要求对所有管线焊口进行检测。(2) 对不合格焊口，随即进行返修，直至达到合格标准。

4.4.14 不符合项 14：导热油单元管线试压时阀门内漏。

4.4.14.1 不符合项描述：导热油管线试压过程中发现部分阀门内漏。

4.4.14.2 不符合项危害：使阀门无法进行有效隔离，给检修消缺带来困难。

4.4.14.3 设计图纸或标准规范要求：SY 4203—2007《石油天然气建设工程施工质量验收规范》第 5.2.4.3 条规定：阀门试压应用清水进行强度和密封试验，强度试验压力应为工作压力的 1.5 倍，稳压不小于 5min，壳体与垫片和填料等不渗漏、不变形、无损坏，压力表不降为合格，密封性试验压力为工作压力，稳压 15min，不内漏、压力表不降为合格。

4.4.14.4 产生原因：厂家提供的阀门试压记录与实际情况不符。

4.4.14.5 整改措施：对导热油厂家提供的阀门重新进行试压，对不合格阀门进行退货返厂处理。

4.4.14.6 保证措施：核查厂家提供的试压记录与现场实际阀门型号，对进场阀门按规范要求逐一进行试压。

4.4.15 不符合项 15：药皮未清理。

4.4.15.1 不符合项描述：焊接完成后未将药皮及时清理。

4.4.15.2 不符合项危害：影响下道工序施工。

4.4.15.3 根据设计及规范要求：GB 50540—2009《石油天然气站内工艺管道工程施工规范》中第 7.4.1 条要求：焊缝上的焊渣及周围飞溅物应清除干净，焊缝表面应均匀整齐，不应存在有害的焊瘤、凹坑等。

4.4.15.4 产生原因：(1) 焊工质量意识淡薄。(2) 质量监控不到位。

4.4.15.5 整改措施：(1) 严肃焊接工艺纪律，对此低老坏问题进行通报。(2) 将焊接药皮进行清理，焊道进行打磨。

4.4.15.6 保证措施：加大质量巡检力度，增强焊接过程控制。

4.4.16 不符合项 16：管线割伤。

4.4.16.1 不符合项描述：割炬将工艺管线割伤。

4.4.16.2 不符合项危害：影响工艺管道的实体质量，已造成泄漏。

4.4.16.3 根据设计及规范要求：GB 50235—2010《工业金属管道工程施工规范》第 7.1.1 条要求：管道组成件及管道支承件已检验合格，检验合格代表不能有外表损坏现象。

4.4.16.4 产生原因：（1）施工人员成品保护意识淡薄。（2）施工人员的误操作。

4.4.16.5 整改措施：（1）将伤口进行打磨处理，并采用合适的焊材进行补焊。（2）委托探伤人员进行探伤。

4.4.16.6 保证措施：（1）加强施工质量的检查。（2）增强施工人员的成品保护意识。

4.4.17 不符合项 17：不锈钢管线氩弧焊接时未进行充氩气保护。

4.4.17.1 不符合项描述：不锈钢管线焊接过程中，内部未进行充氩气保护，致使管线焊缝氧化。

4.4.17.2 不符合项及整改情况如图 4-103、图 4-104 所示。

图 4-103 不锈钢管线氩弧焊接充氩气不足

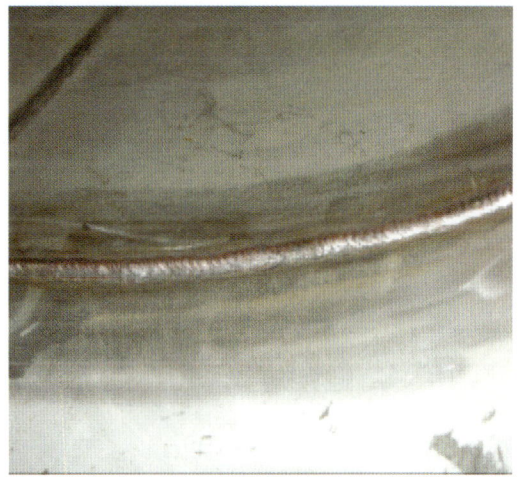
图 4-104 不锈钢管线氩弧焊接充氩气符合要求

4.4.17.3 不符合项危害：不锈钢管线焊接过程中，内部未进行充氩气保护，致使焊缝氧化影响焊道的强度。

4.4.17.4 设计图纸或标准规范要求：GB 50236—2011《现场设备、工业管道焊接工程施工规范》第 7.3.4 条要求：对含铬量大于或等于 3% 或合金元素总含量大于 5% 的焊件，采用钨极惰性气体保护电弧焊或熔化极气体保护电焊进行根部焊接时，焊缝背面应充氩气或其他保护气体，或采取其它防止背面焊缝金属被氧化的措施。

4.4.17.5 产生原因：（1）施工单位技术人员技术交底不明确。（2）焊接人员质量意识淡薄，抢进度图省事。（3）质量监督人员责任心不强，检查不到位。

4.4.17.6 整改措施：焊接过程管线内部充氩气进行保护，且两端进行严密的封堵。

4.4.17.7 保证措施：(1) 对作业人员进行详细的技术交底。(2) 质检员加强对过程的监督管理，严格落实"三检"制。(3) 焊工需严格按照焊接规程施工，满足氩弧焊接条件和技术要求。

4.4.18 不符合项 18：不锈钢管线焊接完后未进行酸洗。

4.4.18.1 不符合项描述：不锈钢管线焊接完后未及时进行酸洗。

4.4.18.2 不符合项及整改情况如图 4-105、图 4-106 所示。

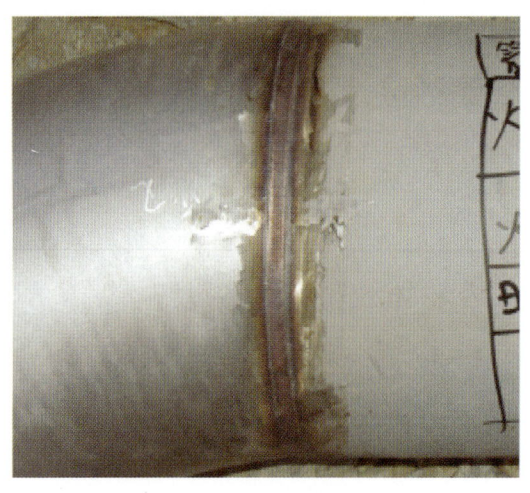

图 4-105 焊接后表面未酸洗

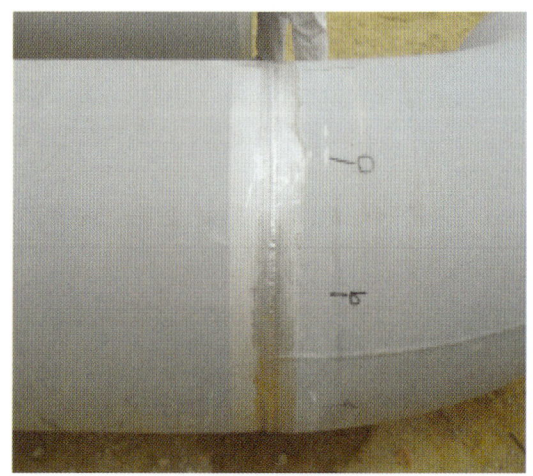

图 4-106 焊后酸洗符合要求

4.4.18.3 不符合项危害：(1) 焊接后的焊口表面存在氧化皮，使钢材的耐腐蚀性降低。(2) 清洗不及时使焊缝表面产生二次腐蚀，降低焊缝质量，影响管线使用寿命。

4.4.18.4 设计图纸或标准规范要求：GB 50236—2011《现场设备、工业管道焊接工程施工规范》第 7.3.15 条要求：对奥氏体不锈钢、双相不锈钢焊缝及其附近表面应按设计规定进行酸洗、钝化处理。

4.4.18.5 产生原因：(1) 施工技术人员技术交底不细。(2) 施工人员数量不足导致后续工作不到位。(3) 质检人员质量意识淡薄，责任心不强。

4.4.18.6 整改措施：增加作业人员数量，保证焊接完对焊缝进行酸洗，除去焊接和高温产生的氧化皮，焊缝露出金属光泽。

4.4.18.7 保证措施：(1) 对作业人员进行详细的技术交底。(2) 加强质量教育，提高作业人员的质量意识。(3) 质检人员严格现场监督管理。

4.4.19 不符合项 19：焊口隔夜。

4.4.19.1 不符合项描述：焊口氩弧焊打底当日未完成，出现隔夜焊口。

4.4.19.2 不符合项及整改情况如图 4-107、图 4-108 所示。

4.4.19.3 不符合项危害：形成焊缝质量差，影响管道运行使用寿命。

4.4.19.4 设计图纸或标准规范要求：GB 50540—2009《石油天然气站内工艺管道工

图 4-107 作业当日氩弧焊打底未完成

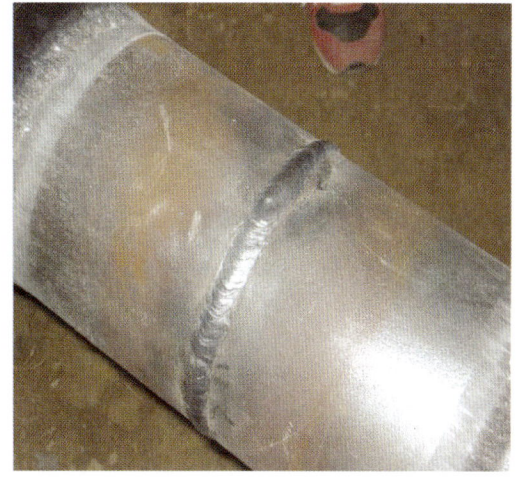
图 4-108 作业当日完成的焊口

程施规范》第 7.3.11 条中规定：除工艺或检验要求需分次焊接外，每条焊缝宜一次连续焊完，当因故中断焊接时，应根据工艺要求采取保温缓冷或后热等防止产生裂缝的措施，再次焊接前应检查焊层表面，确认无裂纹后，方可按原工艺要求继续施焊。

4.4.19.5 产生原因：（1）施工前技术交底不明确。（2）施工单位管理人员不作为。（3）施工单位施工人员质量意识淡薄，存侥幸心理。

4.4.19.6 整改措施：割除该处焊口，重新焊接。

4.4.19.7 保证措施：（1）加强施工前技术交底。（2）强化施工单位管理人员质量意识。

4.4.20 不符合项 20：母材表面电弧擦伤。

4.4.20.1 不符合项描述：母材表面电弧擦伤。

4.4.20.2 不符合项及整改情况如图 4-109、图 4-110 所示。

图 4-109 母材表面电弧擦伤

图 4-110 合格照片

4.4.20.3 不符合项危害：降低了管道母材质量，影响管道运行使用寿命。

4.4.20.4 设计图纸或标准规范要求：SY 4203—2007《石油天然气建设工程施工质量验收规范　站内工艺管道工程》第 8.3.2.2 条规定：焊缝及其周围应清除干净，不应存在电弧烧伤母材的缺陷。

4.4.20.5 产生原因：（1）操作不慎，使焊条或焊把线裸露部分与母材（非焊接部位）接触，在母材引弧时，将母材金属表面擦伤，形成小圆孔或凹坑。（2）未按照规范要求，在母材上引弧。

4.4.20.6 整改措施：轻度擦伤，用砂轮打磨平滑过渡，重度擦伤或打磨深度超过标准时，应进行焊接修补。焊接修补工艺应与焊件焊接工艺相同，修补面积应符合规范要求。

4.4.20.7 保证措施：（1）精心操作，避免带电的焊条及焊把线裸露部分与焊件相碰引起电弧。（2）不得在非焊接部位随意引弧或试电流。（3）地线与焊件本体应紧固良好。

4.4.21 不符合项 21：焊缝出现裂纹。

4.4.21.1 不符合项描述：管道焊缝表面出现裂纹，不符合要求。

4.4.21.2 不符合项及整改情况如图 4-111、图 4-112 所示。

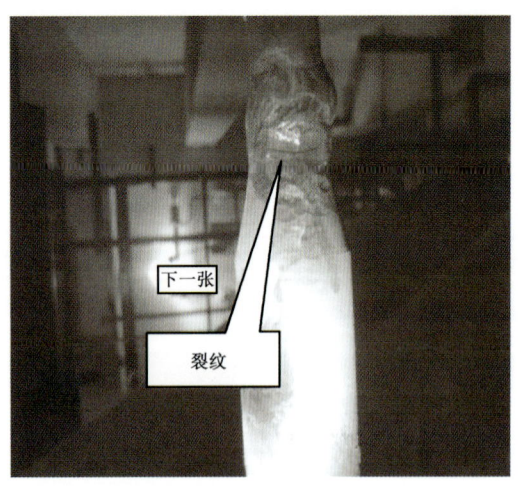

图 4-111　焊缝表面裂纹

图 4-112　焊口重新焊接

4.4.21.3 不符合项危害：降低管道承载强度及管道使用寿命。容易造成泄漏事故，甚至发生爆裂。

4.4.21.4 设计图纸或标准规范要求：SY 4203—2007《石油天然气建设工程施工质量验收规范　站内工艺管道工程》第 8.3.2.1 条规定：焊缝表面应整齐均匀，无裂纹、未焊透、气孔、夹渣与烧穿等缺陷。

4.4.21.5 产生原因：（1）施工方法不当，管子处于受力状态，在焊接收弧点易出现应力裂纹。（2）在焊接过程中，如过早撤离对口器使熔池中铁水未来及凝固，在焊接收弧处容易产生裂纹。(3) 焊缝中扩散氢含量偏高。

4.4.21.6 整改措施：切除焊口，重新焊接。

4.4.21.7 保证措施：(1) 组对焊接时，杜绝管线产生强制扭力，采用降低焊接应力的各种工艺措施，严格控制在焊接过程中焊口受力现象。(2) 限制钢材及焊材中易偏移元素和有害杂质的含量，减少硫磷等元素含量及降低含碳量。(3) 控制焊接火花，适当提高焊缝形象系数，采用多层多道焊法，避免中心线偏移，防治中心线裂纹。(4) 断弧时填满弧坑。(5) 减少焊缝中的扩散氢含量，焊条和焊剂应严格按规定要求进行烘干，随用随取。(6) 选择合理的焊接规范和线能量，如焊前预热、控制层间温度、缓冷等。

4.4.22 不符合项22：焊缝存在咬边。

4.4.22.1 不符合项描述：现场检查时发现焊缝存在咬边现象。

4.4.22.2 不符合项及整改情况如图4-113、图4-114所示。

图4-113 焊缝咬边

图4-114 合格焊缝

4.4.22.3 不符合项危害：破坏了焊接接头的连续性，减小了结构承载横截面的有效面积，并且在其周围产生了应力集中。当缺陷超标时会降低焊缝的强度，危及安全。

4.4.22.4 设计图纸或标准规范要求：SY 4203—2007《石油天然气建设工程施工质量验收规范 站内工艺管道工程》第8.3.2.1条规定：焊缝表面应整齐均匀，无裂纹、未焊透、气孔、夹渣与烧穿等缺陷。

4.4.22.5 产生原因：(1) 选择电流太大，使电弧热量过高。(2) 运条时，焊条端头距焊件表面距离太大，或运条速度不当，以及熔化终了时焊条头留置太短等，造成电流过大、温度过高而形成咬边。

4.4.22.6 整改措施：未超规范要求时打磨平滑；超规范要求时，按照规范要求补焊。

4.4.22.7 保证措施：(1) 选择适当焊接电流，避免过大。(2) 保持运条速度均匀，电弧不要拉得过长或过短；焊条运条到坡口边缘应稍慢些，停留时间应略长，焊缝中间位置要快些。（3）焊接时焊条角度位置要正确，并保持一定的电弧长度，焊条终了时的留置长度要适当。

4.4.23　不符合项 23：焊疤打磨处理不符合要求。

4.4.23.1　不符合项描述：（1）焊疤未打磨。（2）焊接时随意在管线本体上引弧。

4.4.23.2　不符合项危害：影响结构安全及下道工序施工质量。

4.4.23.3　设计图纸或标准规范要求：GB 50540—2009《石油天然气站内工艺管道工程施工规范》中第 7.3.5 条要求：施焊时严禁在坡口以外的管壁上引弧，焊接地线与钢管应有可靠的连接方式，并应防止电弧擦伤母材。

4.4.23.4　产生原因：（1）电焊工随意在管道表面引弧造成弧坑。（2）焊接的临时支撑拆除后未及时打磨。

4.4.23.5　整改措施：（1）弧坑用电焊填满，打磨平滑，重新补漆。（2）焊疤用角磨机打磨平滑，重新补漆。（3）对焊工重新进行技术交底，严肃工艺焊接纪律。

4.4.23.6　保证措施：施工单位应加强质量管理，技术人员在开始作业之前进行详细的技术交底，施工过程中质检人员加强过程检查，发现问题及时要求施工单位进行整改。

4.4.24　不符合项 24：管线焊缝存在未熔合缺陷。

4.4.24.1　不符合项描述：射线检测发现焊口存在未熔合缺陷。

4.4.24.2　不符合项及整改情况如图 4-115、图 4-116 所示。

图 4-115　焊口未融合　　　　　　　　图 4-116　焊口重新焊接

4.4.24.3　不符合项危害：破坏了焊接接头的连续性，减小了结构承载横截面的有效面积。并且，当缺陷超标时会降低焊缝的强度，运行后容易发生安全事故。

4.4.24.4　设计图纸或标准规范要求：SY 4203—2007《石油天然气建设工程施工质量验收规范　站内工艺管道工程》第 8.3.2.1 条规定：焊缝表面应整齐均匀，无裂纹、未焊透、气孔、夹渣与烧穿等缺陷。

4.4.24.5　产生原因：(1)加工坡口时钝边厚度太大、坡口角度太小。(2)组对间隙太小。(3)焊前未对坡口两侧、根部、层间清理干净。(4)焊工操作工艺不当。(5)施工前技术交底不明确。

4.4.24.6　整改措施：按照规范要求补焊或重新焊接。

4.4.24.7　保证措施：(1)正确确定坡口尺寸和组对间隙大小。(2)焊前认真清理坡口区域内的铁锈等污物，各焊层间的氧化物应清理干净。(3)正确选择电流的大小。(4)运条时，随时调整焊条角度，使熔敷金属间与基本金属间达到充分熔合。对厚度较厚或导热性较高、散热性较快的焊件，可在焊前预热或焊接中加热，使被焊母材基本金属充分得到加热适宜与焊条熔敷金属达到熔合。(5)焊接时应注意起焊处的正确接头，起焊时用长弧在接头处按焊接方向反程 3～5mm 先预热，后焊接，使接头处得到熔化焊透。(6)当焊接终点时应马上压短电弧，先填满熔池后可稍停留一下时间将焊条向后拉，再回转向前灭弧。(7)加强施工前技术交底。

4.4.25　不符合项 25：封头焊接方式不符合要求。

4.4.25.1　不符合项描述：封头焊接未按焊接工艺规程要求使用氩弧焊打底。

4.4.25.2　不符合项及整改情况如图 4-117、图 4-118 所示。

图 4-117　封头焊接不合格

图 4-118　封头焊接合格

4.4.25.3　不符合项危害：未按焊接工艺规程要求进行焊接，焊接质量无法保证。

4.4.25.4　设计图纸或标准规范要求：SY/T 4103—2006《钢质管道焊接及验收》规定：焊接工序应严格按照焊接工艺规程要求进行施焊。

4.4.25.5　产生原因：(1)现场管理人员质量意识淡薄，存侥幸心理。(2)施工人员违规操作，质量意识淡薄。(3)施工前技术交底不明确。

4.4.25.6　整改措施：割除该处封头，购置合格封头重新焊接。

4.4.25.7 保证措施：(1)现场管理人员增强安全、质量意识。(2)加强施工前技术交底，增强施工人员责任心与质量意识。

4.4.26 不符合项 26：焊接前焊口未预热。

4.4.26.1 不符合项描述：根据焊接工艺规程要求，焊接前应进行焊接热处理，但该焊口焊接前未预热。

4.4.26.2 不符合项及整改情况如图 4-119、图 4-120 所示。

图 4-119 焊口预热不合格

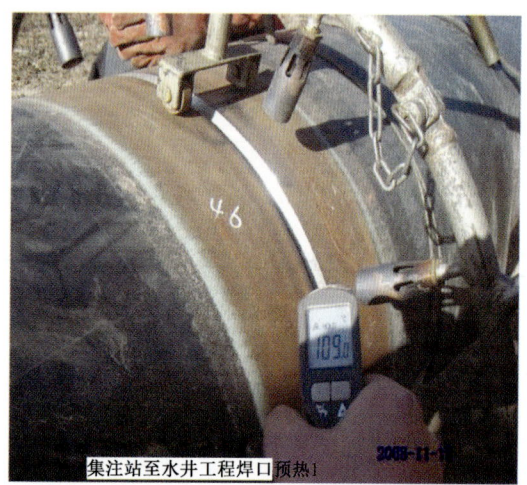
图 4-120 焊口预热合格

4.4.26.3 不符合项危害：焊缝容易产生延迟裂纹，降低焊缝强度，降低管道使用寿命。

4.4.26.4 设计图纸或标准规范要求：根据储气库焊接工艺规程要求，焊接前应将焊口预热。

4.4.26.5 产生原因：(1)现场施工人员质量意识淡薄。(2)施工单位管理人员未履行职责。(3)施工前技术交底不明确。

4.4.26.6 整改措施：割除焊口，预热后重新焊接。

4.4.26.7 保证措施：(1)严格按照焊接工艺规程及施工规范施工。(2)加强施工前技术交底，加强施工人员质量意识。

4.5 管沟开挖及回填

4.5.1 不符合项 1：工艺管道管沟宽度不符合要求。

4.5.1.1 不符合项描述：工艺管道中心线与管沟中心线不在同一直线上，管沟宽度不符合要求。

4.5.1.2 不符合项及整改情况如图 4-121、图 4-122 所示。

4.5.1.3 不符合项危害：管沟宽度较小容易造成管线在下沟过程中无法下入沟底，管

图 4-121 管线管沟宽度较小

图 4-122 重新对管沟开挖进行下沟

线悬空，长时间悬空出现管线变形。

4.5.1.4 根据设计及规范要求：GB 50540—2009《石油天然气站内工艺管道工程施工规范》第 8.1.7 条中规定：单管敷设时，管底宽度应按管道公称直径加宽 300mm，但总宽度不小于 500mm。

4.5.1.5 产生原因：（1）施工前技术交底不明确。（2）管沟开挖的宽度，未达到施工图纸及规范规定要求的宽度。（3）抢进度、图省事，管沟开挖时少挖土方，管沟太窄。

4.5.1.6 整改措施：要求施工单位对管沟开挖及管道下沟按照施工图纸及规范规定的要求进行实施。

4.5.1.7 保证措施：（1）加强施工前技术交底。（2）增强施工人员责任心与质量意识。

4.5.2 不符合项 2：管线下沟时起吊间距不符合要求。

4.5.2.1 不符合项描述：1km 的消防管线下沟只有 3 台起重设备，起重设备间距为 30m/台。

4.5.2.2 不符合项及整改情况如图 4-123、图 4-124 所示。

4.5.2.3 不符合项危害：管线距离较长，起重设备数量较少，容易造成管线变形不能使用。

4.5.2.4 根据设计及规范要求：GB 50369—2006《油气长输管道工程施工及验收规范》中第 3.7.7 条要求：管线下沟吊点间距为 16～17m。

4.5.2.5 产生原因：（1）施工单位技术不到位。（2）施工现场无专人进行监督并指挥下沟作业。

4.5.2.6 整改措施：要求施工单位起吊距离减少，严禁长距离起吊造成管线变形。

4.5.2.7 保证措施：管线下沟前检查下沟的起重设备数量，同时要求施工单位安排专人进行指挥下沟。

4.5.3 不符合项 3：管沟底部未铺设垫层。

图4-123 起重设备数量不满足要求

图4-124 分段进行下沟作业

4.5.3.1 不符合项描述：玻璃钢管线的管沟底部未铺设垫层。

4.5.3.2 不符合项及整改情况如图4-125、图4-126所示。

图4-125 管沟底部未铺设垫层

图4-126 管沟铺设了细沙垫层

4.5.3.3 不符合项危害：极易造成管材底部与管沟底部岩石或尖锐物体直接接触，回填后挤压损伤玻璃钢管线。

4.5.3.4 设计图纸或标准规范要求：《大连LNG工程纤维缠绕玻璃钢管安装埋设手册》要求：如果在沟底遇到岩石、硬土层、松软而不稳定的土壤或高度膨胀的土壤，应在底部用细土添加垫层，厚度不低于管直径的1/4。

4.5.3.5 产生原因：(1)技术交底不详细。(2)质检人员责任心不强，监督管理不到位。(3)现场"三检"制未落实到位。

4.5.3.6 整改措施：在管沟底部均匀铺设 300mm 厚的细沙垫层。

4.5.3.7 保证措施：（1）对施工人员进行详细的技术交底。（2）严格按照规范和设计要求进行施工。（3）管理人员加强现场监督。

4.6 吹扫试压

4.6.1 不符合项 1：站内管线吹扫时检查准备工作不到位。

4.6.1.1 不符合项描述：站内管线吹扫时吹扫系统未与不需要吹扫的设备进行完全隔离。

4.6.1.2 不符合项及整改情况如图 4-127、图 4-128 所示。

图 4-127 系统试压前流量计拆除　　　　　图 4-128 系统试压前安装系统替代短节

4.6.1.3 不符合项危害：造成设备损坏，影响施工工期，并造成经济损失。

4.6.1.4 设计图纸或标准规范要求：根据 GB 50235—2010《工业金属管道工程施工及验收规范》第 8.1.3 条规定：不允许吹扫的设备及管道应与吹扫系统隔离。

4.6.1.5 产生原因：（1）现场管理人员质量意识淡薄，存在侥幸心理。（2）施工人员违规操作，质量意识淡薄。（3）施工前技术交底不明确。

4.6.1.6 整改措施：停止吹扫，用短节替换设备后进行吹扫。

4.6.1.7 保证措施：（1）现场管理人员增强质量意识。（2）加强施工前技术交底，增强施工人员责任心与质量意识。

4.6.2 不符合项 2：站内管线试压，阀门做盲板使用。

4.6.2.1 不符合项描述：站内工艺管线试压前，检查发现施工单位计划用阀门代替盲法兰做试压封头。

4.6.2.2 不符合项及整改情况如图 4-129、图 4-130 所示。

图 4-129　分段试压阀门未拆除　　　　图 4-130　分段试压采用盲法兰封堵

4.6.2.3　不符合项危害：可能造成阀门内漏，导致事故状态时，阀门不起作用，造成损失。

4.6.2.4　设计图纸或标准规范要求：根据设计文件及厂家设备使用说明书要求，该处阀门不参与试压。

4.6.2.5　产生原因：（1）现场管理人员技术交底不到位，存侥幸心理。（2）施工人员违规操作，质量意识淡薄。

4.6.2.6　整改措施：（1）停止使用阀门作为封堵进行试压，购置盲法兰替换后，重新开始进行试压。（2）对阀门进行处理，确保阀门安全。

4.6.2.7　保证措施：（1）现场管理人员增强质量意识。（2）加强施工前技术交底，增强施工人员责任心与质量意识。

4.6.3　不符合项 3：试压过程中出现泄漏带压修理。

4.6.3.1　不符合项描述：站内工艺管线试压时，出现泄露，未降压，带压修理。

4.6.3.2　不符合项及整改情况如图 4-131、图 4-132 所示。

4.6.3.3　不符合项危害：容易造成人身伤害。

4.6.3.4　设计图纸或标准规范要求：GB 50540—2009《石油天然气站内工艺管道工程施规范》第 9.1.6 条中规定：试压过程中如有泄漏，禁止带压修补。缺陷修补合格后，应重新试压。

4.6.3.5　产生原因：（1）现场管理人员技术未进行技术交底，安全意识淡薄，存侥幸心理。（2）施工作业人员野蛮施工。

4.6.3.6　整改措施：停止带压修理，等泄完压后，再进行修理。

4.6.3.7　保证措施：（1）严格按照设计文件及施工规范施工。（2）加强现场管理人员及施工人员安全意识。

图 4-131 违规带压紧漏　　　　　　　图 4-132 对试压系统泄压后紧固

4.7 管道防腐和绝热

4.7.1 不符合项1：管线保冷外保护层接缝处没有涂抹密封剂。

4.7.1.1 不符合项描述：绑扎外保护层时环向和纵向交叠缝隙处没有涂抹密封剂，不符合规范要求。

4.7.1.2 不符合项及整改情况如图 4-133、图 4-134 所示。

图 4-133 管线保冷外保护层接缝处没有涂　　图 4-134 管线保冷外保护层接缝处按照要求涂
　　　　　　抹密封剂　　　　　　　　　　　　　　　　抹密封剂

4.7.1.3 不符合项危害：环向和纵向交叠处没有涂抹密封剂，环向和纵向交叠处容易出现缝隙或者缝隙过大，雨水容易进入保冷层，运行后产生结冰。

4.7.1.4　设计图纸或标准规范要求：《大连 LNG 工程隔热工程规定》中规定：镀铝外保护层包在保冷材料外并用不锈钢带固定好，在环向和纵向交叠接头处用喷枪加入密封剂加固。

4.7.1.5　产生原因：(1) 未进行详细的技术交底。(2) 质检人员质量监督不到位。(3) 施工人对工序作业流程不熟悉，没有涂抹密封剂。

4.7.1.6　整改措施：按照要求对环向和纵向交叠接头处用喷枪加入密封剂加固。

4.7.1.7　保证措施：(1) 进行详细的技术交底。(2) 加强技术指导和交流。(3) 对环向和纵向交叠接头进行涂抹密封剂。

4.7.2　不符合项 2：管线保冷伸缩缝保护不到位。

4.7.2.1　不符合项描述：管线保冷施工伸缩缝未进行防雨保护。

4.7.2.2　不符合项及整改情况如图 4-135、图 4-136 所示。

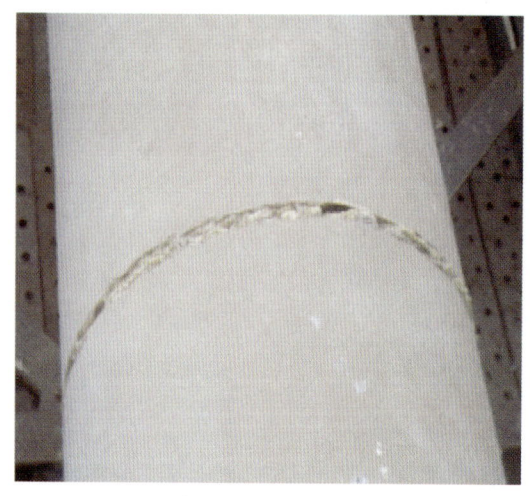
图 4-135　保冷伸缩缝未做保护

图 4-136　保冷伸缩缝保护符合要求

4.7.2.3　不符合项危害：保冷施工未对伸缩缝进行防雨保护，容易使伸缩缝内的玻璃棉受潮吸水，导致保冷效果差，在管线运行过程中容易导致结冰现象。

4.7.2.4　设计图纸或标准规范要求：GB 50540—2009《石油天然气站内工艺管道工程施规范》第 10.3.10 条中规定：采用金属外保护层时，环向活动缝应按照设计留置，施工接缝应上搭下，并按照规定嵌填密封剂或在接缝外包缠密封带。

4.7.2.5　产生原因：(1) 技术交底不详细。(2) 作业人员一味追求进度，质量意识淡薄。(3) 质检人员责任心不强，监督管理不到位。

4.7.2.6　整改措施：对伸缩缝及时进行遮盖，防止伸缩缝内的玻璃棉受潮吸水。

4.7.2.7　保证措施：(1) 对作业人员进行详细的技术交底。(2) 严格落实"三检"

制。(3)质检员加强现场监督,发现问题及时整改。

4.7.3 不符合项3:保冷管托安装后保护不到位。

4.7.3.1 不符合项描述:保冷管托安装后,未及时完善防潮防雨措施,使管托受潮。

4.7.3.2 不符合项及整改情况如图4-137、图4-138所示。

图4-137 低温管托未保护

图4-138 低温管托保护符合要求

4.7.3.3 不符合项危害:管托安装后未进行防潮防雨保护,使管托内部的聚氨酯泡沫受潮吸水,而聚氨酯泡沫是低温管道支架的重要部件,具有承载和保温功能,聚氨酯泡沫浸泡受损则影响功能正常发挥作用。在0℃以下,水渗入聚氨酯泡沫体泡孔后就会膨胀,并导致泡孔受损,甚至整个聚氨酯泡沫块的毁坏。从而导致保冷效果差,在低温管线运行过程中容易导致管道支架结冰。

4.7.3.4 设计图纸或标准规范要求:设计文件《大连LNG工程低温称重和导向管道支架安装指导手册》规定:保护支架,尤其是防止聚氨酯泡沫受潮至关重要。

4.7.3.5 产生原因:(1)技术交底不详细。(2)作业人员盲目追求进度,成品保护意识差。(3)质检人员责任心不强,质量监督不到位。

4.7.3.6 整改措施:保冷管托安装完后,及时用彩条布进行包裹固定,确保管托不受潮。

4.7.3.7 保证措施:(1)对作业人员进行详细的技术交底。(2)严格落实质量"三检"制。(3)质检员加强现场监督管理,发现问题及时整改。

4.7.4 不符合项4:管线保冷外保护层不锈钢带间距过大。

4.7.4.1 不符合项描述:管线保冷外保护层不锈钢带间距超出规范和设计文件的要求。

4.7.4.2 不符合项及整改情况如图4-139、图4-140所示。

4.7.4.3 不符合项危害:外保护层不锈钢带间距过大,外保护层绑扎不紧密,环向和纵向交叠处容易出现缝隙或者缝隙过大,雨水进入保冷层,运行后易结冰,对保温绝热材

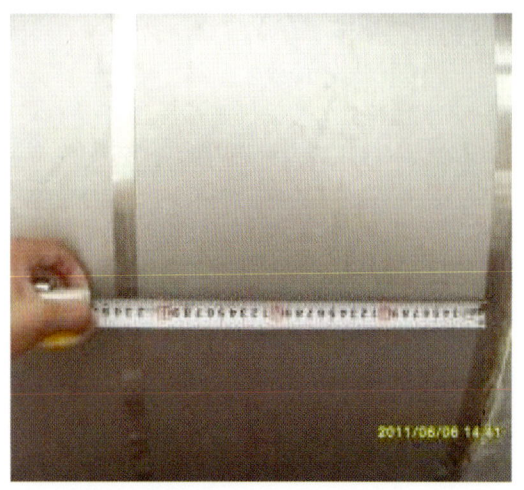 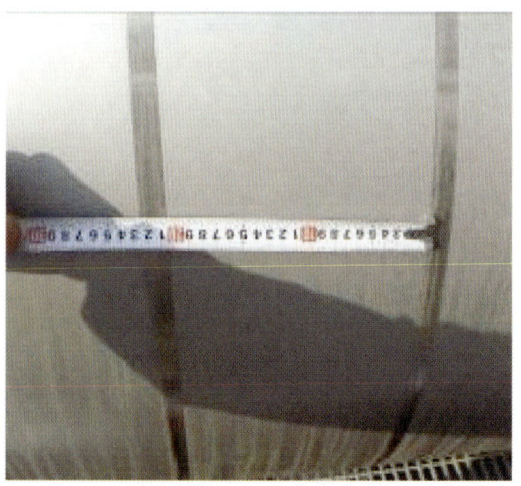

图 4-139　管线保冷外保护层不锈钢带间距过大　　图 4-140　镀铝外保护层不锈钢带重新进行了设置符合要求

料的使用寿命有一定影响。

4.7.4.4　设计图纸或标准规范要求：《大连 LNG 工程隔热工程规定》中规定：镀铝外保护层纵向交叠 50mm，环相交叠 75mm；外保护层应用不锈钢带扎紧，不锈钢带最大间距 225mm。

4.7.4.5　产生原因：（1）技术交底不细。（2）施工人员质量意识差，偷工减料。（3）质检人员监督管理不到位。

4.7.4.6　整改措施：调整不锈钢带间距，增加不锈钢带，满足设计要求。

4.7.4.7　保证措施：（1）对施工人员进行详细的技术交底。（2）管理人员加强现场监督。（3）杜绝偷工减料，严格按照设计和规范要求施工。

4.7.5　不符合项 5：水平管道金属保护层的纵向接缝设置不符合要求。

4.7.5.1　不符合项描述：水平管道外保护层的纵向接缝朝上，搭接方向不正确。

4.7.5.2　不符合项及整改情况如图 4-141、图 4-142 所示。

4.7.5.3　不符合项危害：雨水容易进入保冷层，运行后容易结冰，存在安全隐患，影响保温绝热材料的使用寿命。

4.7.5.4　设计图纸或标准规范要求：GB 50126—2008《工业设备及管道绝热工程施工规范》第 7.1.5 条的规定：水平管道金属保护层的环向接缝应沿管道坡向，搭向低处，其纵向接缝宜布置在水平中心线下方的 15°～45°处，缝口朝下。当侧面或底部有障碍物时，纵向接缝可移至管道水平中心线上方 60°以内。

4.7.5.5　产生原因：（1）技术交底不详细。（2）质检人员监督管理不到位。（3）施工人员质量意识差，对图纸或规范要求不清楚。

4.7.5.6　整改措施：将此部分的外保护层拆除，从新覆盖保护层，确保接缝位置和搭接方向符合规范要求。

图 4-141 水平管道金属保护层的纵向接缝设置不符合要求　　图 4-142 水平管道金属保护层的纵向接缝重新进行设置，符合要求

4.7.5.7　保证措施：(1)进行详细的技术交底。(2)加强作业人员之间的技术交流。(3)严格按照设计和规范要求进行作业。(4)施工管理人员加强现场监督管理，发现问题及时纠正。

4.7.6　不符合项 6：镀铝外保护层搭接长度不足，保冷材料外露。

4.7.6.1　不符合项描述：镀铝外保护层搭接长度不够，造成保冷材料外露，不符合规范要求。

4.7.6.2　不符合项危害：雨水容易进入保冷层，容易引起结冰，造成安全隐患，同时影响保温绝热材料的使用寿命。

4.7.6.3　设计图纸或标准规范要求：《大连 LNG 工程隔热设计工程规定》中要求：镀铝外保护层纵向交叠 50mm，环相交叠 75mm；外保护层应用不锈钢带扎紧，不锈钢带最大间距 225mm。

4.7.6.4　产生原因：(1)未对施工人员进行详细的技术交底。(2)质检人员责任心不强，监督管理不到位。(3)施工人员质量意识差，存在偷工减料。

4.7.6.5　整改措施：对镀铝外保护层重新进行搭接，达到满足设计要求。

4.7.6.6　保证措施：(1)对施工人员进行详细的技术交底。(2)严格按照设计和规范要求进行作业。(3)管理人员加强现场监督管理，杜绝偷工减料。

4.7.7　不符合项 7：管线保冷外保护层钢带过长捆绑松懈。

4.7.7.1　不符合项描述：管线保冷外保护层不锈钢钢带过长，导致绑扎固定不紧，不符合规范和设计文件要求。

4.7.7.2　不符合项及整改情况如图 4-143、图 4-144 所示。

4.7.7.3　不符合项危害：外保护层绑扎不紧密，环向和纵向交叠处容易出现缝隙或者缝隙过大，雨水容易进入保冷层，运行后易产生结冰。

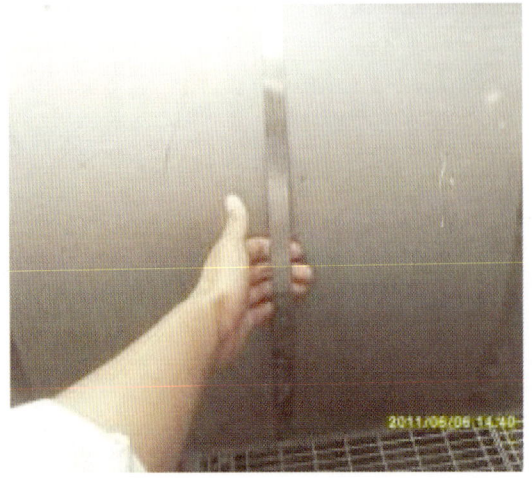
图 4-143 管线保冷外保护层钢带过长捆绑松懈

图 4-144 管线保冷外保护层钢带扎紧固定

4.7.7.4 设计图纸或标准规范要求：《大连 LNG 工程隔热工程规定》中规定：镀铝外保护层纵向交叠 50mm，环相交叠 75mm；外保护层应用不锈钢带扎紧，不锈钢带最大间距 225mm。

4.7.7.5 产生原因：(1) 紧固位置垫入垫片过厚，导致扎紧程度不够。(2) 现场监督管理不到位。

4.7.7.6 整改措施：将松懈的不锈钢带拆除，重新绑扎紧固，确保保护层钢带扎紧固定。

4.7.7.7 保证措施：(1) 完善技术交底制度。(2) 技术人员在现场指导安装。(3) 紧固不锈钢带时须检查垫片厚度。(4) 加强现场监督检查，发现问题及时纠正。

4.7.8 不符合项 8：管线保冷主防潮层涂抹不均匀，不符合规范要求。

4.7.8.1 不符合项描述：保冷管线主防潮层防水胶涂抹不均匀，网格布清晰可见，不符合规范要求。

4.7.8.2 不符合项及整改情况如图 4-145、图 4-146 所示。

图 4-145 管线保冷主防潮层涂抹不均匀

图 4-146 管线保冷主防潮层重新进行了涂抹

4.7.8.3　不符合项危害：管线保冷主防潮层涂抹不均匀，导致保冷材料容易损坏，影响管线保冷材料的使用寿命，带来质量隐患。

4.7.8.4　设计图纸或标准规范要求：《大连 LNG 工程厂区管廊及管线安装（气化区前装置及管道）保冷施工方案》主防潮层：Foster 60-90(白)/60-91(灰) + #10 号网格布加强的主防潮层材料应在最外层的泡沫玻璃上使用作为主防潮层。在主防潮层使用之前，最外层泡沫玻璃应用不锈钢绑带固定。防潮层的涂抹以不能清除看到中间的网格布的网格为验收依据。

4.7.8.5　产生原因：(1)未进行详细的技术交底。(2)未按照施工方案进行作业。(3)质检人员现场监督不到位。

4.7.8.6　整改措施：重新涂刷防水胶，以不能清除看到中间网格布的网格方为合格。

4.7.8.7　保证措施：(1)进行详细的技术交底。(2)作业人员按照施工方案进行作业。(3)加强现场监督指导，发现问题及时纠正。

4.7.9　不符合项 9：保温层安装不规范。

4.7.9.1　不符合项描述：保温层密实不严，有空洞现象，保护层圆度与平整度不满足施工规范要求且部分保温材料外露。

4.7.9.2　不符合项及整改情况如图 4-147、图 4-148 所示。

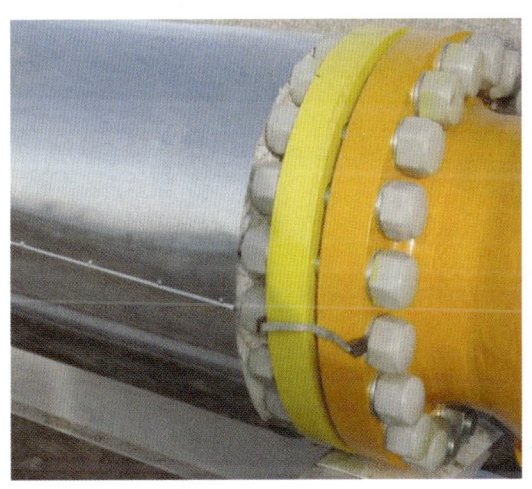
图 4-147　保温层不符合要求

图 4-148　保温层整改后

4.7.9.3　不符合项危害：保温不彻底，容易出现冰堵现象，损害设备。

4.7.9.4　设计图纸或标准规范要求：GB 50540—2009《石油天然气站内工艺管道工程施工规范》第 10.3.8 条中规定：毡、箔、布类保温材料或保温瓦应用相应的绑扎材料绑扎牢固，充填应密实，无严重凹凸现象，同轴度误差不大于 10mm，保温厚度应符合设计规定，保温材料的容重允许偏差为 5%。

4.7.9.5　产生原因：(1)技术人员未进行技术交底。(2)现场管理人员质量意识淡薄。

4.7.9.6 整改措施：对不合格部位，拆除保温层，重新施工。

4.7.9.7 保证措施：严格按照施工规范要求施工，加强施工前工程技术交底。

4.7.10 不符合项10：导热油进场管线未经除锈便进行焊接安装。

4.7.10.1 不符合项描述：厂家提供的导热油管线到场后未经防腐除锈，施工单位随即将未经除锈的管材进行安装，导致管材防腐除锈困难，防腐质量下降。

4.7.10.2 不符合项及整改情况如图4-149、图4-150所示。

图4-149 未防腐的导热油管线

图4-150 导热油管线进行防腐

4.7.10.3 不符合项危害：管材除锈难度增加，防腐质量下降，同时造成人力物力的浪费及工期的延误。

4.7.10.4 设计图纸或标准规范要求：根据设计及GB/T 8923.1—2011《涂覆涂料前钢材表面处理 表面清洁度的目视评定 第1部分：未涂覆过的钢材表面和全面清除原有涂层后的钢材表面的锈蚀等级和处理等级》要求：钢管除锈等级需达到规范要求的Sa2.5级（钢材表面无可见油脂、污垢、氧化皮、铁锈和油漆涂层等附着物，任何残留的痕迹仅是点状或条纹状的轻微色斑。）

4.7.10.5 产生原因：总包与厂家沟通不到位，未明确除锈责任归属。出现问题后，总包单位未经上报，擅自进行安装。

4.7.10.6 整改措施：对未进行防腐除锈的管线用人工除锈法重新进行除锈，除锈等级达到设计及规范要求。

4.7.10.7 保证措施：增加总包与厂家之间的沟通联系，明确到货管线的除锈任务归属。对未经防腐除锈合格的管线，坚决不允许进行安装。

4.7.11 不符合项11：埋地管线防腐施工与设计要求不符。

4.7.11.1 不符合项描述：场区埋地管线防腐为聚乙烯粘胶带，与设计要求的加强级三层PE防腐不符。

4.7.11.2 不符合项及整改情况如图4-151、图4-152所示。

图 4-151 现场聚乙烯粘胶带防腐

图 4-152 三层 PE 防腐

4.7.11.3 不符合项危害：防腐层的保护性能及使用年限受到影响。

4.7.11.4 设计图纸或标准规范要求：设计图纸要求厂区埋地管线采用加强级三层 PE 防腐。

4.7.11.5 产生原因：（1）总包技术人员对施工人员的技术交底不到位。（2）由于是埋地管线，施工人员存在侥幸心理，偷工减料不按设计及规范要求施工。

4.7.11.6 整改措施：按设计要求重新进行防腐。

4.7.11.7 保证措施：（1）落实防腐材料的配备情况，要求总包单位在实施防腐施工前对施工材料及准备情况进行检查，现场监理人员进行确认。（2）对技术员技术交底情况进行监督，抽查施工人员技术能力。（3）加强埋地管线回填前确认程序的有效落实，未确认完成的埋地管线，不管质量是否合格，均挖开重新进行确认。

4.7.12 不符合项 12：循环水管线焊接吊装时损伤防腐层。

4.7.12.1 不符合项描述：循环水管线焊接吊装时直接使用导链，未采取任何措施保护管线防腐层。

4.7.12.2 不符合项及整改情况如图 4-153、图 4-154 所示。

4.7.12.3 不符合项危害：破坏已成的防腐层，返工增加工作量和工期。

4.7.12.4 设计图纸或标准规范要求：GB 50268—2008《给水排水管道工程施工及验收规范》中 5.1.3 条要求：金属管、化学建材管及管件吊装时，应采用柔性的绳索、兜身吊带或专用工具，采用钢丝绳或铁链时不得直接接触管节。

4.7.12.5 产生原因：施工单位技术人员责任心不强，对施工人员技术交底不到位，对于施工中需要注意的事项不清楚。现场施工时也未进行检查和指导。

4.7.12.6 整改措施：将铁链更换成尼龙吊带，对于损伤的防腐层进行修补。

4.7.12.7 保证措施：（1）施工单位技术人员应加强责任心，对容易出现问题的部位应加强检查指导力度，发现问题及时纠正处理。（2）工人经岗前培训合格后方可上岗。（3）质检人员应加强焊接过程检查和控制。

4.7.13 不符合项 13：接头未打磨处理，直接用玻璃布包裹防腐。

图 4-153 防腐层损伤　　　　　　　　　　图 4-154 整改后的防腐层

4.7.13.1　不符合项描述：玻璃钢管线接头未进行打磨处理，直接用胶布包裹防腐。

4.7.13.2　不符合项及整改情况如图 4-155、图 4-156 所示。

图 4-155　接头未进行打磨处理，直接用胶布包裹防腐　　　　　图 4-156　玻璃布剥离后重新进行打磨处理

4.7.13.3　不符合项危害：导致玻璃钢管线接头包裹防腐不牢固，运行过程中出现渗漏，腐蚀地下管网设施。

4.7.13.4　设计图纸或标准规范要求：《大连 LNG 工程纤维缠绕玻璃钢管安装埋设手册》5-3 要求：根据对接宽度将需胶接的地方用装有软片砂轮的角向磨光机进行打磨，切口应磨到内衬层（内衬厚度 1.5～2.0mm）。

4.7.13.5　产生原因：施工技术交底不细，质检人员责任心不强，监督不到位，现场"三检"制未落到实处。

4.7.13.6　整改措施：将已包缠的玻璃布剥离，对包缠处管材进行打磨处理。

4.7.13.7　保证措施：对施工人员进行详细的技术交底，严格按照规范和设计要求进行作业，管理人员加强现场监督。

4.7.14　不符合项 14：油漆表面防护。

4.7.14.1　不符合项描述：涂刷油漆时工艺管道不注意对表面防护。

4.7.14.2　不符合项危害：影响下道工序施工质量。

4.7.14.3　设计图纸或标准规范要求：SH/T 3022—2011《石油化工设备和管道涂料防腐蚀设计规范》中第 6.1.2.2 条规定：涂底漆前应对标识、焊接坡口、螺纹等特殊部位加以保护。

4.7.14.4　产生原因：作业人员没有对管道附近进行保护。

4.7.14.5　整改措施：将污染的管道防火涂料除去，重新对基底进行打磨处理。

4.7.14.6　保证措施：（1）加强对施工人员的质量培训，明确防腐质量要求。（2）工艺管道进行保护处理。

4.7.15　不符合项 15：补口质量不合格。

4.7.15.1　不符合项描述：补口后表面不平整，有气泡与皱折等缺陷，搭接处粘接不牢固且不平整。

4.7.15.2　不符合项及整改情况如图 4-157、图 4-158 所示。

图 4-157　补口后表面不平整、有气泡与皱折

图 4-158　厂家技术人员现场指导

4.7.15.3　不符合项危害：防腐补口质量不合格，降低管道使用寿命。

4.7.15.4　设计图纸或标准规范要求：厂家说明书要求：钢管的预热温度不得过高（底漆涂刷时出现冒烟、变色等现象），否则将造成底漆提前固化，影响其粘接力。搭接处安装的固定片应粘贴牢固，避免出现翘边、开胶、空鼓现象。固定片安装时，内层应加热 1～2s 去除潮气。搭接部位的 PE 层打毛宽度应与补口材料的覆盖宽度基本一致。补口材料收缩加热过程中，加热器火头不宜过大，否则会使基材迅速收缩而内层热熔胶尚未融化就粘贴到管面上，从而不利于补口材料的粘贴。在天气转凉时，如需加热底漆，应将 A 组分底漆加热后均匀搅拌后，待 A 组分底漆温度降至 30～40℃时，方可倒入 B 组分固化剂均匀搅拌；否则底漆将提前固化影响补口材料粘接力。在周向加热均匀补口材料过程中，若固定片与收缩带分离时，应及时趁热拍打或压辊滚压贴合，加热过程中火焰一定要覆盖固定片。在热收缩带表面尚柔软时，应趁热辊压，及时挤出气泡。

4.7.15.5 产生原因：施工人员操作技术不熟练。施工技术交底不到位。补口完成后，在高温季节暴晒时间过长。在需两人同时操作时，加热速度不均匀而出现局部粘贴不均匀形成气泡与皱折等缺陷。

4.7.15.6 整改措施：对经现场整改后不能解决的气泡与皱折等缺陷，重新进行防腐补口。对安装不符合要求的固定片，重新安装固定片。

4.7.15.7 保证措施：(1) 加强施工人员的防腐技术培训工作，必要时邀请厂家技术人员现场进行指导培训。(2) 补口补伤合格后，根据施工进度的安排，合理地安排管线下沟工序，尽量避免长时间的高温暴晒，若因高温出现翘边现象，应重新安装固定片。

4.7.16 不符合项 16：工艺管道防腐涂刷不均匀。

4.7.16.1 不符合项描述：工艺管道防腐施工涂刷存在流坠、涂刷不均匀情况。

4.7.16.2 不符合项及整改情况如图 4-159、图 4-160 所示。

图 4-159 防腐涂刷不均匀　　　　　　图 4-160 重新进行涂刷

4.7.16.3 不符合项危害：涂刷不均匀影响防腐干膜厚度，影响视觉外观。

4.7.16.4 根据设计及规范要求：GB 50540—2009《石油天然气站内工艺管道工程施工规范》第 10.2.2 条中规定：当涂层完工后出现脱落、裂纹、气泡、透底、皱皮、流坠、色泽不一等时应进行修补。

4.7.16.5 产生原因：(1) 施工时为了节省材料，施工人员未按厂家要求比例进行混合。(2) 质量管理人员责任心差，质量检查不到位。

4.7.16.6 整改措施：将防腐不合格的部位进行重新涂刷修补。

4.7.16.7 保证措施：严格按照规范要求及厂家说明书进行勾兑，先进行试涂作业，合格后方可进行大面积涂覆。

4.7.17 不符合项17：焊渣清理。

4.7.17.1 不符合项描述：焊渣未清理即进行防腐，影响防腐施工质量。

4.7.17.2 不符合项危害：影响防腐质量。

4.7.17.3 根据设计及规范要求：GB 50540—2009《石油天然气站内工艺管道工程施工规范》中第10.2.1.1条要求：钢管和管件在防腐、涂漆及补口前应进行表面处理，除锈等级宜达到Sa2级，锚纹深度宜达到40～70μm。

4.7.17.4 产生原因：（1）安装队与防腐队施工人员质量意识淡薄。（2）防腐队未按照防腐施工技术交底进行施工，技术交底未达到预期效果。（3）安装队与防腐队工序交接检查不仔细，现场质量管理不到位。

4.7.17.5 整改措施：在项目部对安装队及防腐队进行通报批评，并要求其在规定时间内整改完毕。

4.7.17.6 保证措施：（1）组织项目部管理人员和现场所有施工队施工人员对公司质量控制文件进行学习，提高施工队质量意识，并且对安装队与防腐队施工人员重新进行技术交底；责令安装队与防腐队采取有效措施，避免类似事件再次发生。（2）项目部加强质量监督检查力度，对此类事件进行重点监控；对涉及工序交接的验收，要求专业负责人、相关质量负责人和施工队负责人进行签字确认。（3）项目部每天对现场发现质量问题进行通报，问题严重者按项目管理规定进行处分，每周五上午由项目经理主持，项目部管理人员及施工队负责人参与的周质量会议，对本周现场施工质量进行总结、讨论，加强现场质量管理。

4.7.18 不符合项18：油漆脱落。

4.7.18.1 不符合项描述：油漆面漆脱落，耐候性不好。

4.7.18.2 不符合项危害：影响消防管道防腐质量。

4.7.18.3 根据设计及规范要求：SH/T 3022—2011《石油化工设备和管道涂料防腐蚀技术规范》中第6.1.7.1条要求：涂层表面不允许有脱皮、漏涂、返锈、气泡、透底现象。

4.7.18.4 产生原因：（1）施工人员基层处理不合格，即涂抹油漆。（2）施工人员质量意识薄弱，弄虚作假。（3）稀释剂及原料质量问题。

4.7.18.5 整改措施：重新将管线进行除锈，并经质量人员现场确认后，重新涂漆。

4.7.18.6 保证措施：（1）加强防腐前隐蔽工程的检查力度。（2）在管线防腐前，必须经过质量人员的确认后再防腐。（3）在防腐施工中，为保证防腐的施工质量，严格按照施工工序和相关标准规范要求进行施工，过程中按质量检验计划进行过程报验。

4.7.19 不符合项19：喷砂除锈质量不合格。

4.7.19.1 不符项描述：喷砂除锈时在石英砂中掺入大量河砂，除锈质量不符合设计文件要求。

4.7.19.2 不符合项及整改情况如图4-161、图4-162所示。

4.7.19.3 不符合项危害：加快工艺管线管材腐蚀速度，减少管道使用寿命。

4.7.19.4 设计图纸或标准规范要求：据设计及GB/T 8923.1—2011《涂覆涂料前钢材表面处理 表面清洁度的目视评定 第1部分：未涂覆过的钢材表面和全面清除原有涂层后的钢材表面的锈蚀等级和处理等级》要求：钢管除锈等级需达到规范要求的Sa2.5级

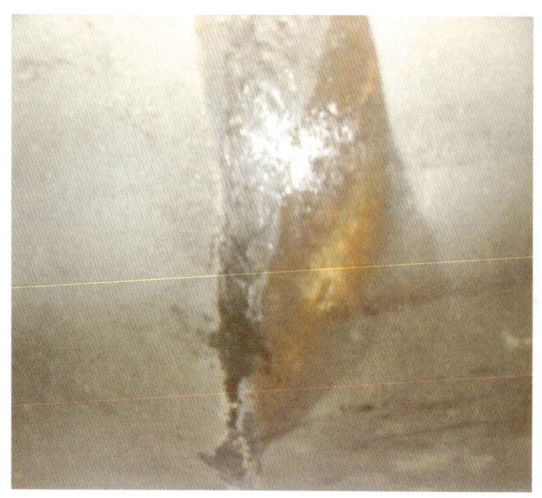

图 4-161　6 点至 3 点位除锈不合格

图 4-162　重新进行喷砂除锈

（钢材表面无可见油脂、污垢，氧化皮、铁锈和油漆涂层等附着物，任何残留的痕迹仅是点状或条纹状的轻微色斑。）设计文件要求采用干燥的石英砂喷砂除锈，除锈等级达到 Sa2.5 级；石英砂颗粒均匀且无杂质。

4.7.19.5　产生原因：（1）施工单位为减少成本投入，偷工减料。（2）现场管理人员质量观念淡薄，责任心不强，除锈操作不认真。（3）预处理前，未按规定进行预热或预热温度不够，形成返锈现象。（4）喷砂设备压力不足。（5）除锈作业的操作空间狭窄或管材的堆放高度不够，不利于操作工人进行除锈操作尤其是底部位置容易除锈不到位。（6）相邻管材间距过小。

4.7.19.6　整改措施：对不符合设计及规范要求之处，重新进行喷砂除锈处理。

4.7.19.7　保证措施：（1）加强对施工人员的培训交底工作。（2）除锈设备、除锈材料经验收合格后，方可投入使用。（3）根据现场管材的不同规格型号，合理的设置管墩高度，留足喷砂除锈的作业空间。（4）布管或下沟作业时，应严格按照设计文件要求布置管材间距。

4.7.20　不符合项 20：无损检测，焊口漏检。

4.7.20.1　不符合项描述：无损检测人员故意漏检部分焊口。

4.7.20.2　不符合项危害：焊口质量无法保证，如该焊口不合格，则可能导致试压时焊口撕裂，影响工程进度，造成经济损失，甚至造成人员伤害。

4.7.20.3　设计图纸或标准规范要求：根据设计要求，管道焊口应进行 100% 射线检验。

4.7.20.4　产生原因：（1）现场管理人员质量意识淡薄，存侥幸心理。（2）施工人员违规操作，质量意识淡薄。（3）施工前技术交底不明确。

4.7.20.5　整改措施：如能确定未检测焊口则补检，如不能确定则所有焊口重新检测。

4.7.20.6　保证措施：（1）现场管理人员增强质量意识。（2）更换不负责任检测人员，加强其余检测人员质量意识培训。（3）加强施工前技术交底。（4）监理加强对检测人员的监管力度。

5 设备

5.1 设备进场检验及存放

5.1.1 不符合项 1：换热器密封面渗水。

5.1.1.1 不符合项描述：换热器试压时，壳程封头密封面处有水渗出。

5.1.1.2 不符合项及整改情况如图 5-1、图 5-2 所示。

图 5-1　试压时封头密封面漏水

图 5-2　换热器封头密封面整改后的照片

5.1.1.3 不符合项危害：若试压时未发现此处漏点，将导致运行过程中发生泄漏事故。

5.1.1.4 设计图纸或标准规范要求：SH 3532—2005《石油化工换热设备施工及验收规范》中第 7.2.4 条规定：液压试压时，无渗漏，无可见的异常变形及试压过程中无异常的响声为合格。

5.1.1.5 产生原因：换热器在运输途中密封面受到损伤。

5.1.1.6 整改措施：泄压后，重新紧固密封面处螺栓。

5.1.1.7 保证措施：出厂试压合格后，在运输和装卸过程中严禁发生磕碰。

5.1.2 不符合项 2：换热器接管法兰口歪斜。

5.1.2.1 不符合项描述：换热器 E-101 壳程出口接管法兰歪斜，不符合要求。

5.1.2.2　不符合项及整改情况如图 5-3、图 5-4 所示。

图 5-3　换热器管口歪斜　　　　　　　　图 5-4　整改后的换热器管口

5.1.2.3　不符合项危害：接管歪斜将导致无法给该接管进行配管。

5.1.2.4　设计图纸或标准规范要求：法兰面应垂直于接管或圆筒的主轴中心线。接管法兰应保证法兰面的水平或垂直（有特殊要求的应按图样规定），其偏差均不得超过法兰外径的 1%（法兰外径小于 100mm 时，按 100mm 计算），且不大于 3mm。

5.1.2.5　产生原因：制造厂家未严格按照图纸来制造，设备出厂检验时未做好检查。

5.1.2.6　整改措施：将接管割掉，重新焊接并进行无损检测和试压。

5.1.2.7　保证措施：制造厂家严格按照图纸来制造，设备出厂检验时做好检查。可根据需要对设备进行驻场监造。

5.1.3　不符合项 3：LNG 装车臂软管太短。

5.1.3.1　不符合项描述：LNG 装车臂软管太短，不符合要求。

5.1.3.2　不符合项及整改情况如图图 5-5、图 5-6 所示。

图 5-5　软管过短不符合要求　　　　　　图 5-6　整改后的软管

5.1.3.3 不符合项危害：致使装车臂旋转角度无法满足装车要求。

5.1.3.4 设计图纸或标准规范要求：设计要求软管的长度应能满足装车时的旋转要求。

5.1.3.5 产生原因：厂家在现场组装时未考虑到装车旋转角度，安装完成后未模拟实际装车进行检查。

5.1.3.6 整改措施：将软管更换为较长的软管。

5.1.3.7 保证措施：厂家在现场组装完成后，根据装车实际情况进行模拟装车，对装车臂进行全面的检查。

5.1.4 不符合项4：设备到场后存放不符合要求。

5.1.4.1 不符合项描述：设备到场后存放不符合要求，损伤接管及法兰密封面。

5.1.4.2 不符合项及整改情况如图5-7、图5-8所示。

图5-7 设备存放不符合要求

图5-8 整改后的设备存放

5.1.4.3 不符合项危害：容易导致设备接管存在应力，法兰面被划伤。

5.1.4.4 设计图纸或标准规范要求：GB 50461—2008《石油化工静设备安装工程施工质量验收规范》中第3.7条成品及半成品保护要求：钛和铁合金制设备、锆和锆合金制设备及低温设备不得有表面擦伤；设备的管口或开口应封闭。

5.1.4.5 产生原因：（1）施工单位管理人员保护措施不到位。（2）现场工人成品保护意识不强，不按规范要求进行操作。（3）质检人员责任心不强，对现场成品保护检查力度不够。

5.1.4.6 整改措施：设备重新按要求进行存放。

5.1.4.7 保证措施：施工单位应具备有效可行的成品保护体系，加强工人的成品保护意识，经岗前培训合格后方可上岗。质检人员应加强过程检查和控制。

5.1.5 不符合项5：收发球筒存在质量问题。

5.1.5.1 不符合项描述：收发球筒进场检查发现筒体有多处凹坑，测量凹坑深度为1~2mm。

5.1.5.2 不符合项及整改情况如图5-9、图5-10所示。

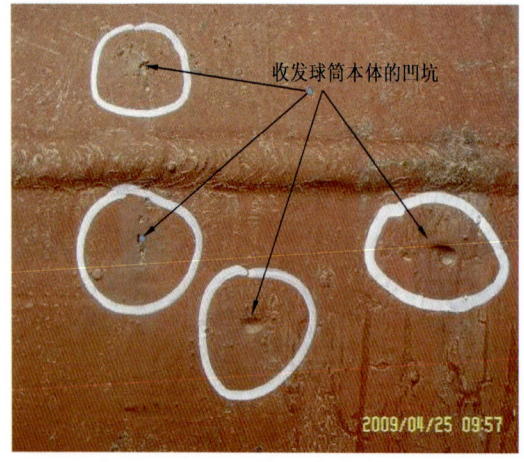
图 5-9　收发球筒不合格

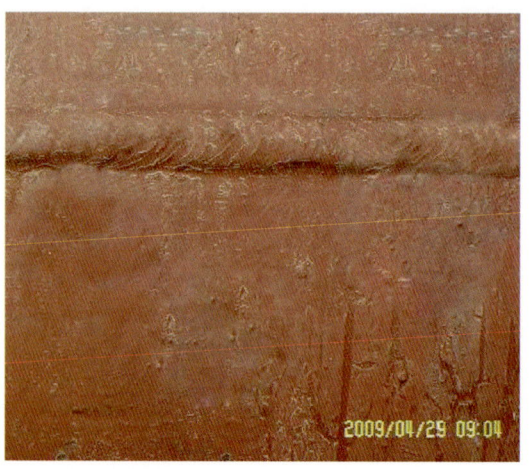
图 5-10　收发球筒合格

5.1.5.3　不符合项危害：降低了设备使用寿命；收发球筒强度不符合，容易造成爆裂。

5.1.5.4　设计图纸或标准规范要求：GB 50461—2008《石油化工静设备安装工程施工质量验收规范》中第 3.5.3 条要求：设备应无表面损伤、变形及锈蚀。

5.1.5.5　产生原因：(1) 质检员不作为，未做好产品的质量检查工作。(2) 生产厂家生产人员质量意识淡薄，有侥幸心理。(3) 施工单位质检员未做好进场设备的验收工作。

5.1.5.6　整改措施：厂家到现场对设备表面进行处理，同时对缺陷部位筒体钢板进行超声波检测以确定是否存在内部缺陷。

5.1.5.7　保证措施：厂家在制作过程中应进行自检，发现问题立即整改，驻厂监造人员检查发现问题督促制造人员立即整改。

5.1.6　不符合项 6：分子筛脱水塔无烘炉记录。

5.1.6.1　不符合项描述：检查分子筛脱水塔的进场报验资料时，制造厂家未按要求提供烘炉记录。

5.1.6.2　不符合项及整改情况如图 5-11、图 5-12 所示。

5.1.6.3　不符合项危害：厂家不提供烘炉记录，现场则无法判断脱水塔内衬烘炉是否符合设计及施工规范要求。若厂家未进行烘炉，则只能在现场进行烘炉，烘炉时间较长，施工难度较大。

5.1.6.4　设计图纸或标准规范要求：设计图纸要求脱水塔的衬里施工及烘炉应按照 GB 50474—2008《隔热耐磨衬里技术规范》的规定进行，衬里经烘炉检测合格后整体运输，设备运输过程中应对衬里采取保护措施。

5.1.6.5　产生原因：(1) 设备制造厂家在设备制造过程中，未按设计要求进行制造。(2) 设备出厂时未按设计要求进行出厂检验。(3) 设备到场后施工单位未对其进行认真检查。

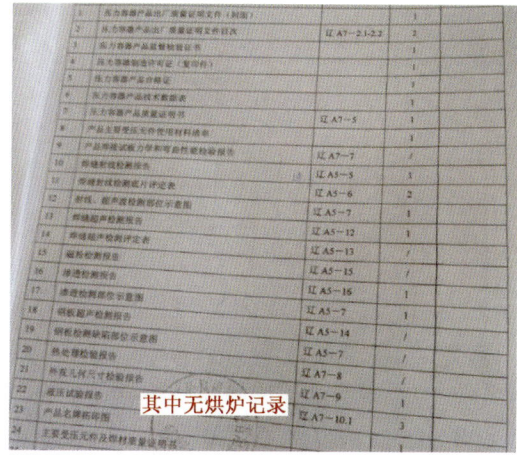

图 5-11 报验资料中无烘炉记录

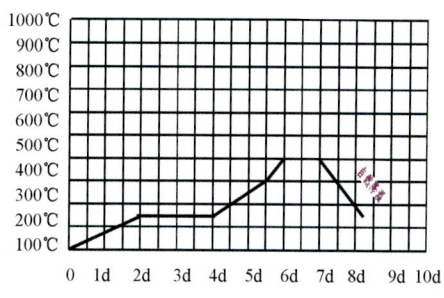

图 5-12 按要求提供烘炉记录

5.1.6.6 整改措施：厂家提供烘炉记录和烘炉检测记录，若无法提供则现场进行烘炉并进行检测。

5.1.6.7 保证措施：（1）设备在制造过程中严格按照设计和规范要求进行施工。（2）设备出厂时应严格按设计及规范要求进行检查，不符合要求的严禁出厂。（3）设备进场时施工单位应进行仔细检查。

5.2 设备安装

5.2.1 不符合项1：地脚螺栓外露螺纹锈蚀。

5.2.1.1 不符合项描述：地脚螺栓外露螺纹锈蚀。

5.2.1.2 不符合项及整改情况如图5-13、图5-14所示。

图 5-13 螺纹外露部分未采取防锈措施

图 5-14 螺纹外露部分涂黄油保护

5.2.1.3　不符合项危害：螺栓强度受到影响，可能导致断裂，从而损害设备。

5.2.1.4　设计图纸或标准规范要求：GB 50231—2009《机械设备安装工程施工及验收通用规范》第 4.1.1 条第 4 项规定：地脚螺栓上的油污和氧化皮等应清除干净，螺纹部分应涂少量油脂。

5.2.1.5　产生原因：地脚螺栓上部螺纹段未涂防锈脂。

5.2.1.6　整改措施：严格按照规范要求，对地脚螺栓采取保护措施。

5.2.1.7　保证措施：在地脚露栓外露的螺纹段涂上防锈脂。

5.2.2　不符合项 2：垫铁不符合要求。

5.2.2.1　不符合项描述：（1）设备（容器）垫铁层数过多，安放高度超标。（2）垫铁露出设备（容器）底座长短不一，显示牙状。（3）垫铁之间未点焊成整体。（4）垫铁放置不平稳，与基础接触不良。（5）垫铁位置不符合设计和规范要求。

5.2.2.2　不符合项危害：受力不均，设备固定不牢，容易损害设备。

5.2.2.3　设计图纸或标准规范要求：GB 50461—2008《石油化工静设备安装工程施工质量验收规范》中第 4.3 要求：相邻两垫铁组的中心距不应大于 500mm；垫铁组高度宜为 30~80mm；设备找正后，各组垫铁均应被压紧，垫铁之间和垫铁与支座之间应均已接触，垫铁应露出设备支座底板外缘 10~30mm，垫铁组伸入支座底板长度应超过地脚螺栓。垫铁组层间应进行焊接固定。

5.2.2.4　产生原因：（1）设备（容器）基础标高过低，致使垫铁安放高度过高，施工人员操作不认真，使用薄垫铁过多。（2）使用垫铁尺寸不标准，长短大小不一致，有的过长，有的过短，放置垫铁时不按规定操作。（3）施工人员没有按规定将垫铁之间点焊。（4）与垫铁相接触的基础表面未铲平整，垫铁上的污垢未清理干净，气割下料的垫铁未清理毛刺。(5) 对垫铁的设置要求理解不清，未严格按要求合理摆放垫铁。

5.2.2.5　整改措施：严格按照规范要求，重新布置垫铁。

5.2.2.6　保证措施：（1）为了使垫铁组满足灌浆强度的要求，应按设计或规范要求，根据不同类型的设备（容器）选择不同的垫铁组高度。大型设备（容器）的垫铁组高度一般为 50～100mm；中小型设备（容器）的垫铁组高度一般为 30～60mm。（2）容器设备基础标高超差过大时，应处理基础；每组垫铁的块数不宜太多，一般不超过三块；同时尽量少用薄垫铁；放置垫铁时，应将厚垫铁放在下面,薄垫铁放在中间或上面。（3）应按设计、制造厂家技术说明或规范要求确定垫铁的规格和形状。安放垫铁时，应按规定尺寸露出设备（容器）支座底板外缘，平垫铁一般露出 10～20mm，斜垫铁一般露出 20～30mm，每组垫铁伸出的长度应超过地脚螺栓。（4）垫铁之间应按要求用电焊点牢。（5）与垫铁相接触的基础表面（垫铁窝）应铲平。（6）垫铁安放前应将垫铁表面的铁锈、油污、污垢、毛刺清理干净，垫铁组应安放平稳且接触良好。（7）垫铁组的摆放位置应严格按设计和规范要求进行，一般情况下，每个地脚螺栓近旁至少应有一组垫铁，垫铁组应靠近地脚螺栓，相邻两垫铁组的间距一般为 500mm 左右，当设备（容器、底座板）的刚度较弱时，可适当将垫铁组之间的距离缩小，对于有加筋板的设备（容器、底座）垫铁组应垫在加强筋板的截面下。

5.2.3 不符合项3：脱水塔垫铁安装不符合要求。

5.2.3.1 不符合项描述：脱水塔在固定垫铁时将设备底座与垫铁焊接。

5.2.3.2 不符合项及整改情况如图5-15、图5-16所示。

图5-15　垫铁与设备底座点焊　　　　　图5-16　整改后的设备底座

5.2.3.3 不符合项危害：设备一旦出现轻微的晃动都将会带动垫铁从而使灌浆层遭到破坏。

5.2.3.4 设计图纸或标准规范要求：SH 3538—2005《石油化工机器设备安装工程施工及验收通用规范》中第5.2.9条要求：垫铁组检查合格后应在垫铁组的两侧进行层间定位焊焊牢，垫铁与机器底座之间不得焊接。

5.2.3.5 产生原因：（1）施工单位技术人员责任心不强，对施工人员技术交底不到位。现场施工时也未进行检查和指导。（2）现场设备安装人员，上岗之前未进行专门的培训，安装水平较低。

5.2.3.6 整改措施：将焊接处进行打磨，但应注意不得损伤设备底座，并重新更换垫铁。

5.2.3.7 保证措施：（1）施工单位技术人员应加强责任心，对容易出现问题的部位应加强技术交底的力度，并在施工过程中进行检查和指导，发现问题及时纠正处理。（2）工人经岗前培训合格后方可上岗。

5.2.4 不符合项4：导热油设备安装时地脚螺栓孔位置不符合要求。

5.2.4.1 不符合项描述：导热油设备安装时地脚螺栓孔位置偏差较大不符合规范要求。

5.2.4.2 不符合项及整改情况如图5-17、图5-18所示。

5.2.4.3 不符合项危害：地脚螺栓距螺栓孔壁较近，离孔壁较近一侧的灌浆厚度不够，从而影响地脚螺栓的锚固力。

图 5-17　地脚螺栓孔位置偏斜

图 5-18　整改后的螺栓孔

5.2.4.4　设计图纸或标准规范要求：GB 50205—2011《钢结构工程施工质量验收规范》中第 12.2.5 条要求：钢结构的支座锚栓的螺纹应受到保护。

5.2.4.5　产生原因：(1) 施工单位在进行设备基础浇筑时，振捣混凝土时预留孔模板发生位移，导致预留孔位置发生偏差。(2) 施工单位技术人员责任心不强，对施工人员技术交底不到位。现场施工时也未进行检查和指导。

5.2.4.6　整改措施：根据偏差重新钻孔，保证地脚螺栓任一部位离孔壁的距离大于 15mm。

5.2.4.7　保证措施：(1) 土建施工单位技术人员应加强责任心，对容易出现问题的部位应加强技术交底的力度，并在施工过程中进行检查和指导，发现问题及时纠正处理。(2) 工人经岗前培训合格后方可上岗。(3) 在设备混凝土浇筑过程中应时刻注意预留孔模板的位置，发生偏移应及时采取措施矫正。

5.2.5　不符合项 5：氮气储罐安装时地脚螺栓保护不符合要求。

5.2.5.1　不符合项描述：设备安装时未保护好设备地脚螺栓，造成螺纹损坏。

5.2.5.2　不符合项及整改情况如图 5-19、图 5-20 所示。

图 5-19　地脚螺栓螺纹损坏

图 5-20　整改后的设备灌浆

5.2.5.3　不符合项危害：地脚螺栓螺纹损坏，导致螺栓无法安装。

5.2.5.4　设计图纸或标准规范要求：GB 50461—2008《石油化工静设备安装工程施工质量验收规范》中第4.2.1条规定：地脚螺栓的螺纹应无损坏、无锈蚀，且应有保护措施。

5.2.5.5　产生原因：（1）施工单位成品保护措施不到位。（2）现场工人成品保护意识不强，不按规范要求进行操作。（3）施工单位技术和质检人员责任心不强，对施工人员技术交底不到位。现场施工时也未进行检查和指导。

5.2.5.6　整改措施：对地脚螺栓进行修磨处理，满足螺栓安装要求。

5.2.5.7　保证措施：（1）施工单位应具备有效可行的成品保护体系，加强工人的成品保护意识经岗前培训合格后方可上岗。（2）质检人员应加强过程检查和控制。

5.2.6　不符合项6：工厂风储罐钢结构平台焊接不符合要求。

5.2.6.1　不符合项描述：工厂风储罐钢结构平台焊接过程中，漏焊且焊后药渣及飞溅未及时清理。

5.2.6.2　不符合项及整改情况如图5-21、图5-22所示。

图5-21　钢平台漏焊

图5-22　重新进行补焊

5.2.6.3　不符合项危害：（1）缺焊导致焊接强度不够，影响结构的稳定性。（2）飞溅及焊渣未清理影响下步的防腐工作。

5.2.6.4　设计图纸或标准规范要求：设计图纸要求所有焊缝不应存在漏焊或缺焊等缺陷。

5.2.6.5　产生原因：（1）施工单位技术人员责任心不强，对施工人员技术交底不到位。现场施工时也未进行检查和指导。（2）现场工人质量意识不强，不按要求进行操作。（3）施工单位质检员现场检查不到位。

5.2.6.6　整改措施：对于缺焊处进行补焊，飞溅进行打磨直至符合设计要求。

5.2.6.7　保证措施：（1）施工单位技术人员加强技术交底，应在现场施工时进行检查和指导。（2）工人在上岗前应进行相关的培训，合格方可上岗作业。（3）质检人员在施工过程中加强检查力度。

5.2.7 不符合项 7：栈桥卸油臂支撑件焊接问题。

5.2.7.1 不符合项描述：栈桥卸油臂底板支撑构件焊缝断裂，钢结构支撑构件 GCL-1L75X7 焊接与设计不符，焊肉高度不够。

5.2.7.2 不符合项危害：影响结构安全。

5.2.7.3 设计图纸或标准规范要求：（1）所有钢板接长的对接焊及 H 型钢与法兰连接端板间的焊缝均为开坡口焊透的二级焊缝；（2）图中构件零部件中未注明的连接均为连续角焊缝焊接、满焊、质量等级未三级；（3）图中构件所有未注明的角焊缝的 h_f 均要求满足：$1.5t_1 \leqslant h_f \leqslant 1.2t_2$。其中，$t_1$ 为连接的较厚钢板厚度；t_2 为较薄钢板厚度。当 $t \leqslant 6mm$ 时，$h_f = t - (1\sim2)$ mm。

5.2.7.4 产生原因：现场管理人员技术交底不到位，施工人员质量意识不强。

5.2.7.5 整改措施：将支架重新焊接并打磨防腐。

5.2.7.6 保证措施：加强施工队长的现场检查，发现问题及时整改；对施工人员进行施工交底。

5.2.8 不符合项 8：压缩机吊装就位时出现螺栓螺纹损坏。

5.2.8.1 不符合项描述：压缩机地脚螺栓数量较多，吊装过程中未采取防护措施，将地脚螺栓螺纹损坏，螺栓无法紧固。

5.2.8.2 不符合项及整改情况如图 5-23、图 5-24 所示。

图 5-23 螺栓螺纹未采取保护

图 5-24 增加螺栓帽

5.2.8.3 不符合项危害：由于压缩机是大型的动设备，地脚螺栓螺纹损坏后，螺母紧固不牢，造成压缩机振动异常，影响压缩机的正常使用和寿命。

5.2.8.4 设计图纸或标准规范要求：GB 50321—2009《机械设备安装工程施工及验收通用规范》中 4.1.1 条要求：地脚螺栓任一部分与孔壁的距离不宜小于 15mm，地脚螺栓底端不应碰孔底。

5.2.8.5 产生原因:(1)施工单位吊装压缩机时未对螺栓螺纹采取防护措施。(2)施工单位此类工程项目施工经验少,风险识别不足。

5.2.8.6 整改措施:施工单位采用套丝扳手将损坏的螺纹重新处理。

5.2.8.7 保证措施:现场技术人员应加强技术交底,加强施工人员质量意识。

5.2.9 不符合项9:过滤分离器垂直度不符合要求。

5.2.9.1 不符合项描述:过滤分离器垂直度不符合要求。

5.2.9.2 不符合项及整改情况如图5-25、图5-26所示。

图 5-25 垂直度不符合要求

图 5-26 调整垫铁

5.2.9.3 不符合项危害:受力不均,应力损害。

5.2.9.4 设计图纸或标准规范要求:SY 4201.3—2007《石油天然气建设工程施工质量验收规范设备 安装工程 第3部分:容器类设备》第6.3.1条表2规定:钢制圆筒形容器垂直度允许偏差≤H/1000(H为立式容器高度),且不大于30mm。

5.2.9.5 产生原因:(1)施工前技术交底不明确,现场管理人员质量意识淡薄,存在侥幸心理。(2)现场管理人员未按照规范要求进行检查。

5.2.9.6 整改措施:采取调整垫铁等方法,调整设备垂直度,直至符合规范要求。

5.2.9.7 保证措施:(1)提高施工人员质量意识及操作技能,严格按照施工规范要求施工。(2)施工质检人员尽职尽责。(3)认真做好施工前技术交底工作。

5.2.10 不符合项10:场地硬化压不合格。

5.2.10.1 不符合项描述:场地土质比较松软且道路压实度不够,道路表面不平整。

5.2.10.2 不符合项及整改情况如图5-27、图5-28所示。

5.2.10.3 不符合项危害:重型车辆可能会出现陷胎等情况,严重时会出现翻车等现象影响材料进厂和施工。

5.2.10.4 设计图纸或标准规范要求:GB50369—2006《油气长输管道工程施工及验

图 5-27　场地硬化不符合要求　　　　图 5-28　铺设钢板增加地面承载力

收规范》第 6.2.1 条规定：施工便道应平坦，并具有足够的承载能力，应保证施工车辆的行驶安全。

5.2.10.5　产生原因：施工地带土质属于软土地带；施工过程中没有对道路进行逐层夯实。

5.2.10.6　整改措施：（1）对道路地基进行逐层夯实，以达到规范要求。（2）对于分布于软土地基地段上的进场道路和场地可利用原有道路，采取底层铺 1~2 层砂石上层铺铁板的方式进行加固，以满足设备通行和施工需要。

5.2.10.7　保证措施：（1）作业单位应对施工现场地质情况作出准确分析。（2）作业单位应根据分析的准确信息对道路硬化作出合理的方案设计。（3）作业单位应根据设计方案规定施工，遇到设计方案中有不合理的地方应提出意见和建议。

5.2.11　不符合项 11：吊装现场机械、杂物较多，吊装空间狭小。

5.2.11.1　不符合项描述：吊装现场清理不合格，施工器械杂乱吊车运转空间变小。

5.2.11.2　不符合项危害：环境因素使吊装难度增加，影响吊装的顺利进行，引起安全隐患。

5.2.11.3　设计图纸或标准规范要求：SY 6279—2008《大型设备吊装安全规程》第 5.3.7.1 条规定：吊装机具索具应有足够的工作空间。第 8.1.5 条规定：应清理起重机回转范围内及行走方向的障碍物。

5.2.11.4　产生原因：（1）对吊车作业范围分析不明确，现场规划不够合理。（2）没有严格按照施工方案清理现场。（3）检查人员检查不到位。

5.2.11.5　整改措施：合理规划吊车作业范围，制定合理的施工方案；严格按照施工方案清理现场。

5.2.11.6　保证措施：（1）加强压缩机吊装作业场地技术交底工作。（2）严格落实"三检"制度，加强管理，确保吊装工作顺利完成。

5.2.12　不符合项 12：压缩机吊装前没有进行试吊。

5.2.12.1　不符合项描述：在压缩机正式吊装前施工单位没有进行试吊。

5.2.12.2　不符合项危害：无法验证吊装机械和吊装用具的可造性，可能导致吊装失败，使压缩机倾倒，造成巨大损失。

5.2.12.3　设计图纸或标准规范要求：SH/T 3515—2003《大型设备吊装工程施工工艺标准》第5.2.3条规定：大型设备正式吊装前必须进行试吊。

5.2.12.4　产生原因：未按照施工规范施工，施工单位存在侥幸心理。

5.2.12.5　整改措施：严格按照吊装方案进行试吊，和吊装前的检查工作。

5.2.12.6　保证措施：严格按照吊装方案实施，专职安全员现场监护。

5.2.13　不符合项13：吊重钢丝绳存在质量问题。

5.2.13.1　不符合项描述：钢绳钢丝松散不紧密、锈蚀。

5.2.13.2　不符合项及整改情况如图5-29、图5-30所示。

图5-29　钢绳钢丝松散不紧密、锈蚀　　　　图5-30　更换合格的钢丝绳

5.2.13.3　不符合项危害：可能导致钢丝绳断裂，造成严重后果。

5.2.13.4　设计图纸或标准规范要求：GB 8918—2006《重要用途钢丝绳》第6.2.1.1条规定：钢丝绳应捻制均匀、紧密和不松散。在展开和无负荷情况下，不得呈波浪状。绳内钢丝不得有交错、折弯和断丝等缺陷，但允许有因变形工卡具压紧造成的钢丝压扁现象存在。

5.2.13.5　产生原因：制造厂随机供应的钢丝绳有质量问题；另外，钢绳长期放在露天，保管不善而使钢丝强度降低导致钢丝损坏。

5.2.13.6　整改措施：（1）安装时，安装者应全面检查钢绳质量。外表面质量检查后，用尖铁插拨开外股钢丝，查看内股钢丝有无锈蚀或断丝。（2）钢绳长期存放要打上防腐油，露天存放要遮盖严密。

5.2.13.7　保证措施：严格检查质量，对于不合格的钢绳要全部更换。

5.2.14　不符合项14：吊装过程中设备损坏。

5.2.14.1 不符合项描述：在吊装过程中设备与地面磕碰导致一些零部件掉落、损坏。

5.2.14.2 不符合项及整改情况如图 5-31、图 5-32 所示。

图 5-31 压缩机下方无枕木

图 5-32 压缩机下方垫放枕木

5.2.14.3 不符合项危害：导致设备损坏。

5.2.14.4 设计图纸或标准规范要求：SH/T 3515—2003《大型设备吊装工程施工工艺标准》第 8.1.1 条第 e 款规定：装卸工件放在地面或车厢板上时，下面应垫上方木，以便于抽取绳扣。方木应垫实，以防止工件倾倒。

5.2.14.5 产生原因：(1)吊装现场杂乱，吊装空间不足。(2)吊装过程指挥不当。(3)吊装索具不合格。(4)吊装设备下落速度过快，磕碰设备底座。(5)吊装人员经验不足，操作不够熟练。

5.2.14.6 整改措施：(1)对设备损坏部位进行修复或更换。(2)吊装时安排专人指挥，使用熟练的吊装工人进行操作。(3)更换不合格的索具。(4)压缩机下落地点垫放枕木，保护设备底座。(5)对吊装现场进行清理，对场地进行硬化，达到规范要求。

5.2.14.7 保证措施：施工前加强施工技术交底，提高操作人员的综合素质和责任心，在吊装过程中要严格按规范操作，保证吊装质量。

5.2.15 不符合项 15：压缩机对中不符合要求。

5.2.15.1 不符合项描述：压缩机对中时主轴承孔轴线同轴度不符合要求。

5.2.15.2 不符合项危害：影响压缩机稳定性和安全性，减少压缩机使用寿命。

5.2.15.3 设计图纸或标准规范要求：GB 50275—2010《风机、压缩机、泵安装工程施工及验收规范》第 3.3.2 条第二款规定：两机身压缩机主轴承孔轴线的同轴度应为 $\phi 0.05mm$。

5.2.15.4 产生原因：(1)压缩机存在质量问题。(2)压缩机基础不合格。(3)对中人员粗心大意，对中时没有检查螺栓位置和垫片厚度。

5.2.15.5 整改措施：(1)严格检查压缩机质量合格证，进场前对压缩机进行全面的外观检查,确保压缩机进场质量。(2)对压缩机基础进行修复。

5.2.15.6 保证措施:(1)对施工人员进行岗前培训,提高施工人员质量意识。(2)严格按照相关规范及标准进行施工。(3)相关人员应加强质量检查。

5.2.16 不符合项16:两对联轴器轴间距不能同时对中。

5.2.16.1 不符合项描述:两联轴器轴间距不合适,压缩机对中不符合要求。

5.2.16.2 不符合项危害:将会在联轴器上引起很大的应力,将严重地影响轴、轴承和轴上其他零件的正常工作,甚至引起整台机器和基础的振动或损坏等。

5.2.16.3 设计图纸或标准规范要求:GB 50275—2010《风机、压缩机、泵安装工程施工及验收规范》第 2.6.10 条规定:机组找正的同轴度要求应符合随机技术文件的规定;无规定时,联轴器的径向位移宜为 0.02～0.04mm,轴线倾斜度不应大于 0.1/1000。

5.2.16.4 产生原因:(1)对中时没有把转子推向止推轴承工作面。(2)已组装的一半联轴器出厂时没有安装到位。

5.2.16.5 整改措施:对中前确认两半联轴器是否安装到位,锁紧装置已锁好;对中时把两个转子分别推向止推轴承工作侧再检测轴间距。

5.2.16.6 保证措施:(1)设备进场按规范要求进行检查。(2)对中过程要严格按照设计图纸进行操作。

5.2.17 不符合项17:调平和压缩机最终对中时,压缩机曲轴箱、驱动电动机存在虚脚。

5.2.17.1 不符合项描述:压缩机曲轴箱、驱动电动机四周固定点缺少垫片,即所谓的虚脚。

5.2.17.2 不符合项及整改情况如图 5-33、图 5-34 所示。

图 5-33 驱动电动机垫片不实　　　　图 5-34 驱动电动机增加垫片后

5.2.17.3 不符合项危害:直接导致压缩机运行过程中振动严重,影响压缩机稳定性和安全性。

5.2.17.4 设计图纸或标准规范要求:GB 50321—2009《机械设备安装工程施工及验

收通用规范》中 4.2.4 条要求：对于高速运转机械设备的垫铁组，当采用 0.05mm 塞尺检查垫铁之间及垫铁与底座面之间的间隙时，在垫铁同一断面处两侧塞入的总长度和不应大于垫铁长度或宽度的 1/3。

5.2.17.5　产生原因：（1）压缩机组调整时，技术人员责任心不强，初对中合格后未及时对是否虚脚进行检查。（2）对于虚脚的测量不够准确。

5.2.17.6　整改措施：重新对虚脚进行检查，采用合适厚度的垫铁进行调整。

5.2.17.7　保证措施：完善技术交底工作内容，提高施工质量，严格按规范操作。

5.2.18　不符合项 18：压缩机振动检测元件抗电磁干扰性能不足。

5.2.18.1　不符合项描述：压缩机在试运行过程，生产运行人员在压缩机附近采用对讲机喊话时，上位机显示压缩机振动异常，甚至遇到因振动超过设定值而紧急停车的情况。

5.2.18.2　不符合项危害：当有电磁干扰的时候压缩机振动检测信号传输会失效。无法正常掌握压缩机的振动，当出现振动时无法及时进行调控。

5.2.18.3　设计图纸或标准规范要求：技术规格书中要求压缩机供货商应考虑电磁干扰的因素。

5.2.18.4　产生原因：对讲机会产生比较大的电磁波，振动检测元件抗干扰能力不强，屏蔽措施不到位。

5.2.18.5　整改措施：（1）在振动检测元件及电缆上面包裹金属屏蔽层。（2）生产运行单位制定规章制度，禁止携带对讲机在压缩机厂房内喊话。

5.2.18.6　保证措施：在设备订货的过程中明确要求现场信号电缆一律采用屏蔽电缆，并严格要求检测元件的抗电磁干扰水平。

5.2.19　不符合项 19：压缩机试运过程中一级入口过滤网堵塞。

5.2.19.1　不符合项描述：压缩机试运的过程中发现压缩机一级入口临时过滤网堵塞严重，管线内存在大量铁锈，堵塞后导致滤网损坏，甚至导致压缩机紧急停车。

5.2.19.2　不符合项危害：滤网堵塞导致过滤网前后压差增大，可能致使压缩机入口气体压力减小，致使压缩机紧急停车。此外还导致滤网变形，破损，失去过滤作用，杂物进入压缩机橇内，损坏设备内气缸等。

5.2.19.3　设计图纸或标准规范要求：GB 50540—2009《石油天然气站内工艺管道工程施规范》第 9.1.1 条中规定：系统和仪表、电气、机械、防腐等专业连接的零部件安装完毕后，在管道投产前应进行系统吹扫和试压。

5.2.19.4　产生原因：工期较长，投产时，前端管线已经焊接试压、吹扫多日，对滤网未进行清理。

5.2.19.5　整改措施：更换锥形过滤器。

5.2.19.6　保证措施：管线试压吹扫完成后应进行干燥，减少管线内壁铁锈，如果管线试压吹扫完成后长期不用，在压缩机投产前应重新进行吹扫。

5.2.20　不符合项 20：压缩机入口缓冲罐液位调节阀内漏。

5.2.20.1　不符合项描述：压缩机入口缓冲罐液位调节阀内漏，导致天然气沿此阀门不断外泄。

5.2.20.2　不符合项危害：天然气泄漏容易引发安全事故。

5.2.20.3　设计图纸或标准规范要求：压缩机技术规格书中要求，正常运行时，调节阀安装处不得有天然气泄漏。

5.2.20.4　产生原因：一级入口缓冲罐内过滤出的杂质经过液位调节阀时卡在了阀门内部，导致液位调节阀无法全密封。

5.2.20.5　整改措施：拆下调节阀，对调节阀内部进行清洗。

5.2.20.6　保证措施：切实做好压缩机前端管线的吹扫工作，确保进入压缩机内部天然气的清洁，同时试运初期必须及时利用橇内排污管线，对压缩机进行排污。

6 电气安装和仪表自控

6.1 电气安装

6.1.1 不符合项1：电线配管支架间距超标。

6.1.1.1 不符合项描述：电线配管过程中，支架间距过大，导致配管下挠度较大，配管不够横平竖直。

6.1.1.2 不符合项及整改情况如图6-1、图6-2所示。

图 6-1 支架间距过大　　　　　　　　图 6-2 支架增加后

6.1.1.3 不符合项危害：电线配管固定不够牢固，使防爆接线盒承受较大应力，容易导致防爆接线盒螺纹处开裂，失去防爆作用。

6.1.1.4 设计图纸或标准规范要求：GB 50303—2002《建筑电气施工质量验收规范》中第14.2.6条规定：明配的导管应排列整齐，固定点间距均匀，安装牢固；在终端、弯头中点，或柜、台、箱、盘等边缘的距离150～500mm范围内设有管卡，中间直线段管卡间的最大距离应符合表6-1的规定。

表 6-1 管卡间最大距离

敷设方式	导管种类	导管直径，mm				
		15~20	25~32	32~40	50~65	65 以上
		管卡间最大距离，m				
支架或沿墙明敷	壁厚 >2mm 刚性钢导管	1.5	2.0	2.5	2.5	3.5
	壁厚≤ 2mm 刚性钢导管	1.0	1.5	2.0	—	—
	刚性绝缘导管	1.0	1.5	1.5	2.0	2.0

6.1.1.5　产生原因：（1）施工人员偷工减料，对造成的危害认识不清。（2）施工技术人员对规范掌握不够仔细，未能提前做好技术交底工作。

6.1.1.6　整改措施：增加配管支架，保证支架间距符合规范要求。

6.1.1.7　保证措施：要求施工单位技术员完善技术交底工作，严格按照规范要求进行监督、控制。

6.1.2　不符合项 2：配管穿线误用。

6.1.2.1　不符合项描述：管内穿线施工中未按照设计要求施工，各相导线颜色使用混乱。

6.1.2.2　不符合项及整改情况如图 6-3、图 6-4 所示。

图 6-3　电线颜色使用错误

图 6-4　整改后的导线颜色

6.1.2.3　不符合项危害：不按照设计要求穿入对应的根数，缺少相线，容易导致负荷集中到某一相上，从而使电流超出导线承受能力，引发火灾。缺少地线，从而使防爆灯具不能很好地接地。不按照规程要求设置电线颜色，容易导致接线混乱，都可能给施工或者生产运行的检修人员带来触电的风险。

6.1.2.4 设计图纸或标准规范要求：关于配电管线内导线的根数应按照设计图纸要求设置。GB 50303—2002《建筑电气施工质量验收规范》中第15.2.2条规定：当采用多相供电时，同一建筑物、构筑物的电线绝缘层颜色选择应一致，即保护地线（PE线）应是黄绿相间色，零线用淡蓝色；相线：A相—黄色、B相—绿色、C相—红色。

6.1.2.5 产生原因：（1）施工人员根据经验施工，仅仅以保证照明灯具能亮为目的，对造成的危害认识不清。（2）施工技术人员对规范掌握不够仔细，未能提前做好技术交底工作。

6.1.2.6 整改措施：返工，重新按照图纸及规范要求施工。

6.1.2.7 保证措施：要求施工单位技术员将技术交底工作做细，严格要求施工人员按照设计图纸及规范要求施工；作为监理人员应检查施工单位的技术交底记录，重视施工技术中的细节问题。

6.1.3 不符合项3：电缆桥架支架不足，间距过大。

6.1.3.1 不符合项描述：电缆桥架支架不足，间距过大，安装不够牢固，电缆桥架变形严重。

6.1.3.2 不符合项及整改情况如图6-5、图6-6所示。

图6-5 电缆桥架缺少支架

图6-6 电缆桥架支架增加后

6.1.3.3 不符合项危害：电缆桥架支架不足，导致电缆桥架变形严重，严重会导致施工过程中人员跌落。

6.1.3.4 设计图纸或标准规范要求：GB 50303—2002《建筑电气工程施工质量验收规范》第12.2.1条第3项规定：当设计无要求时，电缆桥架水平安装的支架间距为1.5~3m；垂直安装的支架间距不大于2m。

6.1.3.5 产生原因：电气和结构专业设计人员沟通不够仔细，缺少此处支架的设计；电气施工人员缺少在钢结构上焊接大型电缆桥架支架的能力。

6.1.3.6 整改措施：将现场情况与设计进行沟通，由电气专业设计委托结构专业设计增设电缆桥架支架。

6.1.3.7 保证措施：（1）设计方应加强专业之间的沟通，施工图完成后要进行严格校对。（2）施工前应加强图纸会审工作，加强现场监督检查力度对出现问题及时进行落实整改。

6.1.4 不符合项4：接地扁铁和接地极埋深不足。

6.1.4.1 不符合项描述：接地扁铁敷设及接地极距地面的高度小于设计要求。

6.1.4.2 不符合项及整改情况如图6-7、图6-8所示。

图6-7 不符合深度的接地沟地沟

图6-8 整改后符合深度的接地沟

6.1.4.3 不符合项危害：接地体埋深不足可能导致接地电阻无法满足设计要求；靠近人行通道的埋深不足，在遇到雷击时，路面可能产生高电压伤及行人。

6.1.4.4 设计图纸或标准规范要求：设计图纸要求：接地极埋深0.7m，距建筑物出入口及人行道不足3m处埋深1m。GB50169—2006《电气装置安装工程接地装置施工及验收规范》中第3.3.1条规定：接地体顶面敷设深度应符合设计规定。当无规定时，不应小于0.6m。

6.1.4.5 产生原因：（1）专业之间缺乏沟通，电气施工单位未按照工程最终的场区地坪做参考点，土建单位施工过程中地坪标高调整。（2）施工技术人员人员技术交底不到位。

6.1.4.6 整改措施：加深接地沟，重新敷设接地扁铁，同时加深接地极深度。

6.1.4.7 保证措施：（1）施工各专业之间加强沟通，提前确定好场区地坪标高。（2）施工单位质检员加强管理。

6.1.5 不合格项5：接地扁铁焊接位置防腐不合格。

6.1.5.1 不符合项描述：接地扁铁焊接完成后，刷沥青漆不够仔细，只刷上面，不刷下面。

6.1.5.2 不符合项及整改情况如图6-9、图6-10所示。

图 6-9　焊接处只做上半部分防腐

图 6-10　整改后接地扁铁焊接处防腐

6.1.5.3　不符合项危害：长期运行后可能导致接地扁铁腐蚀严重，进而使接地电阻无法满足设计要求。

6.1.5.4　设计图纸或标准规范要求：GB 50169—2006《电气装置安装工程接地装置施工及验收规范》中第 3.3.1 条规定：除接地体外，接地体引出线的垂直部分和接地装置连接（焊接）部位外侧 100mm 范围内应做防腐处理；在做防腐处理前，表面必须除锈并去掉焊接处残留的焊药。

6.1.5.5　产生原因：（1）施工单位技术人员技术交底不到位，对施工质量危害认识不清楚。（2）质检员检查不到位。

6.1.5.6　整改措施：对接地扁铁清理后重新进行防腐。

6.1.5.7　保证措施：督促施工单位内部加强对施工人员的教育，质检人员落实到位，检查到位，做好隐蔽验收。

6.1.6　不符合项 6：变压器中性点接地扁铁截面积不足。

6.1.6.1　不符合项描述：20000kW 主变压器与接地网采用单根扁铁连接，截面积不满足规范要求。

6.1.6.2　不符合项及整改情况如图 6-11、图 6-12 所示。

图 6-11　主变南侧接地

图 6-12　整改后的主变接地

6.1.6.3 不符合项危害：接地导体截面积不足，可能导致变压器接地不够可靠，在变压器出现绝缘故障的情况下，无法保证故障电流及时导入地下。

6.1.6.4 设计图纸或标准规范要求：设计图纸要求变压器必须有两点与接地网可靠连接。

6.1.6.5 产生原因：施工单位技术人员对图纸及规范认识不清，质量意识淡薄。

6.1.6.6 整改措施：增设另一条扁铁将接地网与变压器本体可靠连接。

6.1.6.7 保证措施：施工单位技术人员看图必须认真，严格按照图纸要求施工。

6.1.7 不符合项7：长距离敷设电缆在地面上拖拽。

6.1.7.1 不符合项描述：长距离电缆在敷设的过程中，参与人员不足，导致电缆长距离在地上拖拽，磨损电缆外护层。

6.1.7.2 不符合项及整改情况如图6-13、图6-14所示。

图6-13 电缆放在地上敷设

图6-14 增加放线人员敷设电缆

6.1.7.3 不符合项危害：电缆外护套损伤，容易导致铠装电缆进入潮气进而锈蚀，甚至导致电缆绝缘损坏，出现短路故障引起供电中断。

6.1.7.4 设计图纸或标准规范要求：GB 50168—2006《电气装置安装工程电缆线路施工及验收规范》中第5.1.9条规定：电缆敷设时，电缆应从盘的上端引出，不应使电缆在支架及地面摩擦拖拉。电缆上不得有铠装压扁、电缆绞拧、护层折裂等未消除的机械损伤。

6.1.7.5 产生原因：施工班长组织不力，放电缆人员不足。

6.1.7.6 整改措施：增加施工人员。

6.1.7.7 保证措施：（1）施工班组长、技术员施工前必须做好施工技术交底工作。（2）监理工程师在审查施工单位上报的施工组织设计的时候，对于重点施工环节提前提出要求，做好预控，加强现场检查力度。

6.1.8 不符合项8：电缆钢铠未接地。

6.1.8.1 不符合项描述：电缆钢铠未做接地。

6.1.8.2 不符合项及整改情况如图 6-15、图 6-16 所示。

图 6-15 铠装控制电缆的钢铠未接地

图 6-16 铠装控制电缆钢铠的接地

6.1.8.3 不符合项危害：铠装电缆接地，有利于电缆内部绝缘损坏后，产生较大的接地电流，进而使保护开关动作。钢铠未做接地的电缆，在发生电缆内部绝缘损坏的时候，钢铠可能带上电压，而保护开关可能不动作，进而引发触电危险。

6.1.8.4 设计图纸或标准规范要求：设计图纸要求铠装电缆的钢铠必须双端接地。

6.1.8.5 产生原因：技术人员技术交底不到位，未按照图纸及规范要求进行施工。

6.1.8.6 整改措施：铠装电缆端部采用黄绿导线缠绕绑扎法补做接地。

6.1.8.7 保证措施：开工前要完善技术交底制度，并加强现场监督、检查。

6.1.9 不符合项 9：防爆配电箱密封接头密封不严。

6.1.9.1 不符合项描述：室外防爆配电箱进线口处防爆密封不严，内部存在积水。

6.1.9.2 不符合项及整改情况如图 6-17、图 6-18 所示。

图 6-17 配电箱密封不严

图 6-18 密封整改

6.1.9.3 不符合项危害：防爆配电箱进线口密封不严直接导致防爆配电箱失去防爆作用，夏季雨水沿电缆进入防爆配电箱，直接导致防爆配电箱漏电，上级配电柜跳闸，致使该防爆配电箱供电中断。

6.1.9.4 设计图纸或标准规范要求：GB 50257—96《电气装置安装工程爆炸和火灾危险环境电气装置施工及验收规范》中第 2.1.5 条规定：防爆电气设备的进线口与电缆导线应能可靠地接线和密封，多余的进线口其弹性密封垫和金属垫片应齐全，并应将压紧螺母拧紧，使进线口密封金属垫片的厚度不得小于 2mm。

6.1.9.5 产生原因：(1) 现场管理人员技术交底不到位，质量意识淡薄。(2) 现场监督检查不到位。

6.1.9.6 整改措施：更换合适型号的软密封垫，同时可以增加防爆胶泥封堵。

6.1.9.7 保证措施：要求施工单位技术员将技术交底工作做细。作为监理人员应检查施工单位的技术交底记录，重视施工技术中的细节问题。此外，监理工程师在现场巡查时应对防爆密封接头进行抽查。

6.1.10 不符合项 10：6kV 注气压缩机软启动柜电气安全距离不足。

6.1.10.1 不符合项描述：6kV 注气压缩机成套软启动柜内电缆入口处电气安全距离为 60mm，小于规范要求。

6.1.10.2 不符合项及整改情况如图 6-19、图 6-20 所示。

图 6-19 电气安全距离不足

图 6-20 整改后的电气安全间距

6.1.10.3 不符合项危害：电气安全距离不足可能导致相间短路或接地故障。

6.1.10.4 设计图纸或标准规范要求：GB 50149—2010《电气装置安装工程 母线装置施工及验收规范》中第 3.1.14 中规定：母线安装时，室内配电装置安全净距应符合表 3.1.14-1 规定；查表可知：6kV 要求的安全距离（相间）应为 100mm。

6.1.10.5 产生原因：软启动柜厂家在设计的时候未能充分考虑与母线连接处的空间。

6.1.10.6 整改措施：在保证母线载流面积前提下，对安全距离不够的地方进行加工，达到标准要求。

6.1.10.7 保证措施：要求施工单位技术人员和质检人员加强管理，施工过程中不得忽略对设备尤其是与电缆连接处的检查。

6.1.11 不符合项 11：接线盒安装不符合要求。

6.1.11.1 不符合项描述：接线盒距离太近，操作极不方便。

6.1.11.2 不符合项危害：安装操作拆卸不方便，给维修调整带来困难。

6.1.11.3 设计图纸或标准规范要求：设计图纸规定接线盒距离应在图纸要求的距离内。

6.1.11.4 产生原因：(1) 施工人员安装时考虑不周全。(2) 施工人员经验不足。

6.1.11.5 整改措施：将防爆接线盒重新安装，并预留操作与检修空间。

6.1.11.6 保证措施：对施工人员进行施工交底，加强现场沟通协调，发现问题及时整改。

6.1.12 不符合项 12：电缆外皮损坏。

6.1.12.1 不符合项描述：电缆沟清理不注意成品保护，电缆外皮被损坏。

6.1.12.2 不符合项危害：易造成短路。

6.1.12.3 设计图纸或标准规范要求：设计图纸规定接线盒距离应在图纸要求的距离内。

6.1.12.4 产生原因：(1) 施工人员野蛮施工，不重视成品保护。(2) 管理监督不到位。

6.1.12.5 整改措施：对损坏的电缆进行修补或者更换。

6.1.12.6 保证措施：(1) 加强对施工人员进行成品保护意识的培训，做好交底，加强监督检查。(2) 找熟悉情况人员先机械挖然后使用人工清理管沟。

6.1.13 不符合项 13：路灯基础螺栓未进行防护处理。

6.1.13.1 不符合项描述：路灯基础螺栓未进行防护处理。

6.1.13.2 不符合项危害：不美观；易造成路灯不稳固，锈蚀严重时影响线杆的稳定。

6.1.13.3 设计图纸或标准规范要求：GB 50303—2002《建筑电气工程施工质量验收规范》第 19.2.2 条规定：灯具的外形、灯头及其接线应符合下列要求：灯具及配件齐全，无机械损伤、变形、涂层剥落和灯罩破裂等缺陷。

6.1.13.4 产生原因：(1) 施工队人员质量意识淡薄，未按照技术交底工作，未对螺栓进行防锈处理。(2) 技术交底未收到预期效果。(3) 施工过程中质量控制不到位，施工完成后未进行质量自检。

6.1.13.5 整改措施：对该路灯基础安装进行整改。

6.1.13.6 保证措施：(1) 重新进行技术交底。(2) 加强质量监督检查力度，对此类事件进行重点监控。

6.1.14 不符合项 14：电缆穿管处防爆胶泥封堵不合格。

6.1.14.1 不符合项描述：保护管端部防爆封堵缺少非燃性纤维封堵，防爆胶泥封堵深度不够。此外，电缆保护管端部防爆胶泥封堵质量较差，遇到夏季高温和冬季低温严重老化。

6.1.14.2　不符合项及整改情况如图 6-21、图 6-22 所示。

图 6-21　保护管口未封堵防爆胶泥

图 6-22　封堵防爆胶泥

6.1.14.3　不符合项危害：不合格的防爆封堵可能无法起到防爆隔离作用。

6.1.14.4　设计图纸或标准规范要求：GB 50257—96《电气装置安装工程爆炸和火灾危险环境电气装置施工及验收规范》中第 3.2.2.3 条规定：保护管两端的管口处，应将电缆周围用非燃性纤维堵塞严密，再填塞密封胶泥，密封胶泥填塞深度不得小于管子内径且不得小于 40mm。

6.1.14.5　产生原因：(1) 工人员施工前未进行详细的技术交底。(2) 施工单位质检人员没有认真检查。

6.1.14.6　整改措施：对于未先封堵非燃性纤维的，拆除防爆胶泥，增加后重新封堵；对于防爆胶泥质量不合格的，予以更换。

6.1.14.7　保证措施：督促施工单位施工前做好技术交底工作。

6.1.15　不符合项 15：低压配电盘柜母线与盘柜外壳的安全距离不足。

6.1.15.1　不符合项描述：由 6kV 变压器低压侧引出的母线与低压配电盘之间的电气安全距离仅为 10mm，小于规范要求。

6.1.15.2　不符合项及整改情况如图 6-23、图 6-24 所示。

6.1.15.3　不符合项危害：电气安全距离不足可能导致接地故障，从而引发火灾等事故。

6.1.15.4　设计图纸或标准规范要求：GB 50149—2010《电气装置安装工程母线装置施工及验收规范》中第 3.1.14 中规定：母线安装时，室内配电装置安全净距应符合表 3.1.14-1 规定；查表可知：0.4kV 要求的安全距离（相间）应为 20mm。

6.1.15.5　产生原因：(1) 设计与供货商之间的沟通不够仔细，对干式变压器及低压配电盘柜的高度计算不够准确，图纸中的设备基础存在偏差。(2) 吊装变压器时未能及时检查母线安装的空间。

图 6-23　低压配电盘安全距离不足　　　　图 6-24　低压配电盘安全距离不足整改后

6.1.15.6　整改措施：经与厂家沟通，对盘柜进行扩孔，使得母线与盘柜之间的间隙达到规范要求的 20mm。

6.1.15.7　保证措施：（1）设计人员在图纸定稿时，必须与供货商进行沟通，核实有关数据。（2）要求施工单位技术人员和质检人员加强管理，发现问题及时提出。

6.1.16　不符合项 16：电缆相续未进行核对强行送电。

6.1.16.1　不符合项描述：低压配电柜至压缩机 MCC 控制柜的连接为双电缆并联运行，该电缆终端制作完成后由于急于上电调试，未经相续核对，直接将电缆与接线端子连接。送电过程中发现其中一根电缆相续错误，致使上电时发生相间短路故障，变压器出口断路器跳闸。

6.1.16.2　不符合项及整改情况如图 6-25、图 6-26 所示。

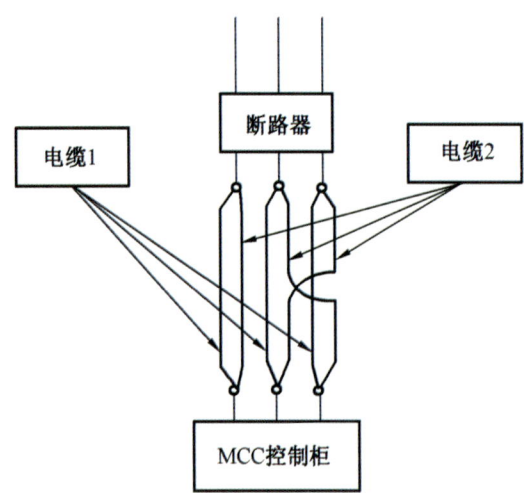 

图 6-25　并联运行的电缆其中一根相续错误　　　　图 6-26　相续一致的并联运行电缆

6.1.16.3 不符合项危害:容易造成相间短路故障,对电气设备产生较大冲击,尤其是断路器。如果遇到断路器故障无法及时跳闸,直接导致较大短路事故,可能发生火灾或触电等事故。

6.1.16.4 设计图纸或标准规范要求:GB 50303—2002《建筑电气施工及验收规范》第18.1.4条规定:电线、电缆接线必须准确,并联运行电线或电缆的型号、规格、长度和相位应一致。

6.1.16.5 产生原因:(1)安装工人未能按照规程要求对相续进行认真核对。(2)并联电缆安装完成后施工单位质检人员和技术人员未能及时检查。(3)设备厂家技术人员及生产运行人员急于进行设备调试,自行上电。

6.1.16.6 整改措施:(1)核对电缆相续后并进行绝缘测试,合格后与设备进行连接。(2)对跳闸的断路器进行检查,无故障后恢复供电。

6.1.16.7 保证措施:(1)施工单位内部加强技术交底,严格按照规程施工。(2)施工单位质检员必须到位,及时检查施工过程中的质量问题。(3)生产运行单位及供货商技术人员在操作设备时必须取得施工单位的确认,未经交接的设备不得进行送电操作。

6.1.17 不符合项17:电缆支架防腐问题。

6.1.17.1 不符合项描述:接地电缆安装不规范;支架未及时防腐。

6.1.17.2 不符合项危害:造成人身电击事故。

6.1.17.3 设计图纸或标准规范要求:JB/T 9648—1999《防爆操作柱》中第4.4.9条规定:隔爆型操作柱的隔爆面应有防锈措施,允许涂既能防止锈蚀又能保证隔爆性能的防锈油。

6.1.17.4 产生原因:(1)施工人员未按图纸施工。(2)施工人员质量控制意识淡薄。

6.1.17.5 整改措施:(1)重新安排接地线,并加装保护装置。(2)支架打磨后及时进行防腐处理。

6.1.17.6 保证措施:施工人员加强技术交底,强化安全意识,并加强现场检查力度。

6.1.18 不符合项18:配电箱安装问题。

6.1.18.1 不符合项描述:配电箱槽钢支架支腿歪斜,配电箱安装倾斜。

6.1.18.2 不符合项危害:易造成人员触电事故。

6.1.18.3 设计图纸或标准规范要求:GB 50303—2002《建筑电气工程施工验收规范》第5.1.4条规定:箱式变电所及落地式配电箱的基础应高于室外地坪,周围排水通畅。用地脚螺栓固定的螺帽齐全,拧紧牢固;自由安放的应垫平放正。金属箱式变电所及落地式配电箱,箱体应接地(PE)或接零(PEN),可靠,且有标识。

6.1.18.4 产生原因:(1)电气施工人员未按照技术交底进行施工,质量意识淡薄。(2)安装不合格,配电箱安装不规范。

6.1.18.5 整改措施:将该配电箱支架拆除,重新预制安装,并对配电箱的安装进行整改。

6.1.18.6 保证措施:(1)重新进行技术交底。(2)采取有效措施,避免类似事件再次发生。(3)加强质量监督检查力度,对此类事件进行重点监控。

6.1.19 不符合项19：无临时用电施工组织设计或组织设计不符合要求。

6.1.19.1 不符合项描述：施工单位没有编制临时用电施工组织设计，只由施工员授意或由电工画张简图，甚至由电工凭经验随意自行布设。有的工地编制的用电施工组织设计无负荷计算，无图示，根本起不到指导作用。

6.1.19.2 不符合项及整改情况如图6-27、图6-28所示。

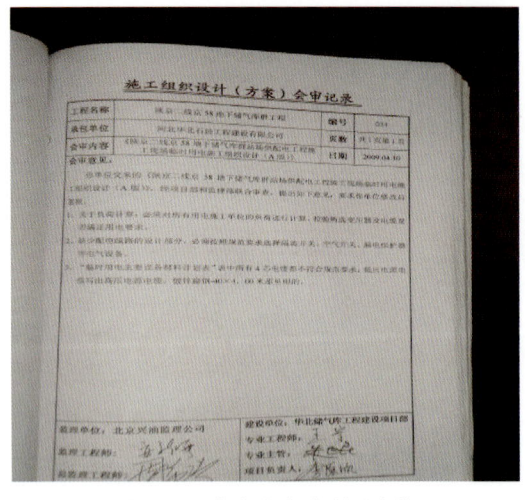

图6-27 临电方案编制不合格

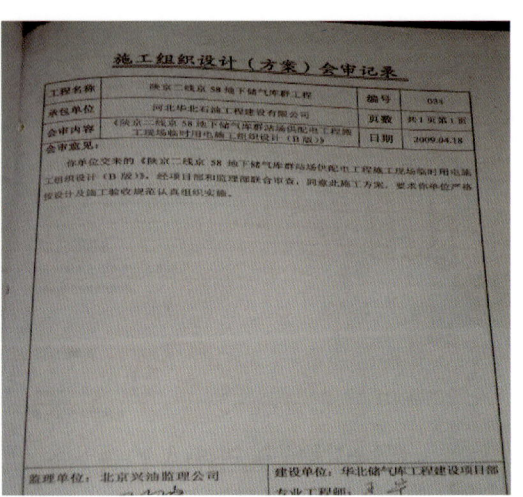

图6-28 审查后的临电方案

6.1.19.3 不符合项危害：没有经过设计验算容易造成临电系统设置不合理，极易出现超负荷或损坏临电设备设施。

6.1.19.4 设计图纸及标准要求：JGJ 46—2005《施工现场临时用电安全技术规范》中第3.1条规定：施工现场用电设备在5台及以上或设备总容量在50kW及以上，应编制临时用电施工组织设计。用电施工组织设计应包括的内容有：现场勘探；确定电源进线、配电房、总配电箱、分配电箱、设备及开关箱的位置与线路走向；进行负荷计算；选择变压器容量、导线截面和电器的类型与规格；绘制电气平面图、立面图和接线系统图；制定安全用电技术措施和电气防火措施。

6.1.19.5 产生原因：（1）施工单位安全意识淡薄。（2）无专门电气专业技术人员编制或指导编制《临时用电施工组织设计》。

6.1.19.6 整改措施：由电气工程技术人员按照JGJ 46—2005《施工现场临时用电安全技术规范》相关要求，合理编制《临时用电施工组织设计》，经施工企业技术负责人和监理单位总监理工程师审批后实施。

6.1.19.7 保证措施：施工单位应配置电气工程技术人员，在资质报审时经监理单位审查批准。

6.1.20 不符合项20：线路敷设不合格。

6.1.20.1 不符合项描述：电线、电缆沿地面明设，架空线路架设在脚手架或树上，电线杆用竹竿或者钢管，电线外皮老化、破损，绝缘性差。

6.1.20.2 不符合项危害：容易因外在因素造成的破损而引发触电伤人事故。

6.1.20.3 设计图纸及标准要求：JGJ 46—2005《施工现场临时用电安全技术规范》中第7.2.3条规定：电缆线路应采用埋地或架空敷设，严禁沿地面明设，并应避免机械损伤和介质腐蚀；埋地电缆路径应埋设标记。第7.2.4条规定：埋地敷设铠装电缆。当选用无铠装电缆时，应能防水、防腐蚀。第7.2.9条规定：架空电缆应沿电杆、支架或墙壁敷设，并采用绝缘子固定，绑扎线必须采用绝缘线；架空电缆严禁沿脚手架、树木或其他设施敷设。

6.1.20.4 产生原因：（1）无专业电工。（2）施工单位管理人员安全意识淡薄。

6.1.20.5 整改措施：（1）施工现场用电线路的敷设应架空或埋地敷设。（2）电线杆应使用混凝土杆或梢径大于130mm的木杆，架空线路应与外脚手架保持1m以上的水平距离，上楼层的线路应加套管设置于建筑物预留管道井口，或建筑物外墙，不得与外脚手架相连。（3）电缆埋地敷设埋深不小于0.6m，经过道路等易受损伤场所应加设套管。（4）电线及电缆外皮应完好，绝缘良好。

6.1.20.6 保证措施：（1）施工单位应配置电气工程技术人员，在资质报审时经监理单位审查批准。（2）严把所用电缆验收关。（3）要求施工管理人员加强检查频次和检查力度。

6.1.21 不符合项21：配电箱和开关箱设置不合格。

6.1.21.1 不符合项描述：（1）配电箱、开关箱采用的材料材质差，隐患多。（2）箱体设置位置不当，周围乱堆建筑材料，操作维修极不方便。（3）箱体尺寸小，箱内电器紧靠。（4）箱内没有装设隔离开关。（5）电器装置安装在木板上。（6）电器裸露，破损较多，特别是部分闸刀缺少闸盖，操作极不方便，也不安全。（7）配电箱与开关箱标识不清，易造成误操作。（8）箱体引出线随意，有的从侧面进入箱体，有的直接从箱门口上进入。（9）箱体无防雨措施，雨水极易进入箱体。（10）箱内杂物多，一闸多用。（11）分配电箱与开关箱，开关箱与用电设备距离较远，不符合规范的要求。

6.1.21.2 不符合项及整改情况如图6-29、图6-30所示。

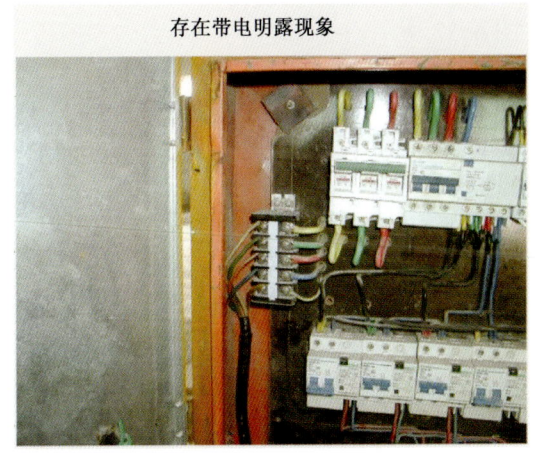

图6-29 配线存在带电明露现象

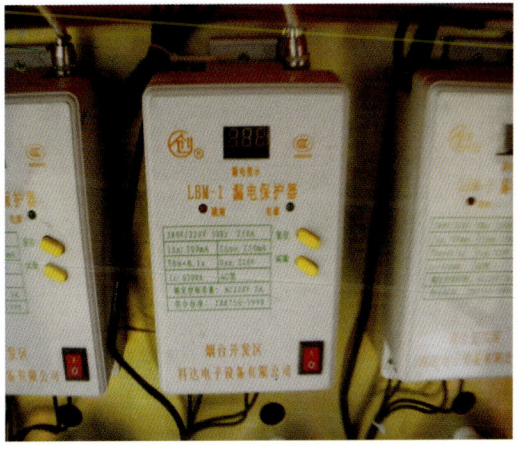

图6-30 二级配电箱漏电保护器

6.1.21.3 不符合项危害：易发生漏电触电伤人事故。

6.1.21.4 设计图纸及标准要求：JGJ 46—2005《施工现场临时用电安全技术规范》中第8.1.7条规定：配电箱和开关箱应采用冷轧钢板或阻燃绝缘材料制作，钢板厚度为1～2.2mm，其中开关箱箱体厚度不得小于1.2mm，配电箱箱体钢板厚度不得小于1.5mm，箱体表面应做防腐处理。第8.1.9条规定：配电箱和开关箱内的电器（含插座）应安装在非木质阻燃绝缘电器安装板上。第8.1.2条规定：分配电箱与开关箱的距离不得超过30m，开关箱与其控制的固定式用电设备的水平距离不宜超过3m。第8.1.6条规定：配电箱与开关箱周围应有足够两人同时工作的空间和通道，不得堆放任何妨碍操作或维修的物品，不得有灌木、杂草。第8.1.14条规定：配电箱与开关箱的箱体尺寸应与箱内电器的数量和尺寸相适应。第8.1.15条规定：配电箱与开关箱中导线的进出口线应设在箱体的下底面。第8.1.16条规定：配电箱和开关箱外形结构应能防雨、防尘。第8.2.1条规定：配电箱和开关箱内的电器必须可靠、完好，严禁使用破损、不合格的电器。第8.2.5条规定：开关箱必须装设隔离开关、熔断器或断路器，以及漏电保护器。

6.1.21.5 产生原因：(1)施工管理人员素质差，安全意识淡薄，缺乏专业电气技术人员。(2)现场电器设备没有及时进行检查、维修、更换，而是照搬硬套旧工程项目的用电线路和电器设备。(3)电工没有严格认真地执行规范与标准的规定，仍然按照习惯进行临时用电的安装和使用。

6.1.21.6 整改措施：(1)选用符合规定要求的配电箱与开关箱。(2)配电箱和开关箱应进行编号，并标明其名称、用途，配电箱内多路配电应作出标记。(3)电工在电气专业技术人员的指导下，按照要求安装配置临电系统。(4)临时用电系统在安装完成后，应经验收合格方可投入使用。

6.1.21.7 保证措施：(1)配置专业电气技术人员。(2)严把进场材料验收关。(3)加强现场检查。

6.1.22 不符合项22：电工操作不符合要求。

6.1.22.1 不符合项描述：工地无专业电工，使用无效电工证从事电工作业。

6.1.22.2 不符合项及整改情况如图6-31、图6-32所示。

图6-31 不合格电工证

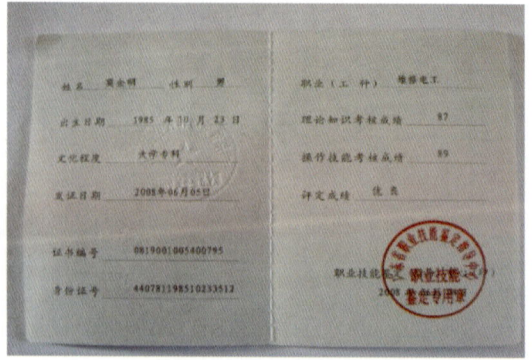

图6-32 合格电工证

6.1.22.3　不符合项危害：极易造成触电等人身伤害及引发火灾。

6.1.22.4　设计图纸及标准要求：JGJ 46—2005《施工现场临时用电安全技术规范》中第3.2.1条规定：电工必须经过国家现行标准考核合格后，持证上岗工作。

6.1.22.5　产生原因：没按要求配置合格的电工。

6.1.22.6　整改措施：由持证的电工对临时用电工程进行整改。

6.1.22.7　保证措施：（1）电工需经过国家规定的有关部门（目前主要是由各级安全生产监督管理局负责）组织的特种作业人员安全培训，在取得操作证后方准其独立作业。（2）工程开工前，电工作为特殊工种应经报审。

6.1.23　不符合项23：配电箱开关选型错误，导致电暖气无法正常供电。

6.1.23.1　不符合项描述：配电箱开关选型错误，电暖器配电箱总开关选用3P带漏电保护型，由于电暖器为220V用电，正常的负荷电流被开关误以为是漏电电流，无法正常使用。

6.1.23.2　不符合项危害：电暖气无法正常供电。

6.1.23.3　设计图纸及标准要求：GB 50303—2002《建筑电气工程施工质量验收规范》中第4.1.5条要求配电箱的电气装置和馈电线路交接试验应符合下列规定：每路配电开关及保护装置的规格、型号，应符合设计要求。

6.1.23.4　产生原因：带有漏电保护的空气开关生产厂家也较多，型号比较多，设计对其型号不够熟悉，选型时疏忽。

6.1.23.5　整改措施：更换适合型号的空气开关。

6.1.23.6　保证措施：加强对图纸的审核，施工单位在订做配电箱时如有疑问，及时将问题反馈，以便设计及时整改。

6.2　仪表及自控系统安装

6.2.1　不符合项1：电缆配管未做喇叭口或者安装护套。

6.2.1.1　不符合项描述：电缆套管安装完成后未做喇叭口或者安装护套。

6.2.1.2　不符合项及整改情况如图6-33、图6-34所示。

图6-33　电缆未安装套管

图6-34　电缆套管安装

6.2.1.3 不符合项危害：电缆保护管未作喇叭口或者未安装护套，穿电缆的时候可能导致电缆外护层损伤。

6.2.1.4 设计图纸或标准规范要求：GB 50093—2002《自动化仪表工程施工及验收规范》第 6.4.6 条规定：保护管的两端管口应带护线箍或打成喇叭形。

6.2.1.5 产生原因：现场管理人员技术交底不到位，现场缺少专门用来打喇叭口的工具，工人施工过程中质量意识淡薄，对产生的危害认识不清。

6.2.1.6 整改措施：穿电缆前，在保护管管口增加护套。

6.2.1.7 保证措施：督促施工单位做好施工前技术交底，技术人员应为项目准备充足的工具，确保施工的正常进行。

6.2.2 不符合项 2：电缆桥架返锈。

6.2.2.1 不符合项描述：电缆桥架进场时检查发现存在局部喷漆不到位，有返锈的迹象，随后的安装过程中逐渐暴露出来。

6.2.2.2 不符合项及整改情况如图 6-35、图 6-36 所示。

图 6-35 电缆桥架返锈

图 6-36 电缆桥架重新全面防腐以后

6.2.2.3 不符合项危害：电缆桥架锈蚀会进一步扩散，一方面影响美观，另一方面导致电缆桥架强度逐渐降低，影响使用寿命。

6.2.2.4 设计图纸或标准规范要求：设计图纸要求用于本工程的电缆桥架应为阻燃电缆桥架，防腐层应无破损。

6.2.2.5 产生原因：电缆桥架出厂时存在质量缺陷，材料进场后厂家未能及时处理，现场监督检查不到位，导致安装后问题得以发展。

6.2.2.6 整改措施：对不符合设计要求的电缆桥架进行更换。

6.2.2.7 保证措施：严格进场物资报验制度，对有问题及时进行落实整改。

6.2.3 不符合项 3：仪表安装形式不符合设计要求。

6.2.3.1 不符合项描述：高低压泵的危险区域仪表设备的安装形式采用了非防爆型

的，不符合设计要求。

6.2.3.2 不符合项及整改情况如图 6-37、图 6-38 所示。

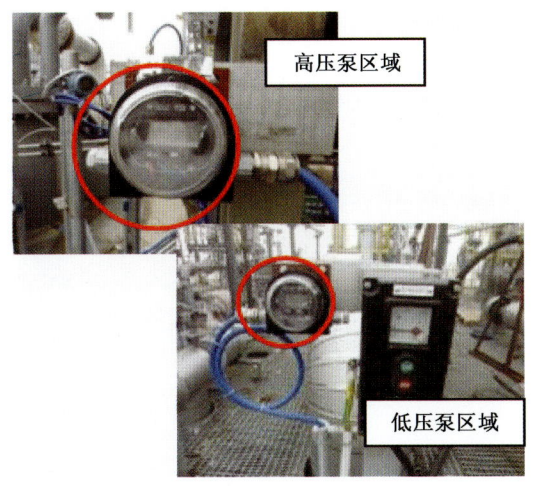

图 6-37　仪表为非防爆型不符合设计要求　　　　图 6-38　仪表调整后符合设计要求

6.2.3.3 不符合项危害：在危险区域采用非防爆型仪表，给场区安全带来隐患。

6.2.3.4 设计图纸或标准规范要求：根据设计文件危险区域划分，高低压泵区域为危险区域，应采用防爆型仪表。

6.2.3.5 产生原因：(1)未详细看设计文件，安装技术交底不详细。(2)质检员现场监督管理不到位，未及时发现存在的问题。

6.2.3.6 整改措施：拆除非防爆仪表，按照设计要求安装防爆型仪表。

6.2.3.7 保证措施：(1)仪表安装作业前应进行详细的技术交底。(2)质检员加强对安装过程的监督管理，发现不符合项及时整改。

6.2.4 不符合项 4：ORV 区域变送器安装角度不正确。

6.2.4.1 不符合项描述：(1) ORV 区域仪表变送器安装不到位，读数位置为垂直指示 90°方向，不符合设计要求。

6.2.4.2 不符合项及整改情况如图 6-39、图 6-40 所示。

6.2.4.3 不符合项危害：对现场操作读取数据不方便，容易造成误读数据。

6.2.4.4 设计图纸或标准规范要求：仪表连接图要求，变送器读数应水平方向显示。

6.2.4.5 产生原因：(1)技术交底不够详细，安装人员不认真。(2)现场监督检查不到位。

6.2.4.6 整改措施：加强安装工人的质量意识，对安装错误的进行更正。

6.2.4.7 保证措施：(1)进行详细的设计交底。(2)加大巡检力度。

6.2.5 不符合项 5：工艺管线上仪表开孔管嘴焊接后未封堵。

6.2.5.1 不符合项描述：现场工艺管线上仪表开孔管嘴焊接后未封堵。

6.2.5.2 不符合项及整改情况如图 6-41、图 6-42 所示。

图 6-39 仪表显示位置不正确

图 6-40 修改后仪表显示方位

图 6-41 仪表孔管嘴未封堵

图 6-42 仪表管嘴封堵

6.2.5.3 不符合项危害：敞开的仪表管嘴会导致一些杂物及液体进入工艺管线内，致使工艺管线吹扫难度增加。

6.2.5.4 设计图纸或标准规范要求：GB 50540—2009《石油天然气站内工艺管道工程施工规范》中第 6.1.5 条规定：网管、管道内附件内部应清理干净。安装工作有间断时，应及时封堵管口或阀门出入口。

6.2.5.5 产生原因：(1) 施工单位管理人员成品保护意识淡薄，技术人员交底工作不到位。(2) 质检人员现场检查未及时发现问题。

6.2.5.6 整改措施：将仪表开孔管嘴按设计规范要求进行封堵。

6.2.5.7 保证措施：(1) 施工单位相关人员应充分认识到成品保护的重要性，在施工前技术人员对现场作业人员进行成品保护交底。(2) 质检人员现场检查过程中及时发现问题并要求整改。

6.2.6 不符合项 6：脱碳单位压力表 PG1704 未开孔预留。

6.2.6.1 不符合项描述：脱碳单位压力表未按照设计要求开预留孔。

6.2.6.2　不符合项及整改情况如图 6-43、图 6-44 所示。

图 6-43　脱碳单位压力表 PG1704 未开孔

图 6-44　整改后的压力表开孔

6.2.6.3　不符合项危害：仪表未开孔预留，会导致后期对此处物质温度不能进行监测，为后期操作及维护带来安全隐患。

6.2.6.4　设计图纸或标准规范要求：GB 50131—2007《自动化仪表工程施工质量验收规范》中第 4.1.3 条规定：在设备或管道上安装取源部件的开孔和焊接工作，必须在设备或者管道的防腐、衬里和压力试验前进行。

6.2.6.5　产生原因：(1)技术员施工交底不到位，施工单位未按图纸要求进行施工。(2)现场监督人员检查不到位。

6.2.6.6　整改措施：管线开孔，进行仪表进行安装。

6.2.6.7　保证措施：施工技术人员完善技术交底制度，加强现场检查保证施工质量。

6.2.7　不符合项 7：进口设备压力仪表指针不能复位。

6.2.7.1　不符合项描述：低温阀门压力仪表安装后指针不能复位。

6.2.7.2　不符合项及整改情况如图 6-45、图 6-46 所示。

6.2.7.3　不符合项危害：指针不复位导致压力表失灵，不能正常反应设备运行情况，带来质量与安全隐患。

6.2.7.4　设计图纸或标准规范要求：GB 50093—2002《自动化仪表工程施工及验收规范》中 11.2.1 条要求指针式显示仪表校准和试验时，指针在全标度范围内移动应平稳、灵活。其示值误差、回程误差应符合仪表准确度的规定。

6.2.7.5　产生原因：设备进场验收不严格。

6.2.7.6　整改措施：将有问题压力表进行更换或将阀门退货处理。

6.2.7.7　保证措施：严格进场物资验收制度；加强现场监督检查。

6.2.8　不符合项 8：仪表未使用法兰连接。

6.2.8.1　不符合项描述：现场仪表安装未按照设计要求，采用法兰连接。

6.2.8.2　不符合项及整改情况如图 6-47、图 6-48 所示。

图 6-45 压力表指针不能复位

图 6-46 更换后的压力表

图 6-47 仪表未按设计要求采用法兰连接

图 6-48 仪表采用法兰连接

6.2.8.3 不符合项危害：为后期仪表维护、更换带来不便；压力承受不高，在振荡摇晃的时候存在安全风险。

6.2.8.4 设计图纸或标准规范要求：设计要求仪表的连接为法兰连接。

6.2.8.5 产生原因：施工技术人员技术交底不到位，现场施工人员未按图纸进行施工。

6.2.8.6 整改措施：将螺纹连接改为法兰连接。

6.2.8.7 保证措施：施工技术人员完善技术交底制度，加强现场检查保证施工质量。

6.2.9 不符合项 9：液位计采购与设计要求不符。

6.2.9.1 不符合项描述：贫胺缓冲罐上磁浮筒液位计采购规格与设计要求不一致。

6.2.9.2 不符合项及整改情况如图 6-49、图 6-50 所示。

6.2.9.3 不符合项危害：导致液位计无法安装，重新按照设计要求进行采购，影响工程进度。

图 6-49 液位计长度与设计要求不符

图 6-50 更换后的液位计

6.2.9.4 设计图纸或标准规范要求：设计文件要求此处磁浮筒液位计的规格为 1.4m，施工单位采购的为 1.8m。

6.2.9.5 产生原因：总包单位未按照设计要求进行采购，仪表到场后也未进行认真检查。

6.2.9.6 整改措施：重新按照设计要求进行采购。

6.2.9.7 保证措施：(1)总包单位加强采购管理；采购之前认真熟悉设计文件要求。(2)仪表到场后认真进行检查，不符合要求及时更换。

6.2.10 不符合项 10：双金属温度计仪表盘玻璃破碎。

6.2.10.1 不符合项描述：现场安装后双金属温度计未进行保护，仪表盘破碎。

6.2.10.2 不符合项及整改情况如图 6-51、图 6-52 所示。

图 6-51 已安装仪表表盘玻璃破碎

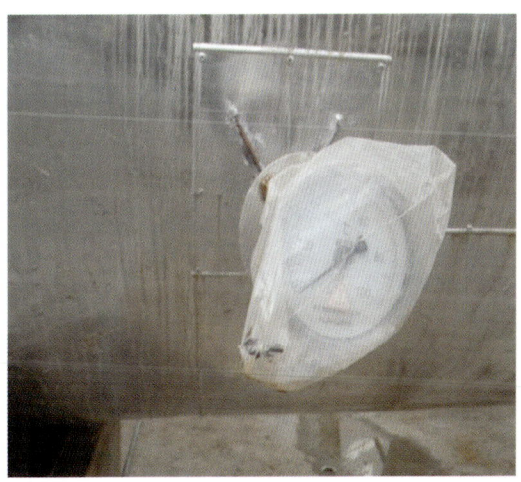
图 6-52 更换后的仪表

6.2.10.3　不符合项危害：压力表表盘破损。带来不必要的损失。若发现不及时会对带来安全与质量隐患。

6.2.10.4　设计图纸或标准规范要求：GB 50131—2007《自动化仪表工程施工质量验收规范》中第 5.1.1 条规定：仪表安装后应牢固、平正。仪表与设备、管道或构件的连接及固定部位应受力均匀，不应承受非正常的外力。

6.2.10.5　产生原因：施工技术人员技术交底不到位，现场施工人员未按图纸进行施工。

6.2.10.6　整改措施：将损坏的仪表进行更换。

6.2.10.7　保证措施：(1) 对施工技术人员完善技术交底制度，强化成品保护意识。(2) 加强现场检查力度，保证施工质量。

6.2.11　不符合项 11：语音对讲系统 220V 电缆与控制电缆同槽敷设。

6.2.11.1　不符合项描述：现场语音对讲系统电缆（交流 220V）与控制电缆同槽敷设，没有隔离。

6.2.11.2　不符合项危害：感应出的电流电压会导致 DCS/ESD（分布式控制系统/紧急停车系统）系统失去控制或者误操作，在语音呼叫系统回路中引起杂音，使电报信号失真等。

6.2.11.3　设计图纸或标准规范要求：GB 50168—2006《电气装置安装工程电缆线路施工及验收规范》第 5.2.3 条要求：电力电缆间及其与控制电缆间或不同使用部门的电缆间，当电缆穿管或用隔板隔开时，平行净距可降低为 0.1m。

6.2.11.4　产生原因：(1) 前期厂家与设计人员没有进行深入沟通。(2) 现场技术人员技术交底不到位。

6.2.11.5　整改措施：将语音电缆与控制电缆按照规范要求分开敷设。

6.2.11.6　保证措施：(1) 相关专业要进行自检和互检。(2) 严把图纸校核关，确保施工图质量。(3) 施工前图纸会审工作要认真仔细。

6.2.12　不符合项 12：仪表设备安装不符合要求。

6.2.12.1　不符合项描述：仪表设备安装标高不符合设计和规范要求，观察仪表指示值和操作维护均不方便。

6.2.12.2　不符合项及整改情况如图 6-53、图 6-54 所示。

图 6-53　温度变送器高度有误

图 6-54　温度变送器高度调整后

6.2.12.3 不符合项危害：给生产运行人员的观察及操作造成困难。

6.2.12.4 设计图纸或标准规范要求：GB 50093—2002《自动化仪表工程施工及验收规范》第 5.1.1 条规定：就地仪表的中心距操作地面的高度宜为 1.2～1.5m。

6.2.12.5 产生的原因：（1）土建地坪施工前，仪表支架已就位固定，但是不清楚所在位置的地面标高。（2）地坪施工时，仪表专业人员未到现场配合检查埋地支架是否正确，地坪做好后才发现支架标高不对。

6.2.12.6 整改措施：重新安装，调整至便于操作和读数的位置。

6.2.12.7 保证措施：督促施工单位做好各专业之间的沟通工作。

6.2.13 不符合项13：接线箱挡住巡检道路。

6.2.13.1 不符合项描述：仪表防爆接线箱挡住巡检道路，影响巡检。

6.2.13.2 不符合项及整改情况如图 6-55、图 6-56 所示。

图 6-55 接线箱挡住巡检路　　　　　图 6-56 根据现场实际加宽巡检路

6.2.13.3 不符合项危害：由于仪表接线箱挡住了正常的巡检道路，给生产运行单位的日常巡检带来了很多不便。

6.2.13.4 设计图纸或标准规范要求：GB 50093—2002《自动化仪表工程施工及验收规范》第 5.1.1 条规定：就地仪表的安装位置应光线充足，操作和维护方便。

6.2.13.5 产生原因：专业之间缺乏沟通，各自按照各自的图纸施工。

6.2.13.6 整改措施：调整接线箱位置，或者拓宽巡检道路。

6.2.13.7 保证措施：加强技术交底制度，督促施工单位做好各专业之间的沟通工作。

6.2.14 不符合项14：流量计壳体内进水。

6.2.14.1 不符合项描述：流量计壳体内存在积水。

6.2.14.2 不符合项及整改情况如图 6-57、图 6-58 所示。

6.2.14.3 不符合项危害：壳体内进水后导致变送器工作异常，上传数据不准。

6.2.14.4 设计图纸或标准规范要求：GB 50093—2002《自动化仪表工程施工及验收

图 6-57 未进行防水处理的朝天口

图 6-58 增加防水处理的朝天口

规范》第 5.1.8 条规定：仪表上接线盒的引入口不应朝上，当不可避免时，应采取密封措施。施工过程中应及时封闭接线盒盖及引入口。

6.2.14.5 产生原因：仪表设备订货的时候未明确，导致安装过程中难以避免。施工过程中，施工单位仅利用格兰密封接头进行密封，未另外采取防水密封措施。

6.2.14.6 整改措施：统一对变送器的朝天口增加防水密封胶带。

6.2.14.7 保证措施：（1）在进行设备采购的时候就应明确，避免出现朝天口安装的情况。（2）在不可避免遇到朝天口的时候可以采用外加防水胶带的办法，或者增加 90°弯头的办法将仪表电缆入口调向。（3）在格兰头与变送器外壳连接的螺纹处涂抹导电膏。

6.2.15 不符合项 15：单回路联调中将有源回路直接与 DCS 系统的有源回路连接。

6.2.15.1 不符合项描述：DCS 系统中，个别设备属于有源设备，如仪表风露点检测仪，输出的 4~20mA 信号直接与 DCS 带有安全栅的有源回路相连接，该通道电流异常，上位机显示错误结果。

6.2.15.2 不符合项及整改情况如图 6-59、图 6-60 所示。

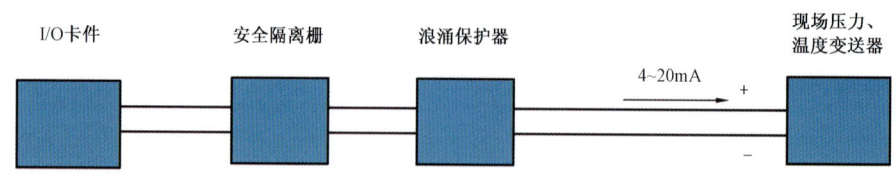

图 6-59 有源 4~20mA 故障电路

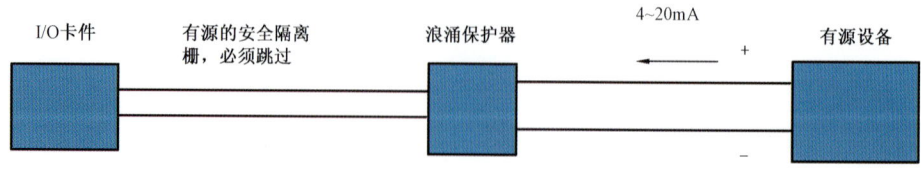

图 6-60 整改后电路

6.2.15.3 不符合项危害：设备上传数据不准确，有源回路对接可能导致 DCS 通道不能正常工作，存在烧毁该通道浪涌保护器、安全栅或者该输入设备。

6.2.15.4 设计图纸或标准规范要求：GB 50093—2002《自动化仪表工程施工及验收规范》第 11.5.3 条规定：综合控制系统应先在控制室内以与就地线路相连的输入输出端为界进行回路试验，然后再与就地仪表连接进行整个回路的试验。

6.2.15.5 产生原因：（1）露点检测仪属于变更增加设备，设计院专业工程师对其技术参数不够熟悉，忽略了该设备是有源设备，同样是标准的 4~20mA 直流信号，但是分有源和无源，无源设备需要 DCS 系统控制通道设置安全栅等有源部件，而有源设备则不然。（2）施工单位技术人员对回路测试时不够认真，未能敏锐地发现该设备输出电流的极性和性质与普通的变送器不一致。

6.2.15.6 整改措施：联系设备供货商，确认设备的有源特性，在此基础上与 DCS 控制系统技术人员及设计沟通，调整该设备输入通道的电路接线，除去该通道的安全栅等有源部分。

6.2.15.7 保证措施：（1）工程设计人员必须清楚设备的技术参数。（2）施工单位技术人员在进行单回路测试的时候严格按照试验规程要求记录。

6.2.16 不符合项 16：仪表与电气进行联合调试空冷器电动机时屡次烧坏电气侧控制回路保险。

6.2.16.1 不符合项描述：仪表在远程控制空冷器电动机时，因为电路存在故障进行调试，首先导致仪表控制柜浪涌保护器烧坏。浪涌保护器故障后，仪表的远程控制仍可以实现，调试人员并未发现问题所在，继续调试，导致其他多个回路保险丝烧毁。

6.2.16.2 不符合项及整改情况如图 6-61、图 6-62 所示。

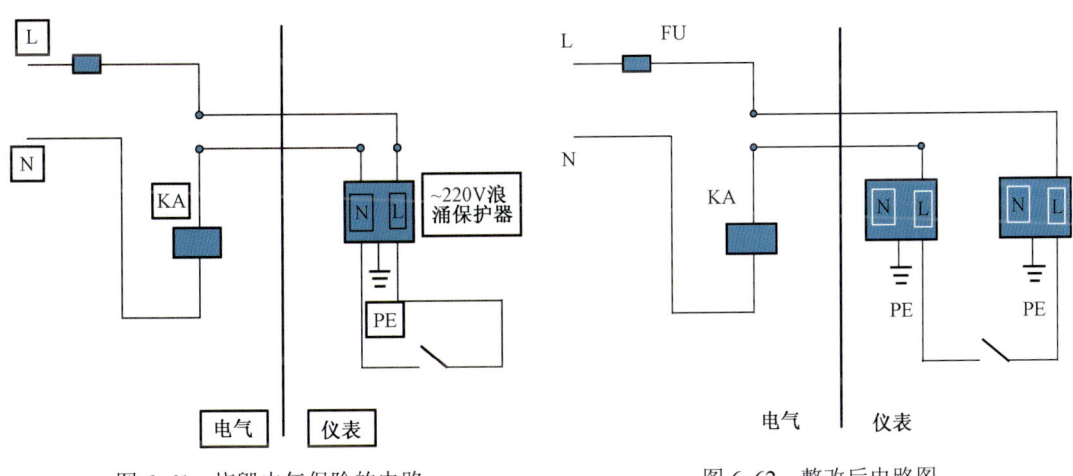

图 6-61 烧毁电气保险的电路　　图 6-62 整改后电路图

6.2.16.3 不符合项危害：仪表控制回路引入 220V 交流电源控制，同时多次烧毁电气回路保险，甚至将仪表侧浪涌保护器烧毁，调试过程中容易导致触电危险。

6.2.16.4 设计图纸或标准规范要求：设计图纸中，最初控制电源为直流24V，后因为电气方面根据设备情况调整为交流24V，仪表专业并未随之调整控制回路。

6.2.16.5 产生原因：（1）电气仪表专业之间缺少沟通，导致设计方面对控制回路的设计存在问题，控制回路电压等级存在问题，后经过设计变更，但是仪表侧选取的浪涌保护器与控制回路不匹配。（2）施工单位调试人员对控制回路原理不明，未能及时发现问题，当浪涌保护器被烧毁后未能及时发现问题，依旧进行调试，导致连续烧坏多个保险。

6.2.16.6 整改措施：（1）按照设计变更要求，调整控制回路接线。（2）更换烧坏的元器件。（3）重新进行调试。

6.2.16.7 保证措施：（1）工程设计人员必须清楚设备的技术参数。（2）施工单位技术人员在进行单回路测试的时候应严格按照试验规程要求记录。

6.2.17 不符合项17：硅芯管与工艺管道间距不足。

6.2.17.1 不符合项描述：硅芯管与管道间距不符合设计要求。

6.2.17.2 不符合项及整改情况如图6-63、图6-64所示。

图6-63 硅芯管与管道间距不足300mm

图6-64 硅芯管与管道间距整改后

6.2.17.3 不符合项危害：硅芯管与管道间距不足，一旦遇到管道故障，容易造成管道维修困难。

6.2.17.4 设计图纸或标准规范要求：SY/T 4108—2012《输油（气）管道同沟敷设光缆（硅芯管）设计及施工规范》规定：光缆（硅芯管）敷设位置根据实际情况可选择在管沟底部或与管沟平齐位置。光缆（硅芯管）与管道间最小净距（指两断面垂直投影的净距）不应小于0.3m。

6.2.17.5 产生原因：（1）管道下沟后，由于存在误差，导致硅芯管的敷设空间不足。（2）施工管理人员对间距不足造成的危害认识不足，管理上存在漏洞。（3）硅芯管与工艺管线同沟敷设，但是并非由一家施工单位完成，两单位质检缺乏沟通与交底。

6.2.17.6 整改措施：对于间距不足的地方，将管沟扩宽，以保证硅芯管与管道的间距。

6.2.17.7 保证措施：要求施工单位充分认识存在问题的危害，要求施工单位管理人员加强现场监管；监理工程师加强现场巡视检查；工艺与通信施工单位做好交底工作，避免出现管道与管沟避的间距太小，增加通信施工单位的难度。

6.2.18 不符合项18：硅芯管敷设过程中破损。

6.2.18.1 不符合项描述：硅芯管敷设完毕，回填的过程中未先进行细土回填，再进行机械回填，直接采用挖掘机回填，冻土块砸坏硅芯管。

6.2.18.2 不符合项及整改情况如图6-65、图6-66所示。

图6-65 未进行细土回填

图6-66 整改后进行细土回填

6.2.18.3 不符合项危害：硅芯管损坏后，直接影响后续的吹缆施工，空气从此处漏出，光缆无法继续前进，致使吹缆施工中断。

6.2.18.4 设计图纸或标准规范要求：设计图纸要求，硅芯管应与管道保持300mm，回填时先采用细土回填300mm。

6.2.18.5 产生原因：（1）现场施工人员图省事，施工管理人员没有高度重视，对取消细土回填的危害认识不足，管理上不到位。（2）硅芯管与工艺管线同沟敷设，但是并非由一家施工单位完成。两单位质检缺乏沟通与交底。

6.2.18.6 整改措施：（1）对已经损坏的硅芯管加上专用接头进行修补。（2）严格按照图纸要求先人工回填300mm细土，再采用机械回填。

6.2.18.7 保证措施：（1）要求施工单位管理人员加强现场监管。（2）监理工程师加强现场巡视检查。（3）工艺与通信施工单位做好交底工作，避免出现回填时挖掘机损坏硅芯管的情况。

6.2.19 不符合项19：硅芯管敷设完成后未认真做好气密性试验。

6.2.19.1 不符合项描述：硅芯管敷设完成后未认真做好气密性试验，未能及时发现硅芯管敷设过程中产生的损伤。

6.2.19.2 不符合项危害：如果不及时发现硅芯管的破损处，直接影响后续的吹缆施工，一旦出现硅芯管破损，修复时间较长，可能会使吹缆设备严重窝工。

6.2.19.3　设计图纸或标准规范要求：设计图纸要求硅芯管穿放完成后要进行气吹检验和气闭试验，用于检验硅芯管的可通性。

6.2.19.4　产生原因：技术人员未进行技术交底，现场施工人员质量意识不强。

6.2.19.5　整改措施：严格按照设计要求进行试验。

6.2.19.6　保证措施：要求施工单位管理人员做好技术交底工作。

6.2.20　不符合项20：吹缆机推力设定过高。

6.2.20.1　不符合项描述：在光缆吹进速度极慢的情况下未能及时停止下来查找故障点反而过分增大送缆机的推力，导致光缆弯曲严重。

6.2.20.2　不符合项及整改情况如图6-67、图6-68所示。

图6-67　违规增大压力

图6-68　排除故障后，气吹法敷设光缆

6.2.20.3　不符合项危害：在遇到硅芯管漏气的情况下，光缆吹进的速度会非常缓慢，此时说明前端光缆已经停止前进，强行增大送缆机推力，可能导致送进的光缆在硅芯管的弯曲严重。

6.2.20.4　设计图纸或标准规范要求：设计图纸要求，光缆吹放中遇到管道故障无法吹进或速度极慢（10m/min以下）时，应先查找故障位置，处理后再进行吹放。

6.2.20.5　产生原因：(1) 前期硅芯管施工过程中存在问题，导致硅芯管存在漏点。(2) 施工过程中抱着侥幸心理，错误地估计不是硅芯管的故障。

6.2.20.6　整改措施：查找故障点，并予以修复后重新吹放。

6.2.20.7　保证措施：(1) 督促施工单位做好技术交底工作。(2) 现场监理加强对施工过程的巡视检查，严格要求施工单位按照设计要求施工，光缆吹放应采取旁站措施。

6.2.21　不符合项21：通信电缆与电力电缆的间距不足。

6.2.21.1　不符合项描述：通信电缆在敷设的时候未考虑电力电缆的位置，结果与电力电缆的间距小于设计要求。

6.2.21.2　不符合项及整改情况如图6-69、图6-70所示。

图 6-69 电力电缆与通信电缆未分开敷设

图 6-70 电力电缆与通信电缆分开敷设

6.2.21.3 不符合项危害：由于电力电缆往往会产生较大的电磁干扰，可能对通信信号产生干扰。

6.2.21.4 设计图纸或标准规范要求：设计文件要求通信电缆与电力电缆的间距平行敷设时不小于 0.5m，交叉时不小于 0.5m。

6.2.21.5 产生原因：电气与通信专业之间缺少沟通，质量意识淡薄。

6.2.21.6 整改措施：对后敷设的电缆重新敷设。

6.2.21.7 保证措施：督促施工单位之间做好沟通，加强现场监督检查。

6.2.22 不符合项 22：带电检查故障，并接触接线箱内的导线。

6.2.22.1 不符合项描述：在工业电视监控系统的调试过程中，厂家技术人员未从配电箱总开关切断电源，而是仅将分支的火线开关断开，零线并未切断，调试过程中接触零线（工业电视监控系统电源为 UPS 电源），该 UPS 电源设隔离变压器，但是输出端并未将零线接地，因而导致 UPS 输出的电源零线对地存在一定的虚电压。

6.2.22.2 不符合项危害：这种不切断零线即进行调试的做法很可能导致人身触电。

6.2.22.3 设计图纸或标准规范要求：电工作业人员在切断电源后应采用检测设备确认端子已不带电。

6.2.22.4 产生原因：（1）厂家技术人员在按照传统经验误认为断开上游开关就可以进行下游接线，接线前并未对接线端子进行电压测量。（2）工业电视监控系统电源采用的是单极开关，断开开关后零线仍然与系统相连接，并且零线带有一定的电压。

6.2.22.5 整改措施：调试过程中切断 UPS 配电箱内的总开关，保证零线与火线均与设备隔离。

6.2.22.6 保证措施：（1）对于输出有隔离变压器的 UPS 设备，输出端应将零线接地，确保零线对地电压为零。（2）接线调试过程中应彻底切断与系统电源的连接，同时接线前应测量接线端子对地电压。

7 罐类

7.1 LNG罐（双壁单包容罐）

7.1.1 不符合项1：LNG储罐桩基钻芯检测后钻孔修补问题。

7.1.1.1 不符合项描述：施工单位在进行LNG储罐桩基钻芯取样后钻孔未及时进行封堵修补。

7.1.1.2 不符合项危害：泥土、碎石等杂质进入到钻孔中，影响后续钻孔修补混凝土浇筑质量。

7.1.1.3 设计图纸或标准规范要求：CECS 03—2007《钻芯法检测混凝土强度技术规程》中第5.0.9条规定：钻芯后留下的孔洞应及时进行修补。

7.1.1.4 产生原因：施工单位管理人员责任心差，对钻孔修补的及时性认识不足。没有切实做好保证钻孔修补的工作。

7.1.1.5 整改措施：首先将桩头附近的杂物清理干净，然后及时对钻孔进行修补，堵孔混凝土的标号应按设计要求进行选择。

7.1.1.6 保证措施：(1)施工单位管理人员认清自身责任,加强对现场施工质量的管理。(2)施工质量管理人员应熟知相关规范的要求，及时进行要求，避免出现质量隐患。

7.1.2 不符合项2：LNG储罐灌注桩桩头处理。

7.1.2.1 不符合项描述：灌注桩桩头在进行处理时，施工单位未按照建筑垃圾堆放的要求进行处理，私自将其回填掩埋在罐区。

7.1.2.2 不符合项及整改情况如图7-1、图7-2所示。

7.1.2.3 不符合项危害：回填到罐区内的灌注桩桩头会造成罐区内土方不均匀沉降，影响土方回填土质量。

7.1.2.4 设计图纸或标准规范要求：GB 50202—2002《建筑地基基础工程施工质量验收规范》中第6.3.1条要求：土方回填前应清除基底的垃圾、树根等杂物，抽除坑穴积水、淤泥，验收基底标高。

7.1.2.5 产生原因：施工单位质量管理人员质量意识差，贪图省事私自将桩头进行掩埋。

7.1.2.6 整改措施：将掩埋的桩头挖出，运到指定的堆放地点。

图 7-1　私自填埋桩头　　　　　　　图 7-2　重新开挖清理桩头

7.1.2.7　保证措施：施工单位应加强内部管理，质量管理人员应该增强质量管理意识，严格要求进行施工。

7.1.3　不符合项 3：纵向筋未按照图纸进行制作。

7.1.3.1　不符合项描述：现场检查发现，LNG 储罐拱顶纵向筋预制过程中，未按照设计要求在端部预留 400mm 的直段。

7.1.3.2　不符合项及整改情况如图 7-3、图 7-4 所示。

图 7-3　未预留 400mm 直线段　　　　　图 7-4　对纵向筋进行矫正后再进行焊接

7.1.3.3　不符合项危害：和压缩环组对时，组对端头部位组对间隙过大，给组对和焊接带来极大不便。

7.1.3.4　设计图纸或标准规范要求：设计文件要求在纵向筋的端部位置预留出 400mm 的直线段。

7.1.3.5 产生原因：施工单位技术人员在施工前未认真熟悉设计图纸内容，导致现场技术交底与设计不符。

7.1.3.6 整改措施：对纵向筋的端部按设计要求进行校正，以减小纵向筋端部与压缩环的组对检修。

7.1.3.7 保证措施：施工单位技术人员在施工前应认真熟悉设计图纸，严格按照设计文件要求进行施工。质检人员在现场检查过程中发现问题及时制止并要求整改。

7.1.4 不符合项4：LNG储罐壁板喷砂除锈时使用的砂子不符合要求。

7.1.4.1 不符合项描述：LNG储罐外罐壁板喷砂除锈时，未使用规范要求的石英砂且粒径不符合要求。

7.1.4.2 不符合项及整改情况如图7-5、图7-6所示。

图7-5 喷砂所用的不合格砂子

图7-6 整改后所用的石英砂

7.1.4.3 不符合项危害：砂子的硬度和粒径不符合要求，将导致壁板喷砂除锈达不到设计要求。

7.1.4.4 设计图纸或标准规范要求：SY/T 0407—1997《涂装前钢材表面预处理规范》中要求：喷砂除锈所用的砂子应为石英砂且粒径大于0.85mm。

7.1.4.5 产生原因：施工单位管理人员质量意识淡薄，为了压缩成本采购并使用劣质石英砂。

7.1.4.6 整改措施：对于已经喷砂除锈的壁板，重新使用符合要求的石英砂进行除锈直至符合设计及施工规范要求。

7.1.4.7 保证措施：加强施工单位管理人员对施工质量的意识，在施工前按照设计及施工规范要求采购石英砂。

7.1.5 不符合项5：LNG储罐塔架用高强螺栓未进行复试私自使用。

7.1.5.1 不符合项描述：LNG储罐塔架用高强螺栓进场后，未按规范要求进行复试私自使用。

7.1.5.2 不符合项危害：高强螺栓未经复试无法判断其是否满足设计使用要求，给塔架的强度和稳定性带来隐患。

7.1.5.3 设计图纸或标准规范要求：GB 50205—2001《钢结构工程施工质量验收规范》中第 4.4.2 条规定：高强度大六角头螺栓连接副应按本规范附录 B 的规定检验其扭矩系数，其检验结果应符合本规范附录 B 的规定。

7.1.5.4 产生原因：施工单位管理人员重进度、轻质量，材料到场之后未进行复试即要求施工人员进行安装。

7.1.5.5 整改措施：暂停高强螺栓的安装施工，待复试符合要求之后方可继续安装；若复试结果不合格应拆除已安装的所有螺栓，并重新按要求进行采购。

7.1.5.6 保证措施：（1）施工单位管理人员应对施工质量引起高度重视，在保证质量的前提下合理安排施工计划。（2）采购的材料到场后及时按规范要求进行复试。

7.1.6 不符合项 6：LNG 储罐塔架连接件高强螺栓安装与设计不符。

7.1.6.1 不符合项描述：LNG 储罐塔架连接件高强螺栓安装时未认真熟悉图纸，导致现场安装时高强螺栓的数量严重多于设计要求，导致塔架的安装工期严重滞后。

7.1.6.2 不符合项及整改情况如图 7-7、图 7-8 所示。

图 7-7 连接件螺栓数量过多　　　　　　图 7-8 与设计及业主进行沟通后同意此种做法

7.1.6.3 不符合项危害：浪费材料，增加施工难度，严重影响安装工期。

7.1.6.4 设计图纸或标准规范要求：设计文件要求塔架连接件每侧高强螺栓的数量不少于 4 个即可。

7.1.6.5 产生原因：（1）施工单位技术人员在施工前未认真熟悉设计图纸内容，导致现场技术交底与设计不符。（2）质检人员在现场检查过程中未及时发现并制止。

7.1.6.6 整改措施：经与设计沟通为了保证塔架的整体美观，同意施工单位的做法。

7.1.6.7 保证措施：（1）施工单位技术人员在施工前应认真熟悉设计图纸，严格按照设计文件要求进行施工。（2）质检人员在现场检查过程中发现问题及时制止并要求整改。

7.1.7 不符合项7：LNG储罐塔架连接板螺栓开孔不符合要求。

7.1.7.1 不符合项描述：LNG储罐塔架连接板螺栓采用气割开孔，设计要求采用机械开孔。

7.1.7.2 不符合项及整改情况如图7-9、图7-10所示。

图7-9 气割开孔的连接板　　　　图7-10 采用机械钻孔的连接板

7.1.7.3 不符合项危害：气割开孔孔径无法保证，气割开孔会破坏周围金属组织，使连接板的材料性能有所降低。

7.1.7.4 设计图纸或标准规范要求：设计文件要求LNG储罐塔架连接件的螺栓孔应采用机械开孔。

7.1.7.5 产生原因：气割开孔效率高，施工工期短；机械钻孔要求高，进度慢。施工单位管理人员质量意识薄弱，重进度、轻质量，现场要求作业人员采用气割开孔。

7.1.7.6 整改措施：拆除采用气割开孔的连接件，重新按要求采用机械开孔。

7.1.7.7 保证措施：施工单位管理人员应提高质量意识，认清违规作业的危害，保证工程质量，合理安排工期。

7.1.8 不符合项8：LNG储罐外罐底板三层板搭接处组对采用锤击。

7.1.8.1 不符合项描述：LNG储罐外罐底板组对时，三层板搭接处组对采用锤击方式强力组对。

7.1.8.2 不符合项及整改情况如图7-11、图7-12所示。

7.1.8.3 不符合项危害：造成底板局部有凹坑，并且有折边，锤击后造成钢板局部不能达到设计要求的钢板厚度。

7.1.8.4 设计图纸或标准规范要求：SH 3537—2009《立式圆筒形低温储罐施工技术规程》中第9.2.4条规定：单层低温储罐罐底与双层低温储罐内罐底和第二层罐底，其三

图 7-11 三层板搭接处处理不当　　　　图 7-12 按要求施工的三层板搭接处

层板重叠的悬空部分，宜采用与底板材质相同的三角形垫铁垫实后焊接。

7.1.8.5　产生原因：（1）施工技术人员质量意识差，对施工规范要求不熟悉。（2）技术交底工作不到位。在施工过程中技术及质检人员未进行现场检查和指导。

7.1.8.6　整改措施：将有锤痕的部分打磨后进行补焊，焊接完成后做渗透检测。三层板重叠的悬空部分，采用与底板材质相同的三角形垫铁垫实后焊接。

7.1.8.7　保证措施：提高施工技术人员的质量意识，施工前加强对施工规范的熟悉，切实做好技术交底工作，在施工过程中及时进行检查和指导。

7.1.9　不符合项9：LNG储罐外罐拱顶纵向筋连接板安装不符合要求。

7.1.9.1　不符合项描述：LNG储罐外罐拱顶纵向筋连接板安装时，焊缝和抗压圈对接焊缝距离不符合设计要求。

7.1.9.2　不符合项及整改情况如图7-13、图7-14所示。

图 7-13 焊缝间距不符合要求　　　　图 7-14 整改后的焊缝间距

7.1.9.3　不符合项危害：焊缝间距过近，应力集中影响结构强度。

7.1.9.4　设计图纸或标准规范要求：设计文件要求相邻两焊缝的最小间距应不小于200mm。

7.1.9.5　产生原因：（1）施工技术人员质量意识差，对施工规范要求不熟悉。（2）技术交底工作不到位。在施工过程中技术及质检人员未进行现场检查和指导。

7.1.9.6　整改措施：重新调整纵向筋安装位置，保证焊缝间距满足设计要求。

7.1.9.7　保证措施：施工前加强对施工规范的熟悉，切实做好技术交底工作，在施工过程中及时进行检查和指导。发现问题及时进行整改。

7.1.10　不符合项10：LNG储罐壁板局部发现有凹坑。

7.1.10.1　不符合项描述：LNG储罐壁板喷砂除锈后发现壁板上局部有凹坑。

7.1.10.2　不符合项及整改情况如图7-15、图7-16所示。

图7-15　喷砂后壁板上存在的凹坑　　　　图7-16　更换后的壁板

7.1.10.3　不符合项危害：壁板局部厚度可能达不到要求，影响壁板使用性能。

7.1.10.4　设计图纸或标准规范要求：SH 3537—2009《立式圆筒形低温储罐施工技术规程》中第5.5节规定：钢板表面的局部减薄量与钢板实际负偏差之和，应不大于相应钢板标准允许负偏差值。

7.1.10.5　产生原因：壁板到场后长时间不用，保管不当造成壁板严重锈蚀。

7.1.10.6　整改措施：现场实测壁板的减薄量，误差在规范允许范围之内可以继续使用，若误差超过规范允许值，严禁应用于LNG储罐施工。

7.1.10.7　保证措施：加强施工单位相关人员的进场物资保管意识，材料进场之后采取适当的措施。

7.1.11　不符合项11：LNG储罐外罐用16MnDR钢板进场不符合要求。

7.1.11.1　不符合项描述：LNG储罐外罐用16MnDR钢板，设计文件要求超声波检测为一级合格，但是到场后厂家所提供的超声波检测结果为二级合格，不符合设计要求。

7.1.11.2　不符合项及整改情况如图 7-17、图 7-18 所示。

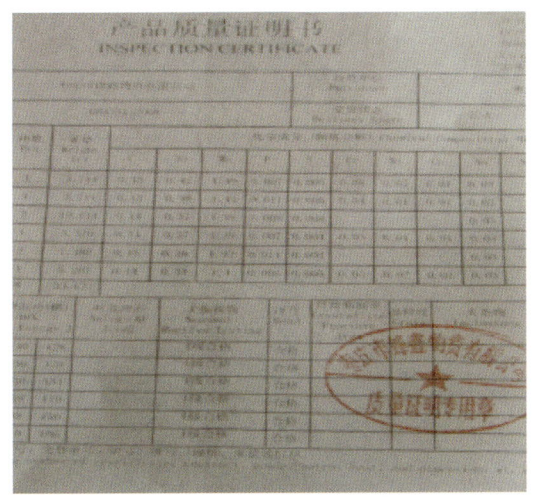

图 7-17　无损检测二级合格

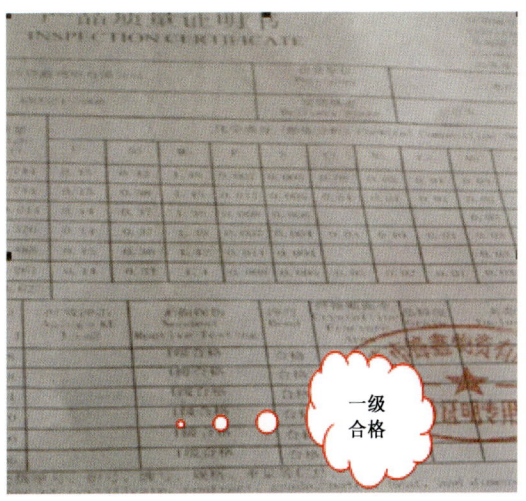

图 7-18　整改后的无损检测一级合格

7.1.11.3　不符合项危害：钢板超声波检测二级合格，表示钢板的使用性能有所降低，无法满足设计要求。

7.1.11.4　设计图纸或标准规范要求：《延长 LNG 工程 LNG 储罐外罐用 16MnDR 钢板技术规格书》要求 LNG 外罐用钢板为超声波检测一级合格。

7.1.11.5　产生原因：施工单位质量意识差，采购之前未认真熟悉技术规格书中的相关要求，材料到场之后也未按要求进行检查。

7.1.11.6　整改措施：经与设计沟通，超声波检测二级合格的钢板可以并且只能用于 LNG 储罐外罐壁板，并且 LNG 储罐外罐最下部两圈的壁板环缝，射线检测比例由原来的 20% 增加到 100%。LNG 外罐拱顶用钢板必须超声波检测一级合格。拱顶用钢板应重新按要求采购。

7.1.11.7　保证措施：施工单位应加强质量管理，采购之前应认真熟悉技术规格书中的相关要求，材料到场之后按要求进行检查。不符合要求的及时进行更换，以免影响工期。

7.1.12　不符合项 12：LNG 外罐拱顶纬向筋安装时机选择不当。

7.1.12.1　不符合项描述：LNG 储罐拱顶纬向筋安装完成后，发现纬向筋与倒装柱拉绳冲突，影响壁板的提升。

7.1.12.2　不符合项及整改情况如图 7-19、图 7-20 所示。

7.1.12.3　不符合项危害：造成不必要的返工和影响工期。

7.1.12.4　设计图纸或标准规范要求：《延长 LNG 工程 10000m³LNG 储罐施工方案》中要求在进行储罐施工时，应合理安排工序保证储罐按期完工。

7.1.12.5　产生原因：施工单位技术人员未认真熟悉 LNG 储罐施工要求，盲目抢进度。

图 7-19 安装时机选择不当

图 7-20 拆除纬向筋

7.1.12.6 整改措施：将纬向筋拆除后提升壁板，待壁板施工完成 3 圈壁板之后再安装纬向筋。

7.1.12.7 保证措施：施工单位技术人员应加强技术培训，全面掌握 LNG 储罐施工的要求，严禁盲抢进度。

7.1.13 不符合项 13：LNG 储罐铝吊顶焊接变形大。

7.1.13.1 不符合项描述：LNG 储罐铝吊顶焊接过程中铝吊顶焊接变形不符合规范要求。

7.1.13.2 不符合项及整改情况如图 7-21、图 7-22 所示。

图 7-21 铝吊顶变形较大

图 7-22 对变形的部位进行整改

7.1.13.3 不符合项危害：铝吊顶焊接变形，导致铝吊顶局部位置出现凹坑容易积液，影响铝吊顶保冷效果。同时给吊杆的安装带来不便。

7.1.13.4 设计图纸或标准规范要求：设计文件要求铝吊顶焊接应采取防变形措施，避免铝吊顶起伏不平。

7.1.13.5 产生原因：施工单位在焊接铝吊顶时技术不够熟练，焊接经验不足。且技术人员未在现场进行检查和指导，未按要求采取防变形措施。

7.1.13.6 整改措施：对于变形较大位置，焊缝磨开释放应力后重新组对进行焊接。

7.1.13.7 保证措施：施工单位应加强对焊接铝吊顶焊工的培训力度，提高焊工的技术水平，施工过程中技术人员及时进行检查和指导，针对变形情况采取合理的防变形措施。

7.1.14 不符合项14：LNG储罐外罐第9圈壁板立缝焊接变形不符合要求。

7.1.14.1 不符合项描述：LNG储罐外罐壁板施工过程中，第9圈壁板立缝焊接变形达20mm，不符合规范要求。

7.1.14.2 不符合项及整改情况如图7-23、图7-24所示。

图7-23 立焊缝变形　　　　　　　　图7-24 整改后的立焊缝

7.1.14.3 不符合项危害：筒体圆度不够，影响储罐的受力和美观。

7.1.14.4 设计图纸或标准规范要求：SH 3537—2009《立式圆筒形低温储罐施工技术规程》中第10.3.17条规定：当壁板厚 $\delta \leqslant 12mm$ 时，壁板角变形 $\leqslant 10mm$。

7.1.14.5 产生原因：为了加快进度，焊工在焊接时选择电流大和直径3.2mm的焊条，线能量输入过大，短时间内应力无法释放；壁板组对时出现强力组对的现象，焊接时应力集中到一起。

7.1.14.6 整改措施：变形大的部位割掉重新按规范要求进行组对和焊接。

7.1.14.7 保证措施：（1）施工单位管理人员应提高质量意识，在保证质量的前提下，合理加快施工进度。（2）焊工焊接时采用小电流，使热量的线输入量降到最低。（3）组对时禁止强力组对。

7.1.15 不符合项15：LNG外罐第7圈壁板环缝射线检测抽检时，合格率过低。

7.1.15.1 不符合项描述：LNG 储罐第 7 圈壁板环缝射线检测抽检时，射线检测合格率为 76%，远低于施工方案中最低控制点要求。

7.1.15.2 不符合项危害：抽检合格率低，难以保证焊接质量。

7.1.15.3 设计图纸或标准规范要求：《延长 LNG 工程 10000m³LNG 储罐施工方案》中要求 LNG 储罐的焊接合格率不应低于 98%，当低于时应增加抽检比例并分析发生的原因，避免再次出现类似问题。

7.1.15.4 产生原因：焊接时风速较大，未采取有效的防风措施。

7.1.15.5 整改措施：（1）对不合格的部位进行返修，并按要求增加抽检比例。（2）召开专题质量分析会，查找原因并提出避免措施。

7.1.15.6 保证措施：（1）施工单位技术人员做好交底工作，风速较大时停止作业或者采取有效的防风措施。（2）在焊接过程中质检人员加大检查力度，发现不适合焊接施工时，应及时要求施工单位采取防护措施。

7.1.16 不符合项 16：铝吊顶距离底板的距离与设计要求不符。

7.1.16.1 不符合项描述：铝吊顶距离 LNG 储罐内罐底板的距离比设计文件要求的距离少 50mm，不符合设计要求。

7.1.16.2 不符合项危害：将导致 LNG 储罐内罐壁板的高度超过铝吊顶，当遇到地震等情况铝吊顶发生移动时，会撞到内罐壁板。

7.1.16.3 设计图纸或标准规范要求：设计文件要求 LNG 储罐内罐的高度应低于铝吊顶 50mm。

7.1.16.4 产生原因：LNG 储罐拱顶纵向筋制作安装时偏差较大，导致铝吊顶的高度比设计的要求较低。

7.1.16.5 整改措施：经与设计进行沟通，设计同意将 LNG 储罐内罐最上一圈壁板宽度减少 50mm。

7.1.16.6 保证措施：（1）施工单位相关人员应重视 LNG 储罐每一道施工工序，一旦某道工序出现问题将严重影响下步施工。（2）在进行内罐壁板施工前应测量铝吊顶至内罐底板的距离，若不符合要求及时采取措施进行整改。

7.1.17 不符合项 17：LNG 储罐拱顶纵向筋件斜撑安装不符合要求。

7.1.17.1 不符合项描述：LNG 储罐拱顶纵向筋件斜撑安装后，由于纵向筋弧度误差较大和拱顶板焊接变形，导致斜撑与拱顶板间隙过大，施工单位在进行处理时，采用的措施不符合要求。

7.1.17.2 不符合项及整改情况如图 7-25、图 7-26 所示。

7.1.17.3 不符合项危害：切断斜撑后焊接将减弱斜撑对拱顶板的支撑强度。

7.1.17.4 设计图纸或标准规范要求：设计文件要求斜撑不允许截断。

7.1.17.5 产生原因：施工单位技术人员质量意识淡薄，出现问题时不按要求进行整改。

7.1.17.6 整改措施：拆除不合格的斜撑，根据现场实际重新按要求安装斜撑。

图 7-25　斜撑被切断　　　　　　　　　图 7-26　重新更换斜撑

7.1.17.7　保证措施：施工单位技术人员应提高质量意识，现场发现问题后应采取正确的方式进行处理。

7.1.18　不符合项 18：LNG 储罐潜液泵泵井底部密封面试压时漏水。

7.1.18.1　不符合项描述：LNG 储罐潜液泵泵井试压准备不充分，底部密封面密封不严导致试压时漏水。

7.1.18.2　不符合项及整改情况如图 7-27、图 7-28 所示。

图 7-27　试压时底部渗水　　　　　　　图 7-28　整改后试压时不再渗水

7.1.18.3　不符合项危害：多次升压均达不到设计要求压力，反复升压对泵井整体强度有所影响，同时导致工期延误。

7.1.18.4　设计图纸或标准规范要求：设计文件要求泵井试压前应做好准备工作。

7.1.18.5 产生原因：(1) 底部盲板加设太薄。(2) 垫片安装不到位造成偏心，使垫片损坏。

7.1.18.6 整改措施：将泵井内的水全部抽出，重新更换垫片和盲板后进行试压。

7.1.18.7 保证措施：施工技术人员在试压前应做充分的考虑，使用厚盲板，认真加设垫片，保证一次试压合格。

7.1.19 不符合项19：LNG储罐接管底部导向架和接管焊接不符合要求。

7.1.19.1 不符合项描述：LNG储罐接管与底部导向架进行焊接，设计要求不允许焊接。

7.1.19.2 不符合项及整改情况如图7-29、图7-30所示。

图7-29 导向支架焊接不符合要求

图7-30 整改后的导向支架

7.1.19.3 不符合项危害：焊接后起不到导向作用，LNG储罐预冷后温度降低接管底部焊接，有可能产生的应力将接管焊缝拉裂。

7.1.19.4 设计图纸或标准规范要求：设计图纸要求此部位不允许进行焊接。

7.1.19.5 产生原因：施工单位技术人员在施工前未认真熟悉设计图纸内容，导致现场技术交底与设计不符。

7.1.19.6 整改措施：将设计文件不要求焊接部位的焊缝打磨掉。

7.1.19.7 保证措施：(1) 施工单位技术人员在施工前应认真熟悉设计图纸，严格按照设计文件要求进行施工。(2) 质检人员在现场检查过程中发现问题及时制止并要求整改。

7.1.20 不符合项20：LNG储罐接管严重变形。

7.1.20.1 不符合项描述：LNG储罐接管在施工过程中，防变形措施不到位，发生严重变形。

7.1.20.2 不符合项及整改情况如图7-31、图7-32所示。

图 7-31 接管弯曲不符合要求　　　　　　图 7-32 整改后的接管

7.1.20.3　不符合项危害：管线垂直度不符合要求将导致管线在弯曲处应力集中，影响管线使用寿命。

7.1.20.4　设计图纸或标准规范要求：GB 50235—2010《工业金属管道工程施工验收规范》中第 7.2.4 条要求：预制完毕的管段，应将内部清理干净，并应及时封闭管口。管段在存放和运输过程中不得出现变形。

7.1.20.5　产生原因：施工单位技术人员安装前对作业人员交底不到位，现场作业人员在预制及安装过程中未注意对管线进行防变形保护。

7.1.20.6　整改措施：管线切割后重新按要求进行焊接，在预制和安装过程中采取措施防止变形。

7.1.20.7　保证措施：施工单位技术人员在施工前应对现场工人做好交底工作，针对 LNG 储罐内部接管较长的情况，可采取分段预制焊接，最终统一安装的方式进行。

7.1.21　不符合项 21：LNG 储罐接管两侧距离平台支撑过近。

7.1.21.1　不符合项描述：LNG 储罐接管距离顶部平台支撑过近，无法进行保冷施工。

7.1.21.2　不符合项及整改情况如图 7-33、图 7-34 所示。

7.1.21.3　不符合项危害：顶部接管在该位置无法进行保冷施工，需要重新调整两侧的平台支撑。

7.1.21.4　设计图纸或标准规范要求：设计文件要求 LNG 储罐拱顶接管两侧支撑之间的距离比接管上保冷套管直径大 100mm。

7.1.21.5　产生原因：施工单位技术人员对设计要求不熟悉，施工工序不当，应该先进行接管施工，后进行两侧平台支撑的安装。

7.1.21.6　整改措施：将平台支撑割掉重新焊接，以满足保冷要求。

7.1.21.7　保证措施：施工单位技术人员应熟悉设计文件要求，当接管安装完成后，再根据设计要求的间距进行平台支撑安装。

图 7-33　接管两侧的保冷间距不够

图 7-34　整改后的保冷间距

7.1.22　不符合项 22：LNG 储罐顶部钢结构气割作业，导致储罐临时门洞的防雨篷布着火。

7.1.22.1　不符合项描述：LNG 储罐顶部钢结构气割作业时，火花溅到储罐临时门洞防雨篷布上，致使储罐临时门洞防雨篷布着火。

7.1.22.2　不符合项及整改情况如图 7-35、图 7-36 所示。

图 7-35　防腐层被损伤

图 7-36　整改后的防腐层

7.1.22.3　不符合项危害：临时门洞防雨篷布着火，严重损伤 LNG 内罐壁板外壁防腐层。

7.1.22.4　设计图纸或标准规范要求：《延长 LNG 工程 10000m³LNG 储罐施工方案》中要求在施工过程中应注意对储罐已完部位的保护。

7.1.22.5　产生原因：施工单位未对气割人员进行培训交底，在气割时应注意下方环境。安全员在检查过程中未及时发现并制止不安全行为。

7.1.22.6　整改措施：重新对 LNG 储罐内罐外壁进行防腐。

7.1.22.7　保证措施：施工单位加强对气割人员培训和交底工作，安全员在检查过程中及时发现并制止不安全的操作行为。

7.1.23 不符合项23：LNG储罐试水时内外罐之间的夹层保护不到位。

7.1.23.1 不符合项描述：LNG储罐试水时冷凝水沿拱顶及壁板流向储罐内外罐之间的夹层，给储罐的干燥带来隐患。

7.1.23.2 不符合项及整改情况如图7-37、图7-38所示。

图 7-37 壁板上有较多水珠

图 7-38 整改后壁板上水珠减少

7.1.23.3 不符合项危害：给储罐的干燥施工增加难度。

7.1.23.4 设计图纸或标准规范要求：LNG储罐试压作业指导书要求在进行试压的过程中应注意对夹层的保护，严禁有水进入夹层。

7.1.23.5 产生原因：(1)冬季昼夜温差大容易产生冷凝水。(2)施工单位质量意识差，对夹层进水后所产生的严重后果意识不到。(3)考虑不周到且未采取有效的防止措施。

7.1.23.6 整改措施：及时在LNG储罐夹层底部铺设防水布，防止有水进入夹层底部。并适当提升夹层温度，减少冷凝水的产生。

7.1.23.7 保证措施：(1)施工单位应意识到夹层进水后所产生的严重后果。(2)在储罐夹层中采取有效的加热措施，且在内外罐夹层中增加阻止凝结水的措施。

7.1.24 不符合项24：LNG储罐外罐临时门洞处大角缝无法进行焊接。

7.1.24.1 不符合项描述：LNG储罐外罐临时门洞大角在封门洞时，由于附件内罐底部保冷材料泡沫玻璃砖遮挡无法进行焊接。

7.1.24.2 不符合项及整改情况如图7-39、图7-40所示。

7.1.24.3 不符合项危害：需要切除附近的泡沫玻璃砖，影响附近泡沫玻璃砖的整体稳定性和支撑力。

7.1.24.4 设计图纸或标准规范要求：设计时应考虑施工现场是否能够方便进行施工。

7.1.24.5 产生原因：设计人员考虑不全面缺少施工经验，LNG外罐壁板距内罐底部离泡沫玻璃砖间距太小，大角焊缝无法焊接。

7.1.24.6 整改措施：设计出具变更将LNG外罐临时门洞处100mm的泡沫玻璃砖切

图 7-39 内罐底部保冷层被部分切除

图 7-40 对保冷层及时进行恢复

除，以便大角缝的焊接。焊接完成之后应恢复此处的泡沫玻璃砖。

7.1.24.7 保证措施：设计人员在设计过程中充分考虑现场施工情况。

7.1.25 不符合项 25：LNG 储罐顶部施工吊装时将 LNG 储罐外罐壁板碰伤。

7.1.25.1 不符合项描述：LNG 储罐顶部施工吊装时 LNG 储罐外罐壁板碰伤，致使 LNG 储罐外罐壁板出现凹坑。

7.1.25.2 不符合项及整改情况如图 7-41、图 7-42 所示。

图 7-41 在进行吊装时壁板被碰伤

图 7-42 校正后的外罐变形壁板

7.1.25.3 不符合项危害：影响此处壁板的受力同时还影响储罐的外观。

7.1.25.4 设计图纸或标准规范要求：《延长 LNG 工程 10000m³LNG 储罐施工方案》中要求在施工过程中应注意对储罐已完部位的保护。

7.1.25.5 产生原因：施工单位现场吊装人员质量意识淡薄，在吊装过程中无专人进行指挥。

7.1.25.6 整改措施：使用机械对壁板凹坑部位进行校正。

7.1.25.7 保证措施：加强现场施工人员的质量意识，严格按吊装作业要求进行吊装施工。

7.1.26 不符合项26：LNG储罐拱顶板与纵向筋组对间隙不符合要求。

7.1.26.1 不符合项描述：LNG储罐拱顶板与纵向筋组对间隙过大，焊接时在空隙上塞铁块。

7.1.26.2 不符合项及整改情况如图7-43、图7-44所示。

图7-43 拱顶板与纵向筋焊接时填塞铁块

图7-44 整改后的拱顶板与纵向筋焊接

7.1.26.3 不符合项危害：间隙过大不方便焊接，焊接时塞铁块无法保证焊接质量。

7.1.26.4 设计图纸或标准规范要求：《延长LNG工程厂区钢结构焊接工艺评定》中要求焊接间隙0~3mm。

7.1.26.5 产生原因：纵向筋制作安装及拱顶板焊接变形较大。

7.1.26.6 整改措施：重新进行组对间隙调整合适后进行焊接。

7.1.26.7 保证措施：控制纵向筋的制作和安装以及拱顶板的焊接，减少变形与误差，保证组对间隙满足焊接要求。

7.1.27 不符合项27：LNG储罐外罐底板环形边缘板从支墩上撤下时保护措施不到位。

7.1.27.1 不符合项描述：LNG储罐外罐底板环形边缘板从支墩上撤下时，没有采取必要的保护措施，利用一台吊车分段吊装放置，个别吊点高达2m导致边缘板局部受力集中。

7.1.27.2 不符合项及整改情况如图7-45、图7-46所示。

7.1.27.3 不符合项危害：部分吊点高达2m导致该部位受力集中，无法保证焊缝是否受到损坏。

7.1.27.4 设计图纸或标准规范要求：《延长LNG工程10000m³LNG储罐施工方案》中要求在进行施工过程中应注意对储罐已完部位的保护。

7.1.27.5 产生原因：施工单位管理人员质量意识淡薄，为抢进度忽视质量。

7.1.27.6 整改措施：为了保证焊缝质量，施工单位重新对边缘板焊缝进行射线检测，若合格则可进行下步施工，若检测不合格则对焊缝处进行处理。

7.1.27.7 保证措施：加强施工单位管理人员的质量意识，根据现场实际合理安排施工，不盲目抢抓进度。

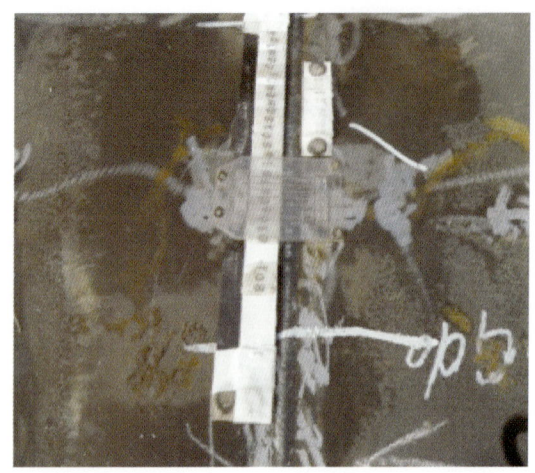

图 7-45　边缘板从支墩上撤下时保护措施不到位　　图 7-46　按要求对焊缝处重新进行射线检测

7.1.28　不符合项 28：LNG 储罐外罐环形边缘板焊接不符合要求。

7.1.28.1　不符合项描述：LNG 储罐外罐底板环形边缘板焊接后未及时采取保温缓冷措施。

7.1.28.2　不符合项及整改情况如图 7-47、图 7-48 所示。

图 7-47　环形边缘板焊接完成后保温措施不到位　　图 7-48　及时增加保温措施

7.1.28.3　不符合项危害：冬季施工焊接后不及时采取保温措施，焊缝处温度将骤降容易产生冷裂纹。

7.1.28.4　设计图纸或标准规范要求：冬季施工方案要求当焊接完成之后应及时对焊缝进行保温，以防焊缝由于温度骤降产生冷裂纹。

7.1.28.5　产生原因：施工单位技术员交底不到位，焊接前未准备好保温材料。

7.1.28.6　整改措施：立即采取保温措施，保证焊缝处温度不发生骤降。

7.1.28.7 保证措施：冬季焊接作业严格按照冬季施工要求进行，焊接前准备好相关的保温工作，焊后及时进行保温。

7.1.29 不符合项 29：LNG 外罐拱顶钢结构施工不符合要求。

7.1.29.1 不符合项描述：LNG 储罐拱顶钢结构垫板正好放置在拱顶板搭接焊缝处。

7.1.29.2 不符合项及整改情况如图 7-49、图 7-50 所示。

图 7-49 垫板焊接不符合要求

图 7-50 整改后的垫板焊接

7.1.29.3 不符合项危害：垫板焊接时对拱顶板搭接焊缝造成影响；同时导致垫板焊接时搭接焊缝两侧不平，一侧间隙较大影响垫板焊接质量。

7.1.29.4 设计图纸或标准规范要求：设计图纸要求 LNG 储罐拱顶钢结构垫板不能放置在拱顶板搭接焊缝处。

7.1.29.5 产生原因：LNG 储罐钢结构设计人员与 LNG 罐体设计人员未进行设计交接；图纸出版之前未进行认真审核。

7.1.29.6 整改措施：设计出具变更单要求拱顶板焊缝两侧各 40mm 不焊接。

7.1.29.7 保证措施：要求设计单位在相互衔接的内容时，相关专业应认真进行交接，并且在出版之前认真进行审核。

7.1.30 不符合项 30：LNG 储罐气压试验时，底板发生变形。

7.1.30.1 不符合项描述：LNG 储罐气压试验时，未按设计和规范要求进行升压和焊接锚带底板导致试压过程中底板发生变形。

7.1.30.2 不符合项及整改情况如图 7-51、图 7-52 所示。

7.1.30.3 不符合项危害：导致底板发生变形，如不及时制止整改将导致底板严重变形影响焊缝的承载力，甚至导致焊缝出现裂纹。

7.1.30.4 设计图纸或标准规范要求：设计文件要求在进行气压试验前应焊接锚带挡块固定锚带，在充入压缩空气时应缓慢充入。

7.1.30.5 产生原因：（1）施工单位质量管理体系混乱，技术人员不熟悉设计及规范要求，技术交底不到位。（2）试验之前未焊接锚带挡块固定锚带，充入压缩空气时速度过

图 7-51　底板变形

图 7-52　整改后底板变形

快。(3) 技术及质检人员在试压之前未对试压准备工作进行全面细致的检查。

7.1.30.6　整改措施：(1) 打开储罐顶部人孔及时泄压。(2) 焊接锚带挡块后重新按要求进行试验。

7.1.30.7　保证措施：(1) 施工单位技术人员应熟悉设计图纸及施工规范要求，认真做好交底工作。(2) 在试压之前对试压准备情况进行全面检查，符合试压要求后方可进行试压工作。(3) 在试压过程中做好检查和指导工作，发现问题及时进行制止和要求整改。

7.1.31　不符合项31：LNG储罐内罐壁板立缝焊接存在咬边。

7.1.31.1　不符合项描述：LNG储罐内罐壁板立缝存在咬边，不符合SH/T 3537—2009《立式圆筒形低温储罐施工技术规程》的要求。

7.1.31.2　不符合项及整改情况如图7-53、图7-54所示。

图 7-53　壁板立缝焊接咬边

图 7-54　整改后的咬边

7.1.31.3 不符合项危害：（1）焊缝有效承载能力截面减小，降低承载能力。（2）造成应力集中，易导致疲劳裂纹。

7.1.31.4 设计图纸或标准规范要求：SH/T 3537—2009《立式圆筒形低温储罐施工技术规程》第15.1.2条规定：低温钢焊接接头不允许存在咬边。

7.1.31.5 产生原因：（1）现场焊工焊接参数选择不当，或操作方法不正确。（2）技术人员技术交底不到位，壁板焊接时未对现场进行检查和指导。

7.1.31.6 整改措施：使用专用砂轮打磨然后补焊，使其圆滑过渡。

7.1.31.7 保证措施：焊接前加强技术交底，焊接时严格按照焊接工艺评定的要求选择电流和电压，并注意运条的手法。

7.1.32 不符合项32：LNG内罐壁板卡具拆除不符合要求。

7.1.32.1 不符合项描述：LNG内罐壁板打磨除去卡具的过程中伤及母材，壁板被打磨深度达1mm。

7.1.32.2 不符合项及整改情况如图7-55、图7-56所示。

　　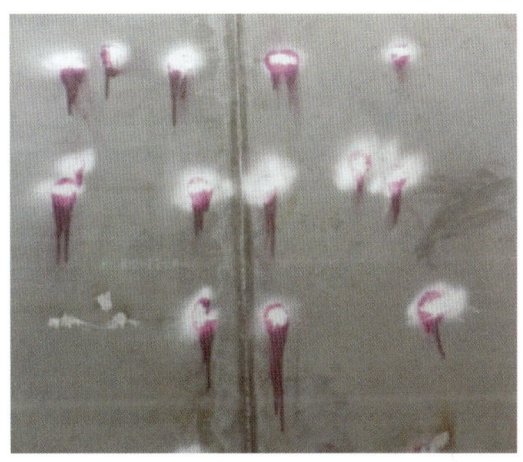

图7-55 卡具打磨损伤母材　　　　　　　　图7-56 整改后的卡具打磨

7.1.32.3 不符合项危害：使壁板的局部厚度减薄，造成应力集中，易导致疲劳裂纹，降低承载力。

7.1.32.4 设计图纸或标准规范要求：SH/T 3537—2009《立式圆筒形低温储罐施工技术规程》中第13.6.1条规定：低温钢表面所有机械划伤、电弧擦伤、焊疤及除去工卡具后的凹坑等任何深度的缺陷应进行修补。

7.1.32.5 产生原因：（1）铆工打磨时未注意对母材进行保护。（2）施工单位技术人员在施工前交底不清，铆工对成品的保护意识薄弱。

7.1.32.6 整改措施：使用不锈钢砂轮机打磨，若打磨后的钢板实际厚度小于钢板的名义厚度扣除负偏差，应进行补焊并打磨使其圆滑过渡。

7.1.32.7 保证措施：（1）施工前对铆工进行培训交底，增强其对成品的保护意识。（2）

拆除卡具打磨过程中时刻注意砂轮对母材的影响情况。

7.1.33 不符合项 33：LNG 储罐外罐大角缝焊接存在缺陷。

7.1.33.1 不符合项描述：LNG 储罐外罐大角缝焊接存在弧坑和未焊满缺陷。

7.1.33.2 不符合项及整改情况如图 7-57、图 7-58 所示。

图 7-57 大角缝弧坑和未焊满缺陷

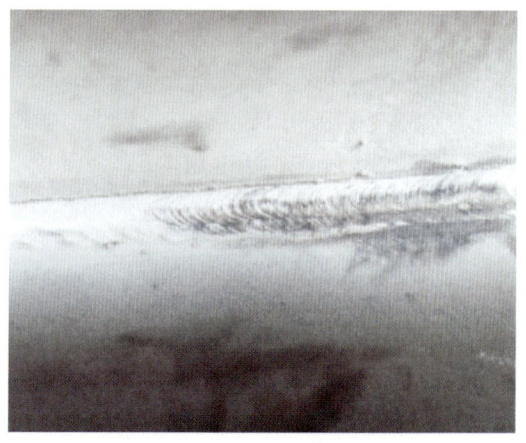
图 7-58 补焊后重新进行检测

7.1.33.3 不符合项危害：减少焊缝的有效截面积，造成应力集中，削弱承载能力。

7.1.33.4 设计图纸或标准规范要求：SH/T 3537—2009《立式圆筒形低温储罐施工技术规程》中第 15.1.2 条规定：所有焊接接头不得有裂纹、气孔、夹渣、弧坑和未焊满等缺陷。

7.1.33.5 产生原因：(1) 施工单位技术人员对大角缝焊接注意事项交底不到位，现场施工过程中未进行检查和指导。(2) 焊工焊接时焊条停留时间短，填充金属不够。

7.1.33.6 整改措施：使用不锈钢砂轮机打磨，之后进行补焊并打磨使其圆滑过渡。

7.1.33.7 保证措施：施工前加强施工技术交底，明确大角缝焊接注意事项，并加强现场检查力度。

7.1.34 不符合项 34：LNG 储罐外罐用 16MnDR 板材吊装不符合要求。

7.1.34.1 不符合项描述：LNG 储罐外罐用 16MnDR 板材吊装时卡具损伤母材。

7.1.34.2 不符合项情况如图 7-59 所示。

7.1.34.3 不符合项危害：使板材局部减薄，应力集中易导致疲劳裂纹，降低其承载力。

7.1.34.4 设计图纸或标准规范要求：SH/T 3537—2009《立式圆筒形低温储罐施工技术规程》中第 5.4 节规定：低温钢板表面不得存在机械划伤。

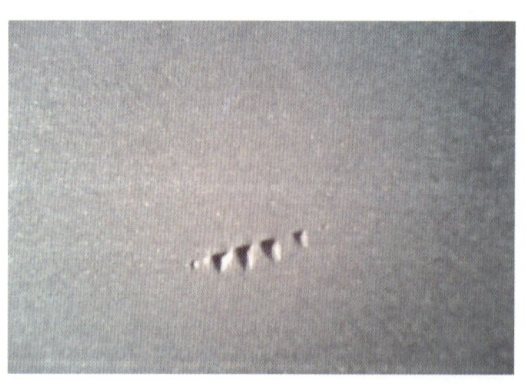
图 7-59 卡具损伤母材

7.1.34.5 产生原因：施工单位质量意识不强，对吊装给壁板造成的损伤危害认识不清，导致没有配备专用的吊装卡具。

7.1.34.6 整改措施：使用不锈钢砂轮机打磨，之后进行补焊并打磨使其圆滑过渡；下部吊装时使用专用的吊装卡具。

7.1.34.7 保证措施：施工单位对质量引起高度重视，工器具的配置上满足施工质量要求。

7.1.35 不符合项35：LNG储罐外罐拱顶纵向筋焊接翘曲变形。

7.1.35.1 不符合项描述：经检查在LNG外罐拱顶纵向筋制作中，纵向筋的翘曲变形量达到40mm，不符合施工规范要求。

7.1.35.2 不符合项及整改情况如图7-60、图7-61所示。

图7-60 纵向筋翘曲变形

图7-61 整改后的纵向筋

7.1.35.3 不符合项危害：安装拱顶板时导致纵向筋与拱顶板间隙过大不符合要求，影响拱顶板与纵向筋的焊接；同时给横向筋及吊杆的制作安装带来不便。

7.1.35.4 设计图纸或标准规范要求：SH/T 3537—2009《立式圆筒形低温储罐施工技术规程》中第7.6.2条规定：弧形构件成形后，应用弧形样板检查其间隙不得大于2mm，放在平台上检查，翘曲变形量应不超过构件长度的0.1%，且不应大于6mm。

7.1.35.5 产生原因：(1)焊接时制作平台水平度不符合要求。(2)焊接顺序选择不当。

7.1.35.6 整改措施：使用千斤顶等工具进行校正。

7.1.35.7 保证措施：(1)施工前检查制作平台的水平度，焊接时使用直径3.2mm的焊条，小电流焊接。(2)减少焊接线能量输入。(3)合理安排焊接顺序和长度。

7.1.36 不符合项36：LNG储罐外罐环缝组对间隙不符合要求。

7.1.36.1 不符合项描述：LNG储罐外罐环缝组对时部分间隙达到8mm。不符合《LNG外罐16MnDR焊接工艺评定》的要求。

7.1.36.2 不符合项及整改情况如图7-62、图7-63所示。

图 7-62　环缝对接间隙不符合要求

图 7-63　调整后的环缝间隙

7.1.36.3　不符合项危害：(1) 组对间隙过大焊接容易烧穿。(2) 增加焊接工作量，操作不当容易引起焊接变形。

7.1.36.4　设计图纸或标准规范要求：《延长 LNG 工程 LNG 外罐 16MnDR 焊接工艺评定》中要求环缝对接间隙 1~2mm。

7.1.36.5　产生原因：(1) 壁板预制时尺寸偏差较大，导致组对时部分间隙不符合要求。(2) 质检人员责任心不强，环缝组对之前未对壁板尺寸进行检查。

7.1.36.6　整改措施：重新调整环缝组对间隙。

7.1.36.7　保证措施：壁板预制下料时尺寸严格按照设计图纸要求进行，误差控制在规范允许之内。

7.1.37　不符合项 37：LNG 储罐底部保冷冷底子油涂刷不符合要求。

7.1.37.1　不符合项描述：LNG 储罐底部保冷层沥青毡铺设之前未按设计要求涂刷冷底子油。

7.1.37.2　不符合项及整改情况如图 7-64、图 7-65 所示。

图 7-64　冷底子油涂刷不符合要求

图 7-65　重新涂刷冷底子油

7.1.37.3　不符合项危害：沥青毡铺设时未涂刷冷底子油，导致沥青毡与下部结构粘接不牢，同时影响整个保冷层的密封效果。

7.1.37.4　设计图纸或标准规范要求：《延长 LNG 工程 10000m³LNG 储罐施工图纸》中要求每层沥青毡铺设前应满涂冷底子油厚度为 0.5mm。

7.1.37.5　产生原因：(1) 施工前技术交底不到位，工人未按设计要求进行施工。(2) 施工过程中施工单位质检人员未按要求进行检查。

7.1.37.6　整改措施：揭开已完成的沥青毡，重新涂刷冷底子油，然后铺设沥青毡。

7.1.37.7　保证措施：施工前加强技术交底，过程中增加检查力度，不符合设计及相关规范要求的必须重新施工。

7.1.38　不符合项 38：泡沫玻璃砖施工间隙过大。

7.1.38.1　不符合项描述：玻璃砖砌筑对接间隙较大，不能更好地起到保温的作用，不符合设计要求。

7.1.38.2　不符合项及整改情况如图 7-66、图 7-67 所示。

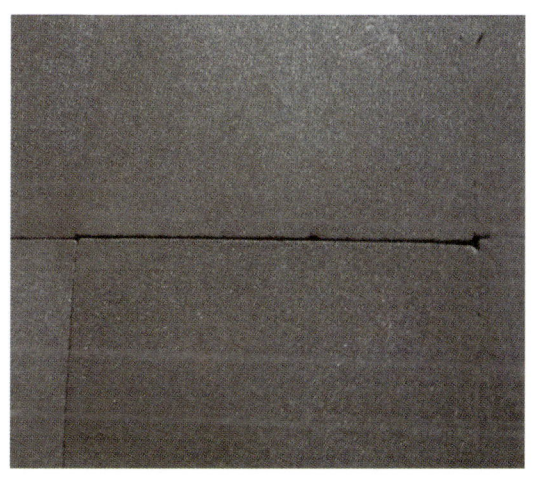　　　　

图 7-66　玻璃砖对接间隙较大　　　　图 7-67　玻璃砖对接间隙符合设计要求

7.1.38.3　不符合项危害：玻璃砖对接施工不严密，遗留的缝隙使保冷效果降低，降低了保冷系数。

7.1.38.4　设计图纸或标准规范要求：设计图纸要求，泡沫玻璃砖间应紧密，对接间隙不应超过 2mm，平面度偏差为直径 10m 的任意方向范围内任意两点的高差不应大于 3mm，整个圆周长度内任意两点的高差不应大于 6mm；相邻两层泡沫玻璃砖长度方向的错缝不少于 10mm。从外圈泡沫玻璃砖向中心 1m 范围内的所有泡沫玻璃砖外表面热浸防水沥青。

7.1.38.5　产生原因：(1) 施工人员对玻璃砖间隙过大的危害性认识不清。(2) 质检人员未对泡沫玻璃砖的施工情况进行复检，未对所规定的设计要求加以控制。

7.1.38.6 整改措施：对间隙较大的对接玻璃砖进行调整，重新进行检查。

7.1.38.7 保证措施：施工前加强施工技术交底，控制对接间隙，根据设计要求明确施工时的具体要求。

7.1.39 不符合项39：LNG储罐外罐第9圈壁板垂直度不符合要求。

7.1.39.1 不符合项描述：经检查LNG储罐外罐第9圈壁板垂直度为20mm，不符合设计及规范要求。

7.1.39.2 不符合项及整改情况如图7-68、图7-69所示。

图7-68 壁板垂直度不符合要求

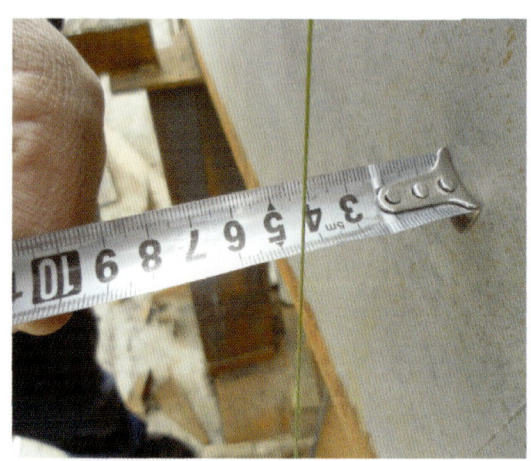
图7-69 调整之后的壁板垂直度

7.1.39.3 不符合项危害：垂直度不符合要求导致与下圈壁板环焊缝组对时，无法满足焊接工艺评定中的相关要求。还比较容易产生焊接组对变形。

7.1.39.4 设计图纸或标准规范要求：《延长LNG工程10000m³LNG储罐制造、安装和验收总说明》第4.2.3条规定，每圈壁板的垂直度为板高的2.5/1000，即允许垂直度偏差为6.25mm，而现场所测垂直度偏差为20mm。

7.1.39.5 产生原因：（1）壁板在进行辊弧时，弧度不符合要求。（2）壁板组对及焊接不当导致壁板变形，垂直度不符合要求。（3）技术交底不到位，过程检查控制不规范。

7.1.39.6 整改措施：使用千斤顶等工具进行校正。

7.1.39.7 保证措施：（1）严格控制壁板的预制辊弧、壁板组对和焊接过程。（2）施工前加强技术交底，过程中增加检查力度，不符合设计及相关规范要求的必须重新施工。

7.1.40 不符合项40：LNG储罐外罐纵向筋焊接不符合规范要求。

7.1.40.1 不符合项描述：经检查LNG储罐拱顶横向筋焊接时坡口氧化层未清除即进行焊接。

7.1.40.2 不符合项及整改情况如图7-70、图7-71所示。

7.1.40.3 不符合项危害：焊缝容易产生夹渣、未融合等缺陷。

7.1.40.4 设计图纸或标准规范要求：SH/T3537—2009《立式圆筒形低温储罐施工技

图 7-70 焊接前未除去氧化铁

图 7-71 氧化铁被打磨除去

术规程》中第 7.1.7 条要求：采用火焰切割加工的坡口，切割后应磨除表面的氧化层。

7.1.40.5　产生原因：(1)施工单位技术员技术交底不到位，现场工人质量意识薄弱。(2)焊接前施工单位质检人员未对其进行检查。

7.1.40.6　整改措施：对于焊接完成的焊缝打磨清除之后，重新焊接。

7.1.40.7　保证措施：施工前加强技术交底，过程中增加检查力度，不符合设计及相关规范要求的必须重新施工。

7.1.41　不符合项 41：LNG 储罐外罐壁板使用铁锤强行组对。

7.1.41.1　不符合项描述：LNG 储罐外罐壁板组对过程中，使用铁锤强行组对，导致壁板表面多处出现锤痕。

7.1.41.2　不符合项及整改情况如图 7-72、图 7-73 所示。

图 7-72 强力组对

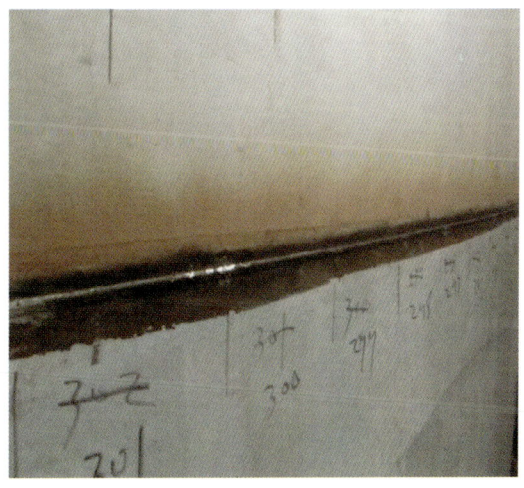

图 7-73 整改后的壁板

7.1.41.3　不符合项危害：使锤痕处壁板厚度减薄，产生应力集中，影响储罐的使用性能。

7.1.41.4　设计图纸或标准规范要求：SH/T 3537—2009《立式圆筒形低温储罐施工技术规程》第5.4条要求：低温钢板表面不得存在机械划伤。

7.1.41.5　产生原因：（1）施工单位技术员技术交底不到位，现场工人质量意识薄弱。（2）壁板预制下料时尺寸偏差较大，导致组对时使用铁锤等工具强行进行组对。

7.1.41.6　整改措施：使用电动砂轮进行打磨，若打磨后的钢板实际厚度小于钢板的名义厚度扣除负偏差，应进行补焊并打磨使其圆滑过渡。

7.1.41.7　保证措施：（1）壁板在预制完成后应进行严格检查，不符合要求的严禁使用。（2）组对过程中增加检查力度，严格按照规范要求进行施工。

7.1.42　不符合项42：LNG储罐外罐拱顶板断续焊间距不符合要求。

7.1.42.1　不符合项描述：LNG储罐外罐拱顶板内侧断续焊时，检查发现部分焊缝长度小于100mm，间距达到240mm，不符合设计要求。

7.1.42.2　不符合项及整改情况如图7-74、图7-75所示。

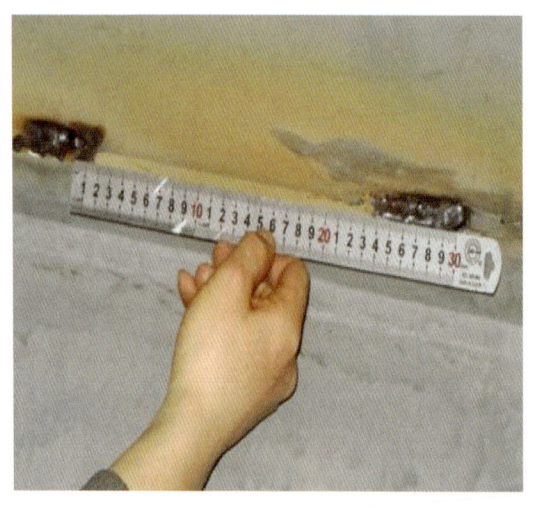　　　　　

图7-74　间距不符合要求　　　　　　　　图7-75　整改后的焊接间距

7.1.42.3　不符合项危害：拱顶板内侧焊缝长度不够及间距过大，将减弱拱顶板焊缝处的受力强度。

7.1.42.4　设计图纸或标准规范要求：设计图纸要求拱顶板内侧焊接断续焊，焊接100mm，间隔100mm。

7.1.42.5　产生原因：（1）施工单位技术人员交底不到位，焊接过程中质检人员未及时发现问题并予以纠正。（2）焊工焊接时未按技术人员交底进行作业。

7.1.42.6　整改措施：对于焊缝进行补焊，直至焊缝长度和间距符合设计要求。

7.1.42.7 保证措施：施工前加强技术交底，过程中增加检查力度，不符合设计及相关规范要求的及时进行整改。

7.1.43 不符合项 43：LNG 储罐内罐加强环焊接后变形不符合设计要求。

7.1.43.1 不符合项描述：LNG 储罐内罐加强环焊接后发生翘曲变形，变形量达 10mm。

7.1.43.2 不符合项及整改情况如图 7-76、图 7-77 所示。

图 7-76 加强环焊接后变形　　　　　　图 7-77 整改后的加强环

7.1.43.3 不符合项危害：加强环变形影响其整体的强度。

7.1.43.4 设计图纸或标准规范要求：设计图纸要求变形不得大于 5mm。

7.1.43.5 产生原因：（1）施工单位技术人员责任心不强，技术交底不到位。（2）焊工在焊接时焊接顺序不当，焊接线能量输入较大。（3）施工单位相关人员对焊接质量重视不够。

7.1.43.6 整改措施：焊缝打磨后重新进行组对焊接。

7.1.43.7 保证措施：（1）施工单位对焊接质量应充分予以重视，时刻关注焊接过程，加强技术交底。（2）焊工在焊接时应按圆周等分沿同一方向进行，当出现焊接变形时应及时停止进行处理。

7.1.44 不符合项 44：LNG 储罐内罐壁板焊接咬边后打磨处理不符合要求。

7.1.44.1 不符合项描述：LNG 储罐内罐壁板焊接咬边后打磨处理不当使其低于母材。

7.1.44.2 不符合项及整改情况如图 7-78、图 7-79 所示。

7.1.44.3 不符合项危害：减少焊缝的有效截面积，降低了焊缝强度；低于母材的位置也容易产生应力集中。

7.1.44.4 设计图纸或标准规范要求：SH/T 3537—2009《立式圆筒形低温储罐施工技术规程》中第 13.6.3 条第 a 款规定：磨除缺陷后的焊接接头表面不应低于母材的表面。

7.1.44.5 产生原因：（1）施工单位技术人员责任心不强，技术交底不到位。（2）施

图 7-78 咬边打磨后低于母材

图 7-79 整改后的焊缝

工单位相关人员对出现的问题未引起重视，并指导焊工进行处理。(3)现场焊工对于出现的焊接问题私自进行处理，且处理方法不当。

7.1.44.6 整改措施：对低于母材处的焊缝进行补焊，然后打磨圆滑过渡。

7.1.44.7 保证措施：(1)施工单位相关人员应及时检查焊接完成的焊缝质量，对于出现的问题，指导焊工选用适当的方法进行处理。(2)现场焊工在焊接完成后不得私自对焊接问题进行处理。

7.1.45 不符合项 45：LNG 储罐外罐大角缝组对焊接不符合要求。

7.1.45.1 不符合项描述：LNG 储罐外罐大角缝组对间隙过大，焊接时填充焊条进行焊接。

7.1.45.2 不符合项及整改情况如图 7-80、图 7-81 所示。

图 7-80 咬边打磨后低于母材

图 7-81 整改后的焊缝

7.1.45.3 不符合项危害：焊接时容易产生熔合不良，夹渣等缺陷。

7.1.45.4 设计图纸或标准规范要求：《延长 LNG 工程 16MnDR 焊接工艺评定》。

7.1.45.5 产生原因：(1) 施工单位技术人员责任心不强，技术交底不到位。(2) 壁板预制尺寸偏差较大，底板边缘板水平度不符合要求。(3) 施工单位相关人员对出现的问题未引起重视及指导焊工进行处理。(4) 现场焊工对于出现的焊接问题私自进行处理，且处理方法不当。

7.1.45.6 整改措施：重新调整间隙直至符合焊接要求。

7.1.45.7 保证措施：(1) 在壁板预制时应严格检查其尺寸，不符合要求的严禁使用。(2) 施工单位相关人员应及时检查组对完成的质量，对于出现的问题，指导铆工选用适当的方法进行处理。(3) 现场焊工当发现组对不符合规范要求时应向技术人员提出，不得私自焊接。

7.1.46 不符合项 46：LNG 外罐加强环焊接时壁板立缝两侧未按规范要求焊接。

7.1.46.1 不符合项描述：LNG 外罐加强环焊接时壁板立缝两侧未按规范要求焊缝两侧各 50mm 的范围内不焊接。

7.1.46.2 不符合项及整改情况如图 7-82、图 7-83 所示。

图 7-82 加强环焊接不符合要求环

图 7-83 整改后的加强环

7.1.46.3 不符合项危害：会产生三向应力，应力集中和金属过热引起成分改变影响强度。

7.1.46.4 设计图纸或标准规范要求：SH/T 3537—2010《立式圆筒形低温储罐施工技术规程》中第 12.3.3 条规定：抗风圈、加强圈遇罐壁纵向焊接接头时，应开半圆形豁口，豁口中心线两侧各 50mm 范围内不焊接。

7.1.46.5 产生原因：(1) 施工单位现场施工人员未进行岗前培训，对于焊接应注意的事项不清楚。(2) 施工单位技术人员责任心不强，对施工人员技术交底不到位。现场施工时也未进行检查和指导。

7.1.46.6 整改措施：将纵缝两侧各 50mm 范围内的焊缝进行打磨处理。

7.1.46.7 保证措施：（1）施工单位技术人员应加强责任心，对容易出现问题的部位应加强技术交底的力度，并在施工过程中进行检查和指导，发现问题及时纠正处理。（2）工人经岗前培训合格后方可上岗。（3）质检人员应加强焊接过程检查和控制。

7.1.47 不符合项 47：LNG 储罐外罐壁板辊弧完成后存放不符合要求。

7.1.47.1 不符合项描述：LNG 储罐外罐壁板辊弧完成后，未按要求放置在专用胎具上。

7.1.47.2 不符合项及整改情况如图 7-84、图 7-85 所示。

图 7-84 壁板存放不符合要求

图 7-85 使用专用胎具存放

7.1.47.3 不符合项危害：容易导致壁板发生变形，导致壁板弧度及垂直度不符合设计要求。

7.1.47.4 设计图纸或标准规范要求：使用全氩进行返修，此焊接工艺没有进行试验评定，无法判断其是否能满足返修要求。

7.1.47.5 产生原因：（1）施工单位未制作相应的壁板存放胎具。（2）施工单位技术人员责任心不强，对施工人员技术交底不到位。现场施工时也未进行检查和指导。（3）现场工人质量意识不强，不按要求进行操作。（4）施工单位质检员现场检查不到位。

7.1.47.6 整改措施：检查壁板的弧度和垂直度，不符合要求的重新进行辊弧，然后放置在专用胎具上。符合要求的直接更换胎具。

7.1.47.7 保证措施：（1）施工单位应制作专用的胎具。（2）技术人员加强技术交底，现场施工时进行检查和指导。（3）工人在上岗前应进行相关的培训，合格方可上岗作业。（4）质检人员在施工过程中加强检查力度。

7.1.48 不符合项 48：LNG 外罐壁板焊缝出现返修未及时进行返修即将壁板升起。

7.1.48.1 不符合项描述：LNG 外罐壁板焊缝出现返修后，未及时进行返修即将壁板升起进行下一带壁板的施工，给壁板返修和检测带来极大不便。

7.1.48.2 不符合项危害：未及时进行返修和复探，不仅给壁板返修和复探带来不便和安全隐患，还将导致无法及时了解现场焊接存在的缺陷，给壁板的焊接质量控制带来隐患。

7.1.48.3 设计图纸或标准规范要求：SH/T 3537—2009《立式圆筒形低温储罐施工技术规程》规定：LNG 储罐每圈壁板焊接完成后要及时地进行射线检测。

7.1.48.4 产生原因：(1) 施工单位盲目抢进度，忽视对焊接质量的控制。(2) 质检人员未按规定及时要求作业人员对返修进行处理。

7.1.48.5 整改措施：对于已经升高的壁板搭设脚手架进行返修复探。

7.1.48.6 保证措施：(1) 施工单位应合理安排施工工序，不得盲目抢抓进度。(2) 对出现的返修焊缝及时进行返修和复探。

7.1.49 不符合项 49：LNG 储罐渗透检测着色剂或显像剂喷涂不到位。

7.1.49.1 不符合项描述：检测单位在对 LNG 储罐拱顶进行渗透检测时只喷涂显像剂或是着色剂，严重不符合渗透检测要求。

7.1.49.2 不符合项危害：检测时无法检测出焊缝中存在的缺陷，给 LNG 储罐带来质量隐患。

7.1.49.3 设计图纸或标准规范要求：JB/T 4730.5—2005《承压设备无损检测 第 5 部分渗透检测》规定：渗透检测应保证被检部位完全被渗透剂覆盖，并在整个渗透时间内保持润湿状态。

7.1.49.4 产生原因：检测单位作业人员质量意识差，认为渗透检测检测不出什么缺陷，存在侥幸应付心理。

7.1.49.5 整改措施：对已经检测的焊缝重新按要求进行渗透检测。

7.1.49.6 保证措施：(1) 检测单位加强对作业人员的操作培训和交底工作，增强责任心。(2) 质检人员加强对检测过程的检查力度。

7.1.50 不符合项 50：LNG 储罐内罐（06Ni9 钢板）使用带有磁铁的暗袋对内罐进行射线检测。

7.1.50.1 不符合项描述：检测单位在对内罐进行射线检测时使用带有铁磁性的暗袋使内罐的部分钢板磁性增加。

7.1.50.2 不符合项危害：剩磁量过大将容易导致焊接过程中发生磁偏吹现象，给壁板的焊接带来困难。

7.1.50.3 设计图纸或标准规范要求：《延长 LNG 工程 LNG 储罐内罐壁板技术规格书》中要求：每张钢板在工厂进行剩磁检查，检查沿钢板四边进行，剩余磁场强度不大于 30GS 为合格。消磁后的钢板，不能用电磁铁吊运。钢板不能在高压电荷高压电气设备附近存放，不能通过电气化铁路运输，或者不能存放于其他可能影响剩磁水平的环境中。钢板运至项目安装现场时的剩余磁场强度不大于 50GS 为合格。

7.1.50.4 产生原因：检测单位未充分认识使用带磁性工具进行检测对壁板焊接带来

的影响，贪图一时的施工方便，不从整体上考虑储罐的质量。

7.1.50.5 整改措施：使用胶带等其他方式固定暗袋。

7.1.50.6 保证措施：安装单位与检测单位之间应做好技术质量要求的交流工作，检测单位不能贪图施工便利，不顾工程的整体质量。

7.2 双盘式浮顶油罐

7.2.1 不符合项1：储罐底板焊接顺序不符合要求。

7.2.1.1 不符合项描述：储罐底板的焊接时没有按照设计要求施工。

7.2.1.2 不符合项及整改情况如图7-86、图7-87所示。

图7-86 焊接顺序不符合规范要求

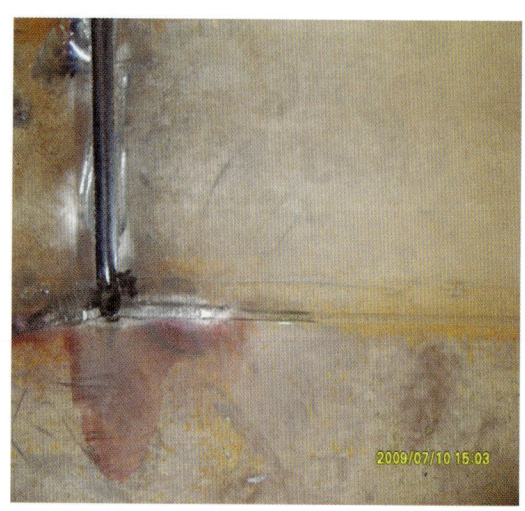
图7-87 焊接顺序符合规范要求

7.2.1.3 不符合项危害：储罐底板焊接时必须按照顺序施工，防止由于应力引起的储罐底板起鼓现象。

7.2.1.4 设计图纸及规范要求：根据设计技术要求焊接剩余的边缘板对接焊缝应在罐底与罐壁连接的角焊缝焊完后且边缘板与中幅板的收缩缝施焊前完成焊接。

7.2.1.5 产生原因：施工单位技术交底不明确。

7.2.1.6 整改措施：严格要求在大角缝焊接完成后才能对剩余的边缘板和中幅板进行焊接。

7.2.1.7 保证措施：要求施工单位认真进行现场施工技术交底，避免出现此类错误。

7.2.2 不符合项2：储罐底板焊接时，产生气孔较多。

7.2.2.1 不符合项描述：施工单位在底板焊接二氧化碳气体保护焊时，产生较多气孔，影响焊接质量。

7.2.2.2 不符合项及整改情况如图7-88、图7-89所示。

图 7-88 二保焊时产生气孔较多

图 7-89 气孔打磨

7.2.2.3 不符合项危害:二氧化碳气体保护焊出现气孔影响埋弧焊,影响整条焊缝质量。

7.2.2.4 设计图纸及规范要求:根据 GB 50128—2005《立式圆筒形钢制焊接储罐施工及验收规范》第 6.1.2 条要求:焊缝的表面及热影响区,不得有裂纹、气孔、夹渣、弧坑和未焊满等缺陷。

7.2.2.5 产生原因:(1)防风措施不到位。(2)焊缝底部的污物没有清理干净。(3)在焊接前未把焊缝底部的潮气烘干。

7.2.2.6 整改措施:将焊缝产生气孔的地方进行打磨,然后补焊。

7.2.2.7 保证措施:(1)加强技术交底,做好防风措施。(2)清理焊缝底部污物。(3)在焊接前对焊缝底部进行烘烤,将底部的潮气烘干。

7.2.3 不符合项 3:储罐龟甲缝打磨不合格,焊道局部不成形。

7.2.3.1 不符合项描述:储罐龟甲缝打磨时不符合规范要求,焊道局部不成形。

7.2.3.2 不符合项及整改情况如图 7-90、图 7-91 所示。

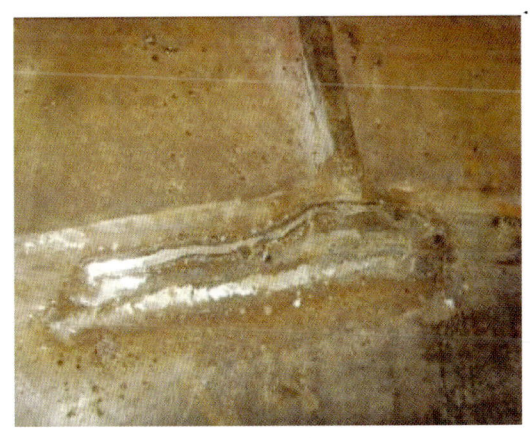
图 7-90 龟甲缝焊道不成形打磨不合格

图 7-91 龟甲缝整改后照片

7.2.3.3 不符合项危害：影响焊缝质量，影响储罐整体底板应力释放。

7.2.3.4 设计图纸及规范要求：根据设计及 GB 50128—2005《立式圆筒形钢制焊接储罐施工及验收规范》中第 6.1.2 条要求焊缝的表面质量应符合下列规定：焊缝的表面及热影响区，不得有裂纹、气孔、夹渣、弧坑和未焊满等缺陷。

7.2.3.5 产生原因：（1）技术交底不明确。（2）施工人员技术水平不到位。

7.2.3.6 整改措施：将龟甲缝焊接不成形处切开，重新焊接。

7.2.3.7 保证措施：（1）加强技术交底，严格要求焊工人员技术水平。（2）焊接前对焊道内进行预热，将焊道内水分烘干。

7.2.4 不符合项 4：储罐龟甲缝焊接顺序不符合要求。

7.2.4.1 不符合项描述：储罐底板焊接时，应先焊边缘板再焊龟甲缝，施工单位没有按照顺序进行焊接。

7.2.4.2 不符合项及整改情况如图 7-92、图 7-93 所示。

图 7-92 没有按照焊接顺序进行焊接

图 7-93 焊接顺序整改后图片

7.2.4.3 不符合项危害：影响储罐整体底板应力释放，储罐底板易出现空鼓现象。

7.2.4.4 设计及规范要求：按照设计要求，在进行储罐底板焊接时，应先焊接边缘板对接焊缝，再对龟甲缝进行焊接。

7.2.4.5 产生原因：（1）技术交底不明确。（2）施工人员未按设计要求施工。

7.2.4.6 整改措施：将龟甲缝切开，先焊边缘板焊缝，再对龟甲缝进行焊接。

7.2.4.7 保证措施：现场技术交底明确，严格要求施工人员按照设计要求施工。

7.2.5 不符合项 5：边缘板过度坡口切割时伤及母材。

7.2.5.1 不符合项描述：在进行储罐边缘板过度坡口切割时，伤及母材。

7.2.5.2 不符合项及整改情况如图 7-94、图 7-95 所示。

7.2.5.3 不符合项危害：降低母材性能，影响储罐质量。

图 7-94　边缘板过度坡口切割时伤及母材　　图 7-95　边缘板过度坡口切割整改后照片

7.2.5.4　设计及规范要求：根据 GB 50128—2005《立式圆筒形钢制焊接储罐施工及验收规范》中第 3.1.2 条要求：储罐的预制方法不应损伤母材，降低母材性能。

7.2.5.5　产生原因：（1）施工人员对壁板坡口加工伤及母材的危害性认识不清楚。（2）质检员未对壁板坡口加工后进行复检。

7.2.5.6　整改措施：对伤及母材处进行补焊，再对补焊处打磨，平滑过渡。

7.2.5.7　保证措施：施工前技术员按照规范要求加强对施工人员的技术交底，同时提高施工人员的技术水平。

7.2.6　不符合项 6：储罐边缘板外侧间隙不符合要求。

7.2.6.1　不符合项描述：储罐边缘板外侧组对时，组对间隙超过 7mm。

7.2.6.2　不符合项及整改情况如图 7-96、图 7-97 所示。

图 7-96　边缘板外侧组对间隙超过 7mm　　图 7-97　边缘板外侧组对间隙整改后照片

7.2.6.3 不符合项危害：影响焊接质量及储罐底板应力释放。

7.2.6.4 设计及规范要求：根据 GB 50128—2005《立式圆筒形钢制焊接储罐施工及验收规范》第 3.3 节规定：边缘板外侧组对间隙宜为 6~7mm，内侧组对间隙宜为 8~12mm。

7.2.6.5 产生原因：设计交底不明确，施工人员未按设计要求施工。

7.2.6.6 整改措施：重新调整边缘板的组对间隙，组对间隙控制在 6~7mm。

7.2.6.7 保证措施：现场技术交底必须要明确，施工人员必须按设计及规范要求施工，质检员在边缘板组对完成后必须要自检。

7.2.7 不符合项 7：中幅板组对间隙不符合要求。

7.2.7.1 不符合项描述：储罐中幅板组对时，组对间隙不符合设计及规范要求。

7.2.7.2 不符合项及整改情况如图 7-98、图 7-99 所示。

图 7-98 中幅板组对间隙不符合设计及规范要求

图 7-99 中幅板组对间隙整改后照片

7.2.7.3 不符合项危害：影响焊接质量及储罐底板应力释放。

7.2.7.4 设计及规范要求：按照设计要求，中幅板组对间隙宜为 8~12mm。

7.2.7.5 产生原因：设计交底不明确，施工人员未按设计要求施工。

7.2.7.6 整改措施：重新调整中幅板的组对间隙，组对间隙控制在 8~12mm。

7.2.7.7 保证措施：（1）现场技术交底必须要明确。（2）施工人员必须按设计及规范施工。（3）质检员在中幅板组对完成后必须要自检。

7.2.8 不符合项 8：中幅板焊缝咬边过长不符合要求。

7.2.8.1 不符合项描述：储罐中幅板咬边长度超过 100mm，不符合设计及规范要求。

7.2.8.2 不符合项及整改情况如图 7-100、图 7-101 所示。

7.2.8.3 不符合项危害：影响焊接质量。

7.2.8.4 设计及规范要求：根据 GB 50128—2005《立式圆筒形钢制焊接储罐施工及验收规范》中第 6.1.2 条要求：对接焊缝的咬边深度，不得大于 0.5mm；咬边的连续长度，不应大于 100mm；焊缝两侧咬边的总长度，不得超过该焊缝长度的 10%；标准屈服强度

图 7-100 中幅板焊道咬边过长

图 7-101 对焊缝咬边处进行打磨

大于390MPa或厚度大于25mm的低合金钢的底圈壁板纵缝如有咬边,均应打磨圆滑。

7.2.8.5 产生原因:(1)焊接电流过大,焊接速度过快,电弧过长及运条角度不当。(2)焊接运条时,坡口边缘两侧停留时间过短,造成熔敷金属与母材未熔合。(3)焊缝填充金属过低,盖面焊接焊肉过厚,电弧停留时间过长,焊缝区温度过高而造成咬边。

7.2.8.6 整改措施:先对咬边处进行打磨,再对打磨处补焊。

7.2.8.7 保证措施:完善技术交底制度,加强现场检查。

7.2.9 不符合项9:边缘板焊前加热没有对预热温度进行测量。

7.2.9.1 不符合项描述:施工单位在对边缘板焊道加热过程中没有使用测温仪对预热温度进行测量,无法保证加热温度。

7.2.9.2 不符合项及整改情况如图7-102、图7-103所示。

图 7-102 边缘板焊前预热无施工测温仪

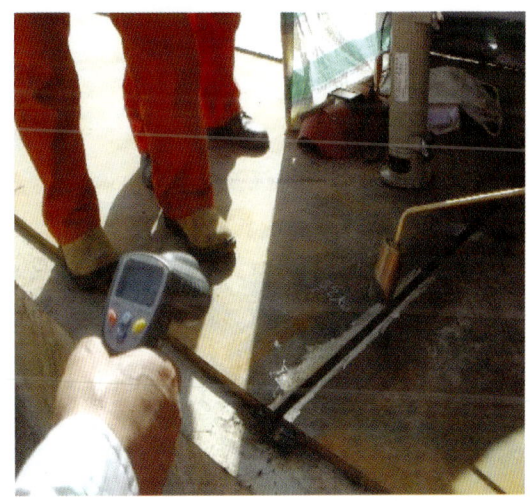

图 7-103 对预热温度进行测量

7.2.9.3　不符合项危害：(1) 边缘板焊道预热不适用测温仪，无法保证加热温度。(2) 对焊接造成影响，焊口容易出现夹渣、未融合等现象。

7.2.9.4　设计图纸及规范要求：根据设计技术要求及焊接工艺评定要求，定位焊和工卡具的焊接，高强度钢预热温度应大于100℃。

7.2.9.5　产生原因：(1) 施工人员对高强钢焊接前的预热工作不重视，对其危害认识不清楚。(2) 施工现场质检员没有控制好施工质量。

7.2.9.6　整改措施：对焊接前没有加热的钢板重新加热焊接，加热温度必须大于100℃。

7.2.9.7　保证措施：施工前技术员按照规范要求加强对施工人员的技术交底，施工中质检员严格控制施工质量。

7.2.10　不符合项10：第一圈壁板坡口加工时伤及母材。

7.2.10.1　不符合项描述：施工单位在进行第1圈壁板坡口加工时，伤及母材。

7.2.10.2　不符合项及整改情况如图7-104、图7-105所示。

图7-104　壁板坡口打磨伤及母材

图7-105　壁板坡口打磨合格

7.2.10.3　不符合项危害：壁板坡口加工时伤到母材，对焊接造成影响，降低母材性能。

7.2.10.4　设计图纸及规范要求：根据GB 50128—2005《立式圆筒形钢制焊接储罐施工及验收规范》中第3.1.2条规定：储罐的预制方法不应损伤母材，降低母材性能。

7.2.10.5　产生原因：(1) 施工人员对壁板坡口加工伤及母材的危害性认识不清楚。(2) 质检员未对壁板坡口加工后进行复检。

7.2.10.6　整改措施：对伤及母材处进行补焊。

7.2.10.7　保证措施：施工前技术员按照规范要求加强对施工人员的技术交底，同时提高施工人员的技术水平。

7.2.11　不符合项11：储罐壁板焊接时焊缝两侧泥土未清理干净。

7.2.11.1　不符合项描述：施工单位在进行储罐第二节壁板焊接时，焊缝两侧粘有泥土，且焊缝两侧锈迹未清理干净。

7.2.11.2　不符合项及整改情况如图7-106、图7-107所示。

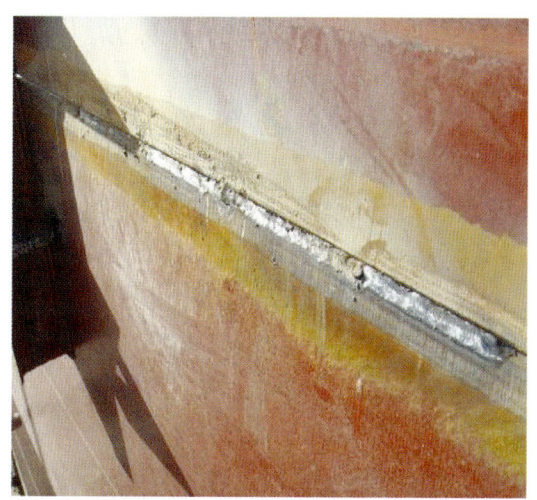 

图7-106　焊缝两侧锈迹未清理干净　　　　　　图7-107　焊缝表面符合规范要求

7.2.11.3　不符合项危害：焊接前清除焊口两侧的污物是很重要的，否则直接影响焊缝质量，甚至诱发裂纹而使大罐失效破坏。

7.2.11.4　设计图纸及规范要求：根据设计技术要求及焊接工艺评定要求，焊缝两侧100mm内应清除锈迹及其他杂质。

7.2.11.5　产生原因：施工人员对焊口两侧清除污物不重视。

7.2.11.6　整改措施：焊接前必须将焊缝两侧100mm内清除锈迹及其他污物。

7.2.11.7　保证措施：严格要求施工人员在每块壁板焊接前，必须清除焊缝两侧100mm内的污物。

7.2.12　不符合项12：储罐开孔板打磨后未对打磨处进行渗透检测。

7.2.12.1　不符合项描述：储罐开孔板在打磨后未对凹坑处进行渗透检测。

7.2.12.2　不符合项及整改情况如图7-108、图7-109所示。

7.2.12.3　不符合项危害：降低钢材性能，影响储罐质量。

7.2.12.4　设计图纸及规范要求：根据设计技术要求，对于高强度钢材表面有凹坑大于1mm的应先进行打磨，打磨完成后进行渗透检测。

7.2.12.5　产生原因：施工单位技术交底不明确。

7.2.12.6　整改措施：对储罐壁板大于1mm的凹坑进行渗透检测。

7.2.12.7　保证措施：施工人员必须按设计要求施工。

7.2.13　不符合项13：储罐开孔板补焊前未对补焊处进行渗透检测。

7.2.13.1　不符合项描述：储罐开孔板4处缺陷在没有做渗透检测的情况下进行补焊。

图 7-108 开孔板打磨后未做渗透检测　　　　图 7-109 开孔板打磨后做渗透检测

7.2.13.2　不符合项及整改情况如图 7-110、图 7-111 所示。

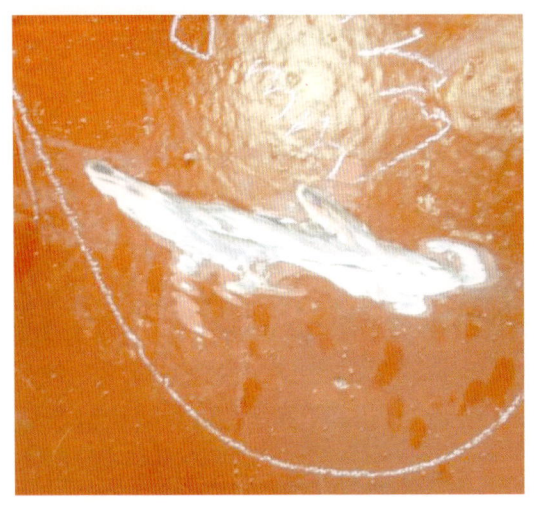 

图 7-110 开孔板缺陷未做渗透检测　　　　图 7-111 开孔板做完渗透检测进行补焊

7.2.13.3　不符合项危害：影响储罐质量，降低钢材性能。

7.2.13.4　设计及规范要求：高强钢焊接修补缺陷清除后，应进行渗透检测，确认无缺陷后方可进行补焊。补焊后应打磨平滑，并应进行磁粉或渗透检测；焊接的修补，宜采用回火焊道；焊接修补深度超过 3mm 时，应对修补部位进行射线检测。

7.2.13.5　产生原因：施工单位设计交底不明确，施工人员没有按设计要求施工。

7.2.13.6　整改措施：将没有进行检测的缺陷处进行打磨，打磨后进行渗透检测，确认无缺陷后方可进行补焊。

7.2.13.7　保证措施：施工单位技术交底明确，施工人员按设计要求进行施工。

7.2.14 不符合项14：壁板预制完成放置位置不当，壁板已变形。

7.2.14.1 不符合项描述： 储罐第7圈壁板预制完成后，在放置过程中没有采取保护措施，壁板已变形。

7.2.14.2 不符合项及整改情况如图7-112、图7-113所示。

图7-112 壁板下没有添加枕木壁板变形

图7-113 壁板下面添加枕木保证壁板的弧度

7.2.14.3 不符合项危害： 壁板变形，增加壁板在安装和焊接中的难度。

7.2.14.4 设计及规范要求： 根据GB 50128—2005《立式圆筒形钢制焊接储罐施工及验收规范》中第3.1.8条要求：构件在保管、运输及现场堆放时，应防止变形、损伤和锈蚀。

7.2.14.5 产生原因： 施工人员不注意对壁板的保护，缺乏专业意识。

7.2.14.6 整改措施： 将已变形的壁板重新进行滚弧预制。

7.2.14.7 保证措施： 在壁板运输及现场堆放过程中，施工人员应采取保护措施，防止壁板变形、损伤和锈蚀。

7.2.15 不符合项15：储罐焊缝咬边连续长度大于100mm。

7.2.15.1 不符合项描述： 储罐立焊缝咬边连续长度大于100mm，不符合设计要求。

7.2.15.2 不符合项及整改情况如图7-114、图7-115所示。

7.2.15.3 不符合项危害： 焊缝咬边长度过大，影响焊缝质量。

7.2.15.4 设计及规范要求： 根据GB 50128—2005《立式圆筒形钢制焊接储罐施工及验收规范》中第6.1.2条要求：对接焊缝的咬边深度，不得大于0.5mm；咬边的连续长度，不应大于100mm；焊缝两侧咬边的总长度，不得超过该焊缝长度的10%；标准屈服强度大于390MPa或厚度大于25mm的低合金钢的底圈壁板纵缝如有咬边，均应打磨圆滑。

7.2.15.5 产生原因：（1）焊接电流过大，焊接速度过快，电弧过长及运条角度不当。（2）焊接运条时，坡口边缘两侧停留时间过短，造成熔敷金属与母材未熔合。（3）焊缝填充金属过低，盖面焊接焊肉过厚，电弧停留时间过长，焊缝区温度过高而造成咬边。

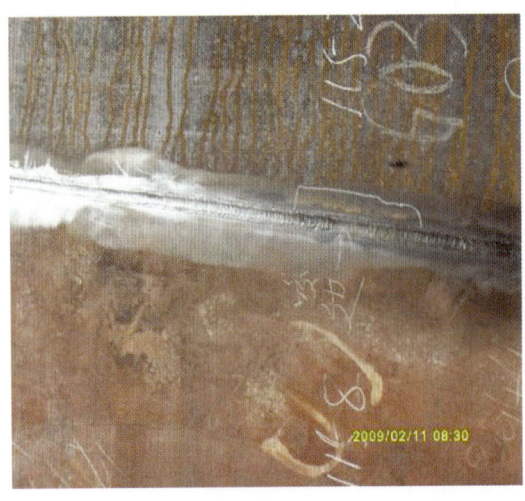

图 7-114　焊缝咬边长度大于 100mm

图 7-115　对咬边处打磨后的焊缝

7.2.15.6　整改措施：对咬边处进行补焊、打磨，平滑过渡。

7.2.15.7　保证措施：(1)加强焊工的技术培训与考核制度，保证焊工技术水平要求。(2)控制好焊接速度。

7.2.16　不符合项 16：储罐外侧大角缝焊接前预热温度不够。

7.2.16.1　不符合项描述：储罐外侧大角缝焊接前，预热温度达不到设计规范要求。

7.2.16.2　不符合项及整改情况如图 7-116、图 7-117 所示。

图 7-116　大角缝焊接预热温度不够

图 7-117　大角缝焊接预热温度符合要求

7.2.16.3　不符合项危害：预热温度达不到 100℃以上，焊缝易出现未融合、裂缝等现象。

7.2.16.4　设计及规范要求：根据设计说明书和焊接工艺规程要求，大角缝焊接前的预热温度不得低于100℃。

7.2.16.5　产生原因：(1)技术交底不明确。(2)施工人员未按设计及规范施工。

7.2.16.6　整改措施：对大角缝进行预热，预热温度达到100℃以上后才能焊接。

7.2.16.7　保证措施：施工人员在进行预热后，质检员确认预热温度达到100℃后才能进行焊接。

7.2.17　不符合项17：储罐大角缝未满焊。

7.2.17.1　不符合项描述：储罐大角缝焊接不符合设计及规范要求。

7.2.17.2　不符合项及整改情况如图7-118、图7-119所示。

图7-118　大角缝未满焊

图7-119　大角缝进行补焊后

7.2.17.3　不符合项危害：焊缝不饱满，影响焊缝质量。

7.2.17.4　设计及规范要求：根据GB 50128—2005《立式圆筒形钢制焊接储罐施工及验收规范》中第6.1.2条要求焊缝的表面质量应符合下列规定：焊缝的表面及热影响区，不得有裂纹、气孔、夹渣、弧坑和未焊满等缺陷。

7.2.17.5　产生原因：施工人员技术不到位，施工设备不符合要求。

7.2.17.6　整改措施：对未满焊处进行补焊、打磨，平滑过渡。

7.2.17.7　保证措施：(1)焊工考核时，严格要求焊工人员的技术水平。(2)对施工设备进行检验。

7.2.18　不符合项18：储罐外侧大角缝焊前未除锈。

7.2.18.1　不符合项描述：储罐外侧大角缝焊接前没有对坡口进行除锈。

7.2.18.2　不符合项及整改情况如图7-120、图7-121所示。

7.2.18.3　不符合项危害：大角缝焊接前不除锈，影响焊缝质量。

7.2.18.4　设计及规范要求：根据设计说明书的要求，焊接前应清除坡口表面及坡口两侧20mm范围内的泥沙铁锈、水分及油污等，并充分干燥。

图 7-120 储罐外缝大角缝焊前未除锈

图 7-121 对焊缝进行除锈

7.2.18.5 产生原因：(1)技术交底不明确。(2)施工人员未按设计及规范施工。

7.2.18.6 整改措施：储罐大角缝焊缝两侧 20mm 范围内进行打磨除锈。

7.2.18.7 保证措施：对施工人员进行技术交底，技术员在现场进行指导工作。

7.2.19 不符合项 19：储罐壁板上出现引弧现象。

7.2.19.1 不符合项描述：储罐内侧壁板上出现引弧现象，不符合规范要求。

7.2.19.2 不符合项及整改情况如图 7-122、图 7-123 所示。

图 7-122 图壁板内侧出现引弧现象

图 7-123 整改后的壁板

7.2.19.3 不符合项危害：降低母材性能。

7.2.19.4 设计及规范要求：根据 GB 50128—2005《立式圆筒形钢制焊接储罐施工及验收规范》中第 5.4.1 条要求：定位焊及工卡具的焊接，由合格焊工担任，其焊接工艺应与正式焊接相同。引弧和熄弧不应在母材或完成的焊道上。

7.2.19.5 产生原因：施工人员未按规范要求施工。

7.2.19.6 整改措施：对引弧处进行补焊、打磨，圆滑过渡。

7.2.19.7 保证措施：焊工考核时，严格要求焊工人员的技术水平素质。

7.2.20 不符合项20：储罐焊缝局部未满焊。

7.2.20.1 不符合项描述：储罐立焊缝局部不饱满，低于母材。

7.2.20.2 不符合项及整改情况如图7-124、图7-125所示。

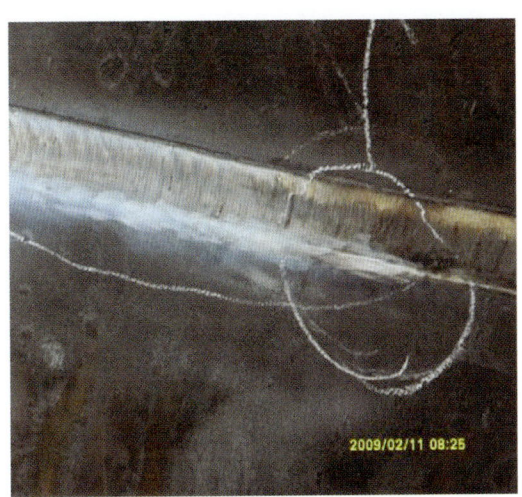
图7-124 焊缝不饱满

图7-125 焊缝整改后照片

7.2.20.3 不符合项危害：焊缝不饱满，影响焊缝质量。

7.2.20.4 设计及规范要求：根据GB 50128—2005《立式圆筒形钢制焊接储罐施工及验收规范》中第6.1.2条规定：焊缝的表面及热影响区，不得有裂纹、气孔、夹渣、弧坑和未焊满等缺陷。

7.2.20.5 产生原因：施工人员技术不到位，施工设备不符合要求。

7.2.20.6 整改措施：对未满焊处进行补焊、打磨，平滑过渡。

7.2.20.7 保证措施：（1）焊工考核时，严格要求焊工人员的技术水平。（2）加强现场检查监督力度。

7.2.21 不符合项21：未进行充水试验前，焊缝已进行防腐。

7.2.21.1 不符合项描述：储罐在没有进行充水试验前，第1圈壁板立焊缝就已防腐。

7.2.21.2 不符合项及整改情况如图7-126、图7-127所示。

7.2.21.3 不符合项危害：充水试验后检测不出焊缝是否合格，影响储罐质量。

7.2.21.4 根据设计及规范要求：根据设计说明书要求，罐内与油品直接接触的焊缝，上水前不得进行防腐。

7.2.21.5 产生原因：技术交底不明确；施工人员未按设计要求施工。

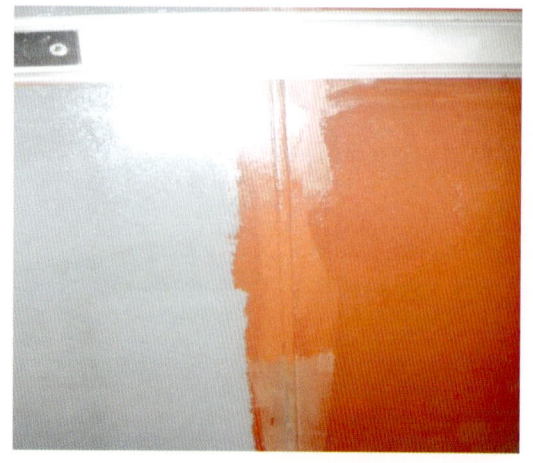

图 7-126　储罐在没有做充水试验前，焊缝就已防腐

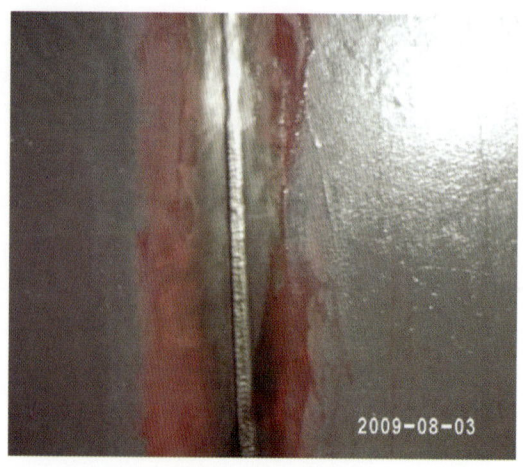

图 7-127　整改后照片

7.2.21.6　整改措施：对焊缝进行打磨，将焊缝上的防腐层打磨掉，在充水试验后才能进行防腐。

7.2.21.7　保证措施：加强技术交底制度，严格要求施工人员按照设计要求施工。

7.2.22　不符合项 22：焊缝余高大于设计要求。

7.2.22.1　不符合项描述：储罐内侧环焊缝余高超过设计要求（0.5mm）。

7.2.22.2　不符合项危害：影响焊接质量。

7.2.22.3　设计及规范要求：根据 GB 50128—2005《立式圆筒形钢制焊接储罐施工及验收规范》规定：储罐罐壁内侧焊缝的余高不应大于 0.5mm，并平滑过渡。

7.2.22.4　产生原因：(1)焊接电流过大，焊接速度过快，电弧过长及运条角度不当。(2)焊接运条时，坡口边缘两侧停留时间过短，造成熔敷金属与母材未熔合。

7.2.22.5　整改措施：对焊缝余高超过 0.5mm 处进行打磨，并平滑过渡。

7.2.22.6　保证措施：完善现场交底制度，提高施工人员技术水平，施工人员控制好焊接速度。

7.2.23　不符合项 23：浮船桁架防腐过程中部分除锈不到位。

7.2.23.1　不符合项描述：储罐浮船桁架在防腐过程中局部除锈不到位，达不到设计要求。

7.2.23.2　不符合项及整改情况如图 7-128、图 7-129 所示。

7.2.23.3　不符合项危害：除锈不彻底既进行防腐后，出现掉漆和返锈现象，影响整体防腐效果。

7.2.23.4　设计及规范要求：根据 GB 8923—88《涂装前钢材表面锈蚀等级和除锈等级》内容："轻度的喷射后抛射除锈，钢材表面无可见的油脂、污垢、无附着的不牢的氧化皮、铁锈、油漆涂层等附着物"。

7.2.23.5　产生原因：(1)施工人员在喷砂过程中对除锈的等级认识不清楚。(2)质

图 7-128 桁架防腐完成后漏底漆

图 7-129 桁架防腐符合规范要求

检员在喷砂除锈后没有进行复检,未对所规定的喷砂等级加以控制。

7.2.23.6 整改措施:将储罐浮船桁架重新进行喷砂除锈。

7.2.23.7 保证措施:(1)对施工人员进行技术交底,使施工人员认识到除锈不彻底的危害性。(2)喷砂除锈完成后质检员对钢材表面进行检查,保证钢材表面无可见的油脂、污垢、氧化皮、铁锈和油漆涂层等附着物,任何残留的痕迹应仅是点状或条纹状的轻微色斑。

7.2.24 不符合项 24:储罐浮船桁架立筋与环形隔板焊接长度不够。

7.2.24.1 不符合项描述:储罐浮船桁架立筋与环形隔板焊接长度不符合设计,且两侧焊接长度不小于桁架立筋长度。

7.2.24.2 不符合项及整改情况如图 7-130、图 7-131 所示。

图 7-130 桁架立筋与环形隔板焊接长度不够

图 7-131 桁架立筋与环形隔板焊接达到设计要求

7.2.24.3　不符合项危害：未按设计进行焊接影响桁架整体的应力释放，造成桁架受力不匀。

7.2.24.4　根据设计及规范要求：桁架立筋与环向隔板焊接长度为焊接100mm，隔100mm；且桁架与环向隔板两侧的焊接长度不小于桁架的立筋高度。

7.2.24.5　产生原因：（1）施工单位技术交底不明确。（2）施工操作人员未按照设计和规范要求进行操作。

7.2.24.6　整改措施：按照设计要求对桁架立筋与环向隔板进行补焊。

7.2.24.7　保证措施：施工单位重新对施工人员进行技术交底，要求施工操作人员必须按照设计和规范要求进行操作。

7.2.25　不符合项25：防腐前未将表面处理干净且防腐层厚度不均匀。

7.2.25.1　不符合项描述：储罐浮船桁架在防腐前未对桁架表面的焊渣、飞溅进行处理，且防腐层厚度不均匀导致防腐后出现流坠现象。

7.2.25.2　不符合项及整改情况如图7-132、图7-133所示。

图7-132　桁架表面焊渣、飞溅未处理既进行了防腐

图7-133　桁架表面无焊渣、飞溅现象

7.2.25.3　不符合项危害：未将桁架表面处理干净进行防腐后，防腐层会出现返锈、掉漆现象，影响桁架的防腐效果。

7.2.25.4　根据设计及规范要求：SH/T 3022—2011《石油化工设备和管道涂料防腐设计规范》要求：涂层表面应平整，无遗漏、无气泡、瘤子，无异物、无损伤等缺陷。

7.2.25.5　产生原因：施工单位技术交底不明确；施工操作人员未按照设计和规范要求进行操作。

7.2.25.6　整改措施：将桁架表面有焊渣、飞溅处进行打磨，打磨后重新防腐。

7.2.25.7　保证措施：完善技术交底制度，并加强检查监督力度，保证防腐质量。

7.2.26　不符合项26：储罐浮船底板焊缝未做真空试漏。

7.2.26.1 不符合项描述：储罐浮船底板焊缝未做真空试漏就进行桁架与浮船底板的焊接。

7.2.26.2 不符合项及整改情况如图 7-134、图 7-135 所示。

图 7-134 浮船底板焊缝未做真空试漏

图 7-135 浮船底板焊缝进行真空试漏

7.2.26.3 不符合项危害：浮船底板焊缝未进行真空试漏检查，如果焊缝出现问题，影响浮船质量甚至引起浮舱内进油。

7.2.26.4 设计及规范要求：根据图纸技术要求，浮船底板焊接完毕后需做真空试漏以检查浮顶底板的焊接质量。

7.2.26.5 产生原因：（1）施工单位技术交底不明确。（2）施工人员未按图纸技术要求施工。

7.2.26.6 整改措施：按照图纸设计要求将未对焊缝做真空试漏处，桁架拆掉重新进行真空试漏试验。

7.2.26.7 保证措施：浮船底板焊接完成后，施工单位按照顺序对浮船底板焊缝进行真空试漏，已做过真空试漏的焊缝做标记。

7.2.27 不符合项 27：焊缝进行真空检测时检测压力数值未达到要求。

7.2.27.1 不符合项描述：储罐浮船底板在进行真空试漏时，检测压力数值未达到设计要求的 -53kPa。

7.2.27.2 不符合项及整改情况如图 7-136、图 7-137 所示。

7.2.27.3 不符合项危害：浮船底板进行真空试漏检查达不到设计压力，检测不出焊缝是否合格，如果焊缝出现问题，影响浮船质量甚至引起浮舱内进油。

7.2.27.4 设计及规范要求：根据设计要求，浮船底板焊缝真空试漏压力数值应达到 -53kPa。

7.2.27.5 产生原因：（1）真空试漏箱严密性不足。（2）施工人员未按图纸技术要求进

图 7-136　真空表未达到设计要求的 -53kPa

图 7-137　真空表达到了设计要求压力值

行真空试漏。(3) 施工单位技术交底不明确。

7.2.27.6　整改措施：更换严密性较强的真空试漏箱，重新对浮船底板进行真空试漏试验。

7.2.27.7　保证措施：(1) 保证真空试漏箱的严密性和真空表的准确性。(2) 施工单位技术交底明确。(3) 施工人员认真对待真空试漏试验。

7.2.28　不符合项 28：浮船底板防腐层出现脱落现象。

7.2.28.1　不符合项描述：储罐浮船底板防腐完成后，浮船底板防腐层出现脱落现象。

7.2.28.2　不符合项及整改情况如图 7-138、图 7-139 所示。

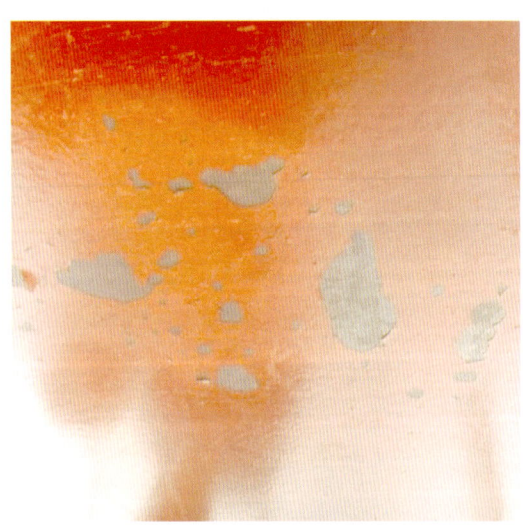

图 7-138　防腐层脱落

图 7-139　对脱落掉的防腐层进行补漆

7.2.28.3　不符合项危害：浮船底板防腐层脱落，原油腐蚀钢板，影响浮船质量。

7.2.28.4　设计及规范要求：根据防腐施工技术要求，防腐完毕的涂层表面应平滑、无暗泡、无麻点、无皱折、无裂纹、无脱落。

7.2.28.5　产生原因：钢板在喷砂除锈时没有处理干净，防腐后出现油漆脱落现象。

7.2.28.6　整改措施：将油漆脱落处再次进行喷砂除锈，并处理干净，进行补漆。

7.2.28.7　保证措施：喷砂除锈后完成后，加强现场监督检查，保证钢材表面无可见的油脂、污垢、氧化皮、铁锈和油漆涂层等附着物。

7.2.29　不符合项29：储罐浮船底板铺设过程中严重伤及防腐层。

7.2.29.1　不符合项描述：储罐浮船底板在拖拽时没有进行保护，严重伤及防腐层，不符合设计及规范要求。

7.2.29.2　不符合项及整改情况如图7-140、图7-141所示。

图7-140　防腐层严重损伤

图7-141　浮船底板在拖拽时采取了保护措施

7.2.29.3　不符合项危害：浮船底板防腐层受损，原油腐蚀钢板，影响浮船质量。

7.2.29.4　设计及规范要求：根据防腐施工技术要求，防腐完毕的涂层表面应平滑、无暗泡、无麻点、无皱折、无裂纹、无脱落。

7.2.29.5　产生原因：施工人员在运输和吊装过程中对防腐层的保护不到位。

7.2.29.6　整改措施：将油漆受损处进行喷砂除锈，并处理干净进行补漆。

7.2.29.7　保证措施：加强现场管理人员质量意识及成品保护意识。

7.2.30　不符合项30：充水试验前对储罐浮船底板焊缝进行防腐。

7.2.30.1　不符合项描述：储罐在充水试验前，施工人员对储罐浮船底焊缝板进行防腐，不符合设计要求。

7.2.30.2　不符合项及整改情况如图7-142、图7-143所示。

7.2.30.3　不符合项危害：影响浮船底板焊缝的检查情况。

图 7-142 充水试验前对浮船底板焊缝进行防腐

图 7-143 充水试验前已进行防腐焊缝整改后照片

7.2.30.4 设计及规范要求：根据设计要求，充水试验前所有与密封性有关的焊缝均不得进行油漆涂刷。

7.2.30.5 产生原因：施工单位设计交底不明确，施工人员未按设计规范施工。

7.2.30.6 整改措施：已防腐焊缝进行喷砂，将防腐层打掉，在上水试验后进行焊缝防腐。

7.2.30.7 保证措施：完善施工单位技术交底制度，对施工人员按照设计及规范施工。

7.2.31 不符合项 31：储罐浮船桁架有严重破损现象。

7.2.31.1 不符合项描述：储罐浮船桁架在安装过程中有弯曲现象。

7.2.31.2 不符合项及整改情况如图 7-144、图 7-145 所示。

图 7-144 浮船桁架有严重破损现象

图 7-145 板正后的浮船桁架

7.2.31.3 不符合项危害：浮船桁架变形，影响浮船质量及浮船顶板安装。

7.2.31.4 设计及规范要求：按照设计要求，桁架预制过程中应按照设计尺寸要求进行预制，预制过程中防止桁架变形。

7.2.31.5 产生原因：施工人员在预制和运输过程中对桁架的保护不到位。

7.2.31.6 整改措施：对已变形浮船桁架进行板正，板正后重新进行防腐。

7.2.31.7 保证措施：（1）加强现场管理人员的成品保护意识。（2）要求按照施工方案进行施工作业。（3）加强现场监督检查力度。

7.2.32 不符合项32：充水试验前储罐内立柱就已防腐。

7.2.32.1 不符合项描述：储罐在没有做充水试验前，施工人员就已对罐内立柱进行防腐。

7.2.32.2 不符合项及整改情况如图7-146、图7-147所示。

图7-146 储罐在没有做充水试验前立柱已完成防腐

图7-147 充分试验前已防腐立柱整改后照片

7.2.32.3 不符合项危害：充水试验后检测不出焊缝是否合格，影响浮船质量。

7.2.32.4 设计及规范要求：根据设计说明书，罐内与油品直接接触的焊缝上水前不得进行防腐。

7.2.32.5 产生原因：（1）技术交底不明确。（2）施工人员未按设计要求施工。

7.2.32.6 整改措施：对焊缝进行打磨，将焊缝上的防腐层打磨掉，在充水试验后才能进行防腐。

7.2.32.7 保证措施：现场技术交底明确，严格要求施工人员按照设计要求施工。

7.2.33 不符合项33：储罐浮船底板凹凸变形较大。

7.2.33.1 不符合项描述：储罐浮船底板凹凸变形较大，不符合设计要求。

7.2.33.2 不符合项及整改情况如图 7-148、图 7-149 所示。

图 7-148 浮船底板凹凸变形较大　　　　　图 7-149 浮船底板变形整改后照片

7.2.33.3 不符合项危害：浮船凹凸度过大，影响浮船的质量。

7.2.33.4 设计及规范要求：根据设计说明书要求，浮船底板凹凸变形不超过 10mm。

7.2.33.5 产生原因：在浮船底板铺设时，没有释放出浮船底板因焊接引起的应力。

7.2.33.6 整改措施：在浮船底板应力集中处进行切割，以释放应力，再进行焊接。

7.2.33.7 保证措施：在浮船底板铺设时及时释放因焊接引起的应力。

7.2.34 不符合项 34：储罐浮船顶板防腐漆起皮、脱落。

7.2.34.1 不符合项描述：储罐浮船顶板防腐漆起皮、脱落，不符合设计及规范要求。

7.2.34.2 不符合项危害：浮船顶板防腐漆脱落，雨水腐蚀钢板，引起浮船漏水。

7.2.34.3 设计及规范要求：SY/T 0320—2010《钢质储罐外防腐层技术标准》规定：每涂一道漆后应进行目测检查，不得有起泡、褶皱、分离起皮、流挂等现象。

7.2.34.4 产生原因：钢板在喷砂除锈时没有处理干净，防腐后出现油漆脱落现象。

7.2.34.5 整改措施：将油漆脱落处再次进行喷砂除锈，并处理干净进行补漆。

7.2.34.6 保证措施：喷砂除锈后完成后，保证钢材表面无可见的油脂、污垢、氧化皮、铁锈和油漆涂层等附着物。

7.2.35 不符合项 35：储罐浮船底板边缘板翘曲。

7.2.35.1 不符合项描述：储罐浮船底板边缘板有翘曲现象，不符合设计及规范要求。

7.2.35.2 不符合项危害：使浮船底板受力不匀，局部出现起鼓现象。

7.2.35.3 设计及规范要求：GB 50128—2005《立式圆筒形钢制焊接储罐施工及验收规范》中第 3.4.2 条要求：浮船底板及顶板预制后，其平面度用直线样板检查，间隙不应大于 4mm。

7.2.35.4 产生原因：焊接变形与应力分布、点焊间距、焊接顺序和焊接电流等因素有关。

7.2.35.5　整改措施：对浮船底板边缘板切口释放应力，保证储罐底板均匀受力。

7.2.35.6　保证措施：控制好焊接顺序、焊接电流以及电焊间距。

7.2.36　不符合项36：储罐浮船侧面防腐漆涂刷不合格。

7.2.36.1　不符合项描述：浮船侧面没有涂刷防腐漆。

7.2.36.2　不符合项危害：原油腐蚀钢板，影响储罐质量。

7.2.36.3　设计及规范要求：根据 SY/T 0320—2010《钢制储罐外防腐层技术标准》规定：每涂一道漆后应进行目测检查，不得有起泡、褶皱、分离起皮、流挂等现象。

7.2.36.4　产生原因：(1) 施工人员未注意死角位置的防腐工作。(2) 质检员没有对防腐质量进行检查。

7.2.36.5　整改措施：按照规范要求对浮船侧面进行喷砂除锈，涂刷防腐油漆。

7.2.36.6　保证措施：施工人员认真对待储罐死角的防腐工作，质检员对完成后的防腐漆涂刷进行自检。

7.2.37　不符合项37：储罐第1圈加强圈油漆涂刷不符合要求。

7.2.37.1　不符合项描述：储罐第1圈加强圈油漆涂刷没有用反光油漆进行涂刷。

7.2.37.2　不符合项及整改情况如图7-150、图7-151所示。

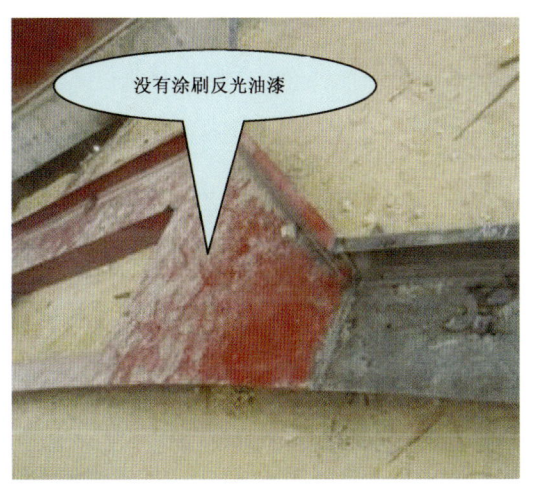
图7-150　加强圈没有涂刷反光油漆

图7-151　加强圈涂刷反光油漆

7.2.37.3　不符合项危害：影响防腐质量及整体美观。

7.2.37.4　设计及规范要求：根据设计要求，加强圈采用反光油漆进行涂刷。

7.2.37.5　产生原因：施工单位技术交底不明确，施工人员未按设计要求施工。

7.2.37.6　整改措施：没有涂刷反光油漆处进行喷砂除锈并清理干净，涂刷反光油漆。

7.2.37.7　保证措施：施工人员按设计要求施工，质检员在进行油漆涂覆后进行自检。

7.2.38　不符合项38：喷淋管在吊装过程中没有采取保护措施。

7.2.38.1　不符合项描述：喷淋管在吊装过程中没有采取保护措施。

7.2.38.2　不符合项及整改情况如图 7-152、图 7-153 所示。

图 7-152　喷淋管在吊装过程中没有采取保护措施　　图 7-153　喷淋管吊装过程整改后照片

7.2.38.3　不符合项危害：对喷淋管表面造成损伤，伤害镀锌层。

7.2.38.4　设计及规范要求：《宁夏石油商业储备库工程 HSE 作业指导书》中要求：起吊前应对起吊物件重量、起重设备、吊带、卡具及其他附属设施进行全面检查和落实；应使用吊带吊装，合理吊装避免对起吊物件造成损伤。

7.2.38.5　产生原因：施工人员在吊装过程中不注意对成品的保护。

7.2.38.6　整改措施：在进行吊装作业时使用吊带进行吊装。

7.2.38.7　保证措施：加强技术交底制度，强化质量保护意识。

7.2.39　不符合项 39：抗风圈与壁板角焊缝咬边深度超过要求。

7.2.39.1　不符合项描述：储罐抗风圈与壁板的角焊缝咬边深度超过 0.5mm。

7.2.39.2　不符合项危害：影响焊接质量。

7.2.39.3　设计及规范要求：GB 50128—2005《立式圆筒形钢制焊接储罐施工及验收规范》规定：对接焊缝的咬边深度不得大于 0.5mm，咬边的连续长度不应大于 100mm，焊缝两边的咬边总长度，不得超过该焊缝长度的 10%，标准屈服强度大于 390MPa 或厚度大于 25mm 的低合金钢的底圈壁板有咬边，应打磨平滑。

7.2.39.4　产生原因：(1) 焊接电流过大，焊接速度过快，电弧过长及运条角度不当。(2) 焊接运条时，坡口边缘两侧停留时间过短，造成熔敷金属与母材未熔合。(3) 焊缝填充金属过低，盖面焊接焊肉过厚，电弧停留时间过长，焊缝区温度过高而造成咬边。

7.2.39.5　整改措施：对焊缝咬边深度超过 0.5mm 处进行打磨，并平滑过渡。

7.2.39.6　保证措施：提高施工人员技术水平，施工人员控制好焊接速度。

7.2.40　不符合项 40：大角缝未按要求进行渗透检测，即涂刷防腐剂。

7.2.40.1　不符合项描述：储罐大角缝未按照设计要求放水后进行渗透检测即涂刷防腐剂。

7.2.40.2　不符合项危害：影响储罐大角缝焊接质量。

7.2.40.3　根据设计及规范要求：GB 50128—2005《立式圆筒形钢制焊接储罐施工及验收规范》规定：当罐底边缘板的厚度大于或等于8mm，且底圈壁板的厚度大于或等于16mm，或标准屈服强度大于390MPa的任意厚度的钢板，在罐内及罐外的角焊缝焊完后，应对罐内的角焊缝做磁粉或渗透检测，在储罐充水试验后，应用同样方法进行复验。

7.2.40.4　产生原因：技术交底不明确，施工人员未按设计要求施工。

7.2.40.5　整改措施：对已防腐大角缝进行打磨除锈，再做渗透检测。

7.2.40.6　保证措施：完善技术交底制度，并加强现场监督检查。

7.2.41　不符合项41：刮蜡板间隙过大不符合设计要求。

7.2.41.1　不符合项描述：刮蜡板间隙过大，刮蜡板和罐壁的间隙超过5mm，不符合设计及规范要求。

7.2.41.2　不符合项危害：刮蜡板和罐壁间隙过大，刮蜡板起不到刮蜡作用。

7.2.41.3　设计及规范要求：根据设计图纸要求，刮蜡板间隙不得大于5mm。

7.2.41.4　产生原因：设计交底不明确，施工人员未按图纸要求施工。

7.2.41.5　整改措施：按照图纸要求安装刮蜡装置，刮蜡板和罐壁间隙控制在5mm之内。

7.2.41.6　保证措施：明确技术交底，现场加大监督检查力度。

7.2.42　不符合项42：储罐内人孔盖缺少U形把手。

7.2.42.1　不符合项描述：储罐内人孔盖缺少U形把手。

7.2.42.2　不符合项危害：人员入舱内检查造成麻烦。

7.2.42.3　设计及规范要求：根据设计说明书要求，储罐内人孔U形把手应齐全。

7.2.42.4　产生原因：施工人员未按设计要求及规范施工。

7.2.42.5　整改措施：按照设计要求及规范重新对人孔盖进行预制。

7.2.42.6　保证措施：（1）施工人员注意对成品的保护。（2）对预制不符合要求的成品严禁进行安装，质检员及时检查储罐附件安装工作。

7.2.43　不符合项43：储罐内搅拌器叶片随地摆放。

7.2.43.1　不符合项描述：储罐内搅拌器叶轮片没有保护措施，随意摆放。

7.2.43.2　不符合项危害：对成品造成破坏，降低成品使用年限。

7.2.43.3　设计及规范要求：根据进场材料保管要求，搅拌器砂叶片应集中统一摆放。

7.2.43.4　产生原因：施工人员不注意对成品的保护。

7.2.43.5　整改措施：对成品按照规范分不同种类和不同规格摆放整齐。

7.2.43.6　保证措施：加强施工人员对成品的保护意识。

7.2.44　不符合项44：储罐上水管线支撑焊渣未清理。

7.2.44.1　不符合项描述：储罐上水管线支撑焊渣未清理，不符合设计及规范要求。

7.2.44.2　不符合项危害：影响焊缝质量。

7.2.44.3　设计及规范要求：GB 50128—2005《立式圆筒形钢制焊接储罐施工及验收规范》中第 6.1.1 条要求：焊缝应进行外观检查，检查前应将熔渣、飞溅清理干净。

7.2.44.4　产生原因：（1）施工人员施工时粗心大意。（2）施工人员技术水平不到位。

7.2.44.5　整改措施：对焊渣清理不彻底处进行打磨，清理焊渣。

7.2.44.6　保证措施：焊工考核时严格要求焊工技术水平。

7.2.45　不符合项 45：舱内型钢支架采用钢板块支撑顶板，焊渣清理不彻底。

7.2.45.1　不符合项描述：浮舱内钢板焊接时，焊渣清理不彻底。

7.2.45.2　不符合项危害：影响焊缝质量。

7.2.45.3　设计及规范要求：GB 50128—2005《立式圆筒形钢制焊接储罐施工及验收规范》中第 6.1.1 条要求：焊缝应进行外观检查，检查前应将熔渣、飞溅清理干净。

7.2.45.4　产生原因：（1）施工人员施工时粗心大意。（2）施工人员技术水平不到位。

7.2.45.5　整改措施：对焊渣清理不彻底处进行打磨，清理焊渣。

7.2.45.6　保证措施：焊工考核时严格要求焊工技术水平。

7.2.46　不符合项 46：储罐浮船支柱没有预留 V 形坡口。

7.2.46.1　不符合项描述：储罐浮船支柱没有留 V 形坡口，不符合设计要求。

7.2.46.2　不符合项危害：浮船没有预留 V 形坡口，影响支柱的支撑作用。

7.2.46.3　设计及规范要求：根据设计图纸要求，浮顶支柱应留设 V 形缺口，起支撑作用。

7.2.46.4　产生原因：技术交底不明确，施工人员未按设计要求施工。

7.2.46.5　整改措施：对支柱没有预留 V 形坡口处，进行切割，切割出 V 形坡口。

7.2.46.6　保证措施：现场技术交底明确，施工人员按照设计要求施工。

7.2.47　不符合项 47：储罐岩棉板现场堆放防水措施不到位。

7.2.47.1　不符合项描述：储罐岩棉板进场后没有做好防水措施，岩棉浸泡在水中。

7.2.47.2　不符合项危害：岩棉浸泡在水中，岩棉板易变形，降低岩棉板性能。

7.2.47.3　设计及规范要求：根据《宁夏石油商业储库工程 HSE 作业指导书》要求：材料或制品的存放保管应符合下列要求，（1）按品种、材质、规格分区分类存放，并做好标识；（2）箱装材料或制品存放，其堆放高度不得超过 2m；（3）室外存放时，应有防潮、防雨雪、防冻等设施；（4）对有毒、可燃及沸点低的溶剂材料存放，应采取必要的防火、防毒措施；室内存放时，应有良好的通风设施。

7.2.47.4　产生原因：施工单位对材料的保护措施不到位。

7.2.47.5　整改措施：对岩棉板进行防潮、防雨、防冻等设施。

7.2.47.6　保证措施：加强现场管理人员质量意识，提高成品保护意识。

7.2.48　不符合项 48：固定岩棉板钢带安装不平整，缺少固定自攻丝。

7.2.48.1　不符合项描述：储罐固定岩棉板钢带安装不平整，缺少固定自攻丝，不符合规范要求。

7.2.48.2　不符合项危害：储罐岩棉板钢带安装不平整，岩棉板没有紧贴罐壁，影响保温效果。

7.2.48.3　设计及规范要求：根据 SH/T 3522—2003《石油化工隔热工程施工工艺标准》

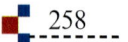

规定：压型板用自攻螺丝或抽芯铆钉紧固。

7.2.48.4　产生原因：施工人员未按设计及规范施工。

7.2.48.5　整改措施：对储罐岩棉板钢带用自攻钉进行加固，使岩棉板紧贴在罐壁上。

7.2.48.6　保证措施：完善技术交底制度，加强现场检查力度。

7.2.49　不符合项49：储罐瓦楞板安装不整齐。

7.2.49.1　不符合项描述：储罐外保温板安装不整齐。

7.2.49.2　不符合项危害：影响储罐保温效果及储罐整体美观。

7.2.49.3　设计及规范要求：根据设计图纸要求，储罐外保温板安装应整齐。

7.2.49.4　产生原因：施工人员未按设计图纸要求施工。

7.2.49.5　整改措施：对保温板不整齐处进行处理，保证保温板的平整度。

7.2.49.6　保证措施：完善技术交底制度，加强现场监督检查，保证整体的平整度。

7.3　固定顶罐

7.3.1　不符合项1：清水罐在设置沉降观测点时不符合要求。

7.3.1.1　不符合项描述：清水罐在设置沉降观测点时，在壁板上打磨作为标记，沉降点设置不合理同时也损伤壁板。

7.3.1.2　不符合项及整改情况如图7-154、图7-155所示。

图7-154　沉降观测点设置损伤壁板

图7-155　重新设置沉降观测点

7.3.1.3　不符合项危害：沉降点设置时损伤壁板。

7.3.1.4　设计图纸或标准规范要求：设计要求沉降观测点的设置应能满足沉降观测的需要，并不应损伤设备。

7.3.1.5　产生原因：施工单位技术人员责任心不强，沉降观测技术交底不到位。现场施工时未进行指导和检查。

7.3.1.6　整改措施：重新按要求设置沉降观测点，对于打磨造成的损伤补焊后打磨使其圆滑过渡。

7.3.1.7 保证措施：施工单位技术人员应对现场工人进行沉降观测技术交底，并在施工过程中进行检查和指导，发现问题及时处理。

7.3.2 不符合项2：清水罐爬梯支架垫板焊接不符合要求。

7.3.2.1 不符合项描述：清水罐爬梯支架垫板在焊接时，位于环焊缝两侧满焊形成十字缝。

7.3.2.2 不符合项及整改情况如图7-156、图7-157所示。

图7-156 支架焊接不符合要求

图7-157 打磨处理

7.3.2.3 不符合项危害：会产生三向应力。

7.3.2.4 设计图纸或标准规范要求：GB 50128—2005《立式圆筒形焊接油罐施工及验收规范》中第3.2.1条要求：罐壁上连接件的垫板周边焊缝与罐壁纵焊缝或接管、补强圈的边缘角焊缝之间的距离不应小于150mm；与罐壁焊缝交叉时，被覆盖焊缝应磨平并进行射线或超声检测，垫板角焊缝在罐壁对接焊缝两侧边缘最少20mm处不焊。

7.3.2.5 产生原因：(1) 施工单位技术人员，对施工人员技术交底不到位。现场施时也未进行检查和指导。(2) 现场施工人员对于常见的焊接要求不熟。

7.3.2.6 整改措施：将环焊缝两侧各50mm内的垫板与壁板焊接的角焊缝进行打磨处理。

7.3.2.7 保证措施：(1) 对容易出现问题的部位施工单位技术人员应加强技术交底的力度，并在施工过程中进行检查和指导，发现问题及时纠正处理。(2) 平时加强对焊工的培训，使其熟悉焊接过程中的一些通病的处理方法，避免由于交底不到位而造成焊接问题。

7.3.3 不符合项3：储罐基础环梁不平。

7.3.3.1 不符合项描述：储罐基础环梁不平。

7.3.3.2 不符合项及整改情况如图7-158、图7-159所示。

图 7-158 基础环梁不平

图 7-159 基础环梁整改后照片

7.3.3.3 不符合项危害：影响罐本体的安装质量，储罐大角焊缝承受的是压应力，如果环梁基础尺寸出现误差，使大角缝相对于圈梁的位置发生变化，有可能导致压应力的增大，造成大角缝的应力破坏。

7.3.3.4 设计图纸或标准规范要求：GB 50128—2005《立式圆筒形钢制焊接储罐施工及验收规范》中第 4.2.2 条要求：支撑罐壁的基础表面其高差在有环梁时，每 10m 弧长内任意两点的高差不应大于 6mm，且整个圆周长度内任意两点的高差不应大于 12mm；其条文说明中第 4.2.2 条要求：支撑罐壁的基础表面高差，有环梁时，系按 API 650 的规定，整个圆周长度内任意两点的高差不应大于 20mm（API 650 为 25mm）。

7.3.3.5 产生原因：(1) 基础施工存在质量问题。(2) 环梁基础交给安装前未进行工序交接。(3) 储罐基础施工未进行技术交底。(4) 施工单位项目技术员、质检员监督检查不到位，未进行"三检查"，缺乏质量管理意识；监理单位质量工序报验管理不到位；施工单位未及时向监理单位及质量监督站报验。(5) 施工人员缺乏质量意识，存在"低、老、坏"的施工习惯，未按设计文件、施工方案和技术交底要求进行施工。

7.3.3.6 整改措施：整体调整罐的整体垂直度，按 GB 50128—2005 条文说明中第 4.2 节基础检查第 4.2.1 条要求：储罐基础质量的好坏直接关系到储罐的安装质量，因此对罐基础提出了应具备有施工记录和验收资料以及对基础进行复查的要求。

7.3.3.7 保证措施：(1) 对基础进行复查。(2) 调整壁板第一圈上口水平。(3) GB 50128—2005 条文说明中第 4.2 节基础检查：罐壁环梁和无环梁的允许高差与罐壁第一圈壁板上口水平度不相符，但基础施工又无法达到罐体安装的要求。在安装第一圈壁板时，可采用垫铁垫在边缘与基础间来调整壁板上口水平度。所导致边缘板与基础缝隙，应由基础施工单位处理。(4) 基础施工前及储罐安装前应进行工序交接和技术交底，加强工序报验管理，责任落实到人。(5) 加强质量监督力度，提高技术人员、质量检查人员和施工人员质量意识。

7.3.4　不符合项 4：罐底板不平问题。

7.3.4.1　不符合项描述：罐底板空鼓，沥青砂表面不平整密实，有突出的隆起、凹陷。

7.3.4.2　不符合项危害：罐长期生产运行过程中易造成底板焊道开裂。

7.3.4.3　设计图纸或标准规范要求：GB 50128—2005《立式圆筒形钢制焊接储罐施工及验收规范》中第 4.2.2.3 条要求：沥青砂表面平整密实，无凸出的隆起、凹陷及贯穿裂纹。沥青砂表面凹凸度应按下列方法检查：当储罐直径等于或大于 25mm 时，以基础中心为圆心，以不同半径做同心圆，将各圆分成若干等份，在等分点测量沥青砂层的标高。

7.3.4.4　产生原因：(1) 罐基础环梁土建施工过程中，施工人员缺乏质量意识，未按施工设计文件及施工方案要求进行施工。(2) 施工单位项目技术员和质检员监督检查不到位，未进行"三检查"，缺乏质量管理意识；监理单位质量工序报验管理不到位；施工单位未及时向监理单位及质量监督站报验。(3) 土建专业和安装专业未进行工序交接。(4) 基础环梁回填密实度不够。

7.3.4.5　整改措施：(1) 对罐基础内进行充砂处理，环梁处按规范要求加垫铁，并在环梁处充填沥青砂。(2) 对罐整体进行垂直度校正。

7.3.4.6　保证措施：(1) 按质量评定标准 SY 4202—2007《石油天然气建设工程施工质量验收规范 储罐工程》检验原则及方法进行复检。(2) 对充砂完成后进行捣实，罐基础内充砂完成后进行罐整体沉降试验。(3) 加强质量监督力度，提高技术人员、质量检查人员和施工人员质量意识。

7.3.5　不符合项 5：储罐材料报验不合格。

7.3.5.1　不符合项描述：储罐主材没有复检报告，钢板和附件上没有清晰的产品标识。

7.3.5.2　不符合项危害：难以保证储罐施工质量。

7.3.5.3　产生原因：(1) 工作程序监督不到位，相关质量证明文件核查不到位。(2) 施工人员质量意识淡薄。(3) 施工单位项目技术员和质检员监督检查不到位，未进行"三检查"，缺乏质量管理意识；监理单位质量工序报验管理不到位；施工单位未及时向监理单位及质量监督站报验。

7.3.5.4　整改措施：按设计文件、规范要求及工程施工材料验收程序进行严格核查并对进场板材进行重新复验。

7.3.5.5　保证措施：(1) 施工单位及时报验，工程管理部门及时按照设计文件、施工采购技术文件、相关规范要求及施工验收程序核查。(2) 加强质量监督力度，提高技术人员、质量检查员和施工人员施工质量意识。(3) 严禁违反施工程序施工。(4) 加强质量监督巡检，及时督促施工单位。

7.3.6　不符合项 6：焊工未按 GB 50236—2011《现场设备、工业管道焊接工程施工规范》和 TSG 26002—2010《特种设备焊接操作人员考核细则》中焊工考试的有关规定进行考试。

7.3.6.1　不符合项描述：在审查焊工考试过程中发现，焊工报验的资格证资格项目齐全，资格证造假，实际焊工考试不合要求。

7.3.6.2 不符合项及整改情况如图7-160、图7-161所示。

图7-160 不合格焊工所焊的焊道

图7-161 不合格焊工清除出场

7.3.6.3 不符合项危害：焊缝表面及热影响区不允许出现裂纹、气孔、夹渣、弧坑、电弧擦伤、焊瘤和未焊满等严重影响焊缝机械性能的缺陷。罐和工艺管道若渗漏，将造成油品损失和环境污染，还可能引发基础沉降或火灾，严重影响储罐的安全使用。罐壁若渗漏，将造成油品损失和环境污染甚至火灾。若强度不合格，轻者造成罐壁异常变形，影响外观，重者造成罐壁损坏，严重影响储罐的使用安全。

7.3.6.4 设计图纸或标准规范要求：SY 4202—2007《石油天然气建设工程施工质量验收规范 储罐工程》中释义：焊工是储罐焊接质量能否得到保证的重要因素，应取得相应项目的合格资格方可进行焊接作业。措施：焊工应按GB 50236—2011《现场设备、工业管道焊接工程施工规范》和TSG 26002—2010《特种设备焊接操作人员考核细则》中焊工考试的有关规定进行考试，考试达标进行施工作业。

7.3.6.5 产生原因：(1)焊工考试考核未按规范要求考核，施焊前没进行技术交底。(2)现场质量意识不强。(3)监督部门监督不到位。(4)施工项目管理部门管理不到位，考核不到位。(5)焊工技术能力不过关。(6)项目技术员和质检员监督检查不到位，缺乏质量管理意识。

7.3.6.6 整改措施：(1)施焊前，对焊工进行技术交底。(2)加大监督检查力度，加强施工队伍质量意识培训。(3)施焊过程中加大巡查力度，对焊接技术能力不过关的焊工及时清除。

7.3.6.7 保证措施：(1)对进入项目施工的焊工经过资格审查合格后，统一建立焊工台账，并组织进场焊工考试。(2)加强质量监督力度，提高技术人员、质量检查员和施工人员质量意识。(3)严禁违反施工程序施工。(4)加强质量监督巡检，及时监督施工质量。

7.3.7 不符合项7：无损检测做假。

7.3.7.1 不符合项描述：在检查过程中按施工验收标准 RT 检查部分焊道超宽，该处全为规范要求的 RT 检测部位。

7.3.7.2 不符合项及整改情况如图 7-162、图 7-163 所示，对未经检测的焊道进行清根、打磨、补焊、PT 检测。

图 7-162　丁字口处焊道超宽　　　　图 7-163　对环焊缝全部进行打磨、补焊、PT 检验

7.3.7.3 不符合项危害：难以保证焊道的机械性能，对储罐的长期安全稳定的运行造成质量隐患。

7.3.7.4 设计图纸或标准规范要求：无损检测的人员应持有省级安全监察机构颁发的与其工作相适应的资格证书。Ⅰ级无损检测人员可在Ⅱ级和Ⅲ级人员的指导下，进行相应无损检测操作、记录检测数据以及整理检测资料。Ⅱ级和Ⅲ级人员方可评定检测结果和签发报告。

7.3.7.5 产生原因：（1）施工人员质量意识淡薄，对施工质量认识不够。（2）思想麻痹大意，存在"凑合""没有事"等心理。（3）施工队伍人员素质相对较差，对施工验收规范执行不力，未达到预计效果。（4）施工单位质量意识差，施工方案执行出现偏差，未按施工方案要求施工。（5）施工项目部相关管理人员未检查到位，出现管理漏洞。（6）监督部门监督不到位。

7.3.7.6 整改措施：（1）对焊道重新进行清根、打磨、补焊并进行 RT 和 PT 无损检测。（2）对施工单位施工人员重新进行技术交底。（3）责令施工单位采取有效措施，避免违章事件发生。（4）对此类事件实施重点监控。

7.3.7.7 保证措施：（1）加强施工队伍质量意识培训。（2）加大巡查力度，对此类事件从严处理。（3）对所焊焊道严格执行规范要求的无损检测标准，项目管理人员任意点口进行 RT、PT 无损检测，对所发生的费用由施工单位承担，如不合格，焊道全部进行 100%RT、PT 检测。

7.3.8 不符合项8：储罐壁板出现内棱角（瘦腰）。

7.3.8.1 不符合项描述：储罐壁板出现内棱角（瘦腰）。

7.3.8.2 不符合项情况如图7-164所示。

7.3.8.3 不符合项危害：难于保证内浮顶升降平稳，导向机构、密封装置、自动通气阀、支柱无卡涩现象，浮顶及其附件与罐体上的其他附件无干扰。内浮顶升降正常，才能确保在油品进出罐时平稳、安全运行。返修难度极大，尤其焊接和变形问题。

7.3.8.4 设计图纸或标准规范要求：

图7-164 壁板内棱角（瘦腰）

设计图纸或标准规范要求：GB 50128—2005《立式圆筒型焊接储罐施工及验收规范》中第4.4.2条中要求：组装焊接后，纵焊缝的角变形用1m长的弧形样板检查，环焊缝角变形用1m支线样板检查并符合表4.4.2-4中的规定。对于板厚小于等于12mm的罐壁焊缝，角变形小于等于12mm。

7.3.8.5 产生原因：（1）钢板使用前，未对其外观质量（如是否有重皮）是否有裂纹，锈蚀深度是否符合标准要求等进行把关，没进行报监报验，平行检验不到位。（2）项目技术人员和质检员监督检查不到位，缺乏质量管理意识。（3）施工人员缺乏质量意识，存在惰性思想，未按施工方案技术交底要求进行施工。（4）工序之间未进行工序交接，施工过程中违反施工工序施工。（5）思想麻痹大意，存在"凑合""没有事"等心理状态，施工单位存在"低、老、坏"的施工习惯。

7.3.8.6 整改措施：（1）更换精度较差的滚床，采用辊径较大的数控滚床来保证预制精度。（2）加强施工单位自检力度，加强质量监督巡查及时督促施工人员自检，质量管理人员及时进行平行检验。（3）对凹凸变形较大处，进行机械校正。（4）严格执行焊接工艺纪律。（5）加强质量思想意识教育，加大施工现场的检查力度，对违章现象和质量问题及时发现进行制止。（6）对储罐进行整改处理，并清查现场所有类似的质量问题，按照项目质量管理相关规定，在项目范围内进行通报批评，作为反面教材对员工进行质量教育。

7.3.8.7 保证措施：（1）提高全员质量意识，对施工单位重新进行技术和质量交底。（2）施工过程中全员、全方位、全过程控制，加强工序交接控制力度。（3）加强质量思想意识教育，加大施工现场的检查力度，对质量违章现象要及时发现并加大处罚力度，对存在的问题及时曝光，增强施工人员的责任意识。

7.3.9 不符合项9：1#、2#罐拱顶焊接后产生波浪变形。

7.3.9.1 不符合项描述：拱顶板下表面仰脸焊接，焊接量过大，焊接电流过大，拱顶板上表面焊接顺序不对，焊接方法不对，焊接线能量过大。

7.3.9.2 不符合项情况如图7-165所示。

图 7-165 焊接后产生波浪变

7.3.9.3 不符合项危害：难以保证固定顶的强度，不美观。

7.3.9.4 设计图纸或标准规范要求：GB 50128—2005《立式圆筒形钢制焊接储罐施工及验收规范》第 3.5.1 条要求固定顶顶板预制前应绘制排板图，并应符合下列规定：(1) 顶板任意相邻焊缝的间距，不应小于 200mm。(2) 单块顶板本身的拼接，宜采用对接。第 3.5.2 条要求：加强肋加工成型后，用弧形样板检查，其间隙不应大于 2mm。第 3.5.3 条要求：每块顶板应在胎具上与加强肋拼装成型，焊接时应防止变形。第 3.5.4 条要求：顶板成型后脱胎，用弧形样板检查，其间隙不应大于 10mm。第 5.5.3 条要求固定顶顶板的焊接，宜按下列顺序进行：(1) 先焊内侧焊缝，后焊外侧焊缝，径向的长焊缝，宜采用隔缝对称施焊方法，并由中心向外分段退焊；(2) 顶板与包边角钢焊接时，焊缝对称均匀分布，并沿同一方向分段退焊。

7.3.9.5 产生原因：(1) 固定顶顶板预制质量较差，焊接顺序和焊工布置不合理，防变形措施不到位，焊接组对措施未执行施工方案。(2) 现场施工人员质量意识不强。(3) 焊工技术能力不过关。(4) 铆焊工责任心不强。(5) 施工单位质量意思差，施工方案和技术交底执行出现偏差，未按要求施工。(6) 项目相关管理人员未检查到位，出现管理漏洞。

7.3.9.6 整改措施：(1) 对凹凸变形较大处进行机械顶压及施加矫变形措施，超变形及整改满足不了规范要求的，更换顶板。(2) 提高全员质量意识，对施工单位重新进行技术和质量交底。(3) 加大组对检查力度及焊接施工方案执行力度。(4) 施工过程中全员、全方位、全过程控制，加强工序交接控制力度。

7.3.9.7 保证措施：(1) 加强施工队伍质量意识培训。(2) 加大巡查检查力度，及时督促施工人员对发现问题及时进行返工处理。(3) 严禁违反施工工序施工。(4) 严格按施工方案进行施工，对施工员工进行技术交底。(5) 拱顶下表面与连接板角焊缝，采用小焊条、小电流焊接，控制母材温度，焊接量不宜过大，防止上表面焊穿、烫化。正面焊接焊工人数尽量减少，严格控制母材温度，控制焊接线能量，Q235B 应采用钛钙型焊条焊接（钛钙型焊条温度较低），有合理的焊接顺序，焊缝隔一条焊一条，采用断续焊、倒焊、退焊法，其目的防止母材温度过高。

7.3.10 不符合项 10：2000m^3 消防水罐环缝出现外棱角。

7.3.10.1 不符合项描述：2000m^3 消防水罐环缝出现外棱角。

7.3.10.2 不符合项危害：焊缝机械性能有缺陷，机械性能不能满足要求，难保证罐壁不渗漏，若渗漏将造成油品损失和环境污染甚至火灾。若强度不合格，轻者造成罐壁异常变形，影响外观，重者造成罐壁损坏，影响储罐的使用安全。

7.3.10.3 设计图纸或标准规范要求：GB 50128—2005《立式圆筒形钢制焊接储罐施

工及验收规范》第 6.3.1 条要求罐壁组装焊接后，几何形状及尺寸，应符合下列规定："罐壁垂直度的允许偏差，不应大于罐壁高度的 0.4%，且不得大于 50mm；罐壁焊缝角变形和罐壁的局部凸凹变形，应符合本规范第 4.4.2 条的规定"。

7.3.10.4　产生原因：（1）钢板使用前，没进行报监报验，平行检验不到位。（2）卷板机自身出现严重问题，施焊顺序不对，未严格执行焊接施工方案。（3）壁板预制质量较差，板边缘钝边未按设计文件要求进行预制，导致打磨清根较深，焊接线能量过大，焊道热影响区温度较高，施焊顺序未执行焊接施工方案。（4）项目技术人员和质检员监督检查不到位，缺乏质量管理意识。（5）施工人员缺乏质量意识，存在惰性思想，未按施工方案技术交底要求进行施工。（6）工序之间未进行工序交接，施工过程中违反施工工序施工。（7）思想麻痹大意，存在"凑合""没有事"等心理状态，施工单位存在"低、老、坏"的施工习惯。

7.3.10.5　整改措施：（1）坡口预制精度要达到设计文件及施工验收规范的要求，选择精密较好的卷板设备，采用辊径较大的数控滚床来保证卷板预制精度，认真卷制带头，杜绝较大直边，卷制后的板，进行机械校正。（2）严格执行焊接工艺记录，控制好线能量，采用合理的焊接顺序，重复检验板材的下料尺寸，卷板时要控制好弯曲半径偏大、偏小现象，杜绝强行组对，对易形成较大的外棱角处采取防变形措施。（3）加强施工单位自检力度，加强质量监督巡查及时督促施工人员自检，质量管理人员及时进行平行检验。（4）对凹凸变形较大处，进行机械校正。（5）严格执行焊接施工方案。（6）加强质量思想意识教育，加大施工现场的检查力度，对违章现象和质量问题及时发现进行制止。（7）对储罐进行整改处理，并清查现场所有类似的质量问题，按照项目质量管理相关规定，在项目范围内进行通报批评，作为反面教材对员工进行质量教育。

7.3.10.6　保证措施：（1）提高全员质量意识，对施工单位重新进行技术和质量交底，控制层间温度，合理的焊接顺序，减小焊接线能量，采用反变形法进行焊接，罐筒体预制质量严格遵循设计文件、施工验收规范及质量评定标准，严格执行工序报验程序。（2）施工过程中全员、全方位、全过程控制，加强工序交接控制力度。（3）加强质量思想意识教育，加大施工现场的检查力度，对质量违章现象要及时发现并加大处罚力度，对存在的问题及时曝光，增强施工人员的责任意识。

7.3.11　不符合项 11：罐壁板出现大面积直板。

7.3.11.1　不符合项描述：2000m³ 消防水罐壁板出现多处直板（没有弧度）。

7.3.11.2　不符合项及整改情况如图 7-166、图 7-167 所示。

7.3.11.3　不符合项危害：罐整体成型不好，不美观。

7.3.11.4　设计图纸或标准规范要求：GB 50128—2005《立式圆筒形钢制焊接储罐施工及验收规范》第 3.2.3 条规定：壁板滚制后，应立置在平台上用样板检查，垂直方向上用直线样板检查，其间隙不应大于 2mm；水平方向上弧形样板检查，其间隙不应大于 4mm。

7.3.11.5　产生原因：（1）技术原因：卷板弧度不够，没有卷板，强行组对，没有带头，开平板反卷，运输胎具上应采取防护措施，有部分不合格板材混入现场，板材质量较差，

图 7-166 罐壁板形成直板

图 7-167 整改后的壁板

实际测量得知，纵缝用钢板尺纵向测量，横向测量，350～450mm 为直板（确认没有卷制），环形板纵向、横向测量 800～1000mm 内为直板，没有弧度。（2）项目技术人员和质检员监督检查不到位，缺乏质量管理意识。（3）施工人员缺乏质量意识，存在惰性思想，未按施工方案或技术交底要求进行施工。

7.3.11.6 整改措施：（1）机械校正及拆除后重新滚制、施焊，按施工方案、施工验收规范、质量评定标准及质量监督程序进行施工报验。（2）按施工工序进行交接和技术交底，责任落实到人。（3）加强质量监督力度，提高技术人员、质量检查员和施工人员质量意识。

7.3.11.7 保证措施：（1）不使用有缺陷的板材，板材进场要求检验，质量证明文件齐全可靠，认真卷制，不可因为板薄能够自然形成弧度而放弃卷制。（2）对卷制后的板材给予机械校正，环缝组对完成后必须检查垂直度、水平度、弧度和半径公差。（3）对施工人员进行质量培训，增强质量意识。（4）认真执行工序报验制度，加强工序交接控制力度，合格后方可进行下道工序。（5）施工项目技术管理人员要监督检查到位，加大监督力度，提高技术人员、质量检查人员和施工人员质量意识。

7.3.12 不符合项 12：储罐多处焊道外观成型不良。

7.3.12.1 不符合项描述：焊道外观成型不良。

7.3.12.2 不符合项及整改情况如图 7-168、图 7-169 所示。

7.3.12.3 不符合项危害：难以保证焊道机械性能，易造成储罐渗漏，不能保证储罐结构安全。

7.3.12.4 设计图纸或标准规范要求：GB 50128—2005《立式圆筒形钢制焊接储罐施工及验收规范》第 6.1 节焊缝的外观检查中第 6.1.1 条要求：焊缝应进行外观检查，检查前应将熔渣、飞溅清理干净；第 6.1.2 条要求焊缝的表面质量，应符合下列规定：焊缝的表面及热影响区，不得有裂纹、气孔、夹渣、弧坑和未焊满等缺陷。

7.3.12.5 产生原因：（1）焊工技能水平差，技能不达标，焊接线能量较大。（2）现

 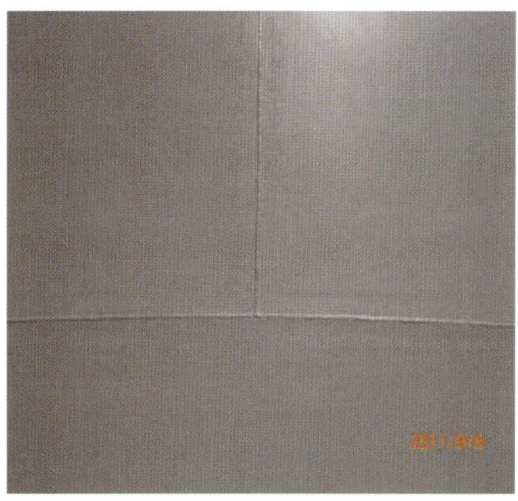

图 7-168　外观成型不良的焊道　　　　　图 7-169　返修后的焊道

场质量意识不强，施工方案执行出现偏差，未按施工方案要求进行施工。(3)项目相关管理人员未检查到位，出现管理漏洞。(4)对施工人员技术交底不到位。

7.3.12.6　整改措施：(1)对不合格焊道进行打磨、补焊处理。(2)施工单位质量管理人员及质量监督人员加强监督检查力度，对类似问题举一反三检查处理。(3)加强技术交底，并落实至每一名施焊人员。

7.3.12.7　保证措施：(1)对于进入项目施工的焊工，经过资质审查合格后，统一建立焊工台账，并组织焊工进场考试，经考试合格的焊工，发项目焊工合格证。(2)严格执行 GB 50235—2005 规范，监理旁站，严格控制每一道施焊环节，平行检验要到位。(3)清查现场所有类似的质量问题，进行整改。(4)在施工过程中提高全员质量意识，对施工单位重新进行技术交底和质量交底。(5)施工过程中全员、全方位、全过程控制，加强工序交接控制力度、质量检查力度及焊接工艺纪律执行力度。

7.3.13　不符合项 13：两台消防水罐凸凹变形，焊缝角变形比较明显超标，不符合规范中外形尺寸要求，且感观较差

7.3.13.1　不符合项描述：两台消防水罐凸凹变形超标，感观较差。

7.3.13.2　不符合项危害：不美观，满足不了建设单位感观要求。

7.3.13.3　设计图纸或标准规范要求：GB 50128—2005《立式圆筒形焊接储罐施工及验收规范》中第 4.4.2 条中要求：(1)纵向焊缝错边量：焊条电弧焊时，当板厚小于或等于 10mm 时，不应大于 1mm；当板厚大于 10mm 时，不应大于板厚的 0.1 倍，且不应大于 1.5mm；自动焊时均不应大于 1mm。(2)环向焊缝错边量：焊条电弧焊时，当上圈壁板厚度小于或等于 8mm 时，任何一点的错边量均不应大于 1.5mm；当上圈壁板厚度大于 8mm 时，任何一点的错边量均不应大于板厚的 0.2 倍，且不应大于 2mm。自动焊时，均不应大于 1.5mm。

7.3.13.4　产生原因：(1)材料问题：储罐壁板采用的是开平板，到现场后首先要进

行平板再处理，消除板的应力变形后再滚弧，在平板时滚板遍数不够，没有完全消除板的应力变形，滚弧成型后板依然有变形应力存在，焊接后容易导致变形。（2）施工问题：①组对应力集中，在焊接后引起变形；焊接速度不一致，焊接线能量过大；②焊接方法不当，立缝焊接时，部分焊工为躲避风力影响，没有完全做到分段退焊的方法，导致立缝端部焊接应力集中，引起变形；③组对过程中，部分壁板在封口时测量周长不仔细，导致两节壁板周长误有误差，致使上下两节在焊接时收缩不一致而引起变形；④工序控制管理不到位，部分工序没有做到"三检"制；⑤未严格执行施工方案和焊接工艺纪律，施工前焊工考试和施工技术交底没进行。

7.3.13.5　整改措施：（1）对壁板凸凹度超标的区域，在罐内壁焊龙门支架，用5T千斤顶（千斤顶端部焊一块厚钢板，增大接触面积防止顶出小坑）将凸出部位顶平，焊上加强背杠，用手锤反复敲击变形区域及附近焊道（敲击时加6mm垫板，以释放应力，手锤敲击时注意要面接触，避免敲出小坑）。然后拆去背杠看变形是否恢复，测量凸凹度，如不超标，做好记录，报监理单位和建设单位检查确认，整改完成。（2）对角变形未超标但外观不美观的区域，处理方法是将变形焊缝割开，打磨出坡口，重新组对，在背面用几组找平加固，焊接采用分段退焊法，分段长度在250～300mm，焊完一面后在另一面清根，清根合格后同样采用分段退焊法焊接。焊接完成待完全冷却后拆去背杠，检查记录，请监理单位和建设单位检查确认。

7.3.13.6　保证措施：按施工验收规范及设计文件做了强度试验、严密性试验、沉降试验及罐稳定性正负压试验，返工后的两具消防水罐符合设计文件及施工验收标准，并经监理单位建设单位验收合格。

7.3.14　不符合项14：脚焊缝出现漏点。

7.3.14.1　不符合项描述：成品油罐大脚焊缝出现漏点。

7.3.14.2　不符合项危害：储罐渗漏，难以保证大角焊缝的机械性能及渗漏，易造成储罐渗漏质量事故。

7.3.14.3　设计图纸或标准规范要求：GB 50128—2005《立式圆筒形钢制焊接储罐施工及验收规范》第5.4.1条规定：定位焊及工卡具的焊接，由合格焊工担任；第5.4.8条规定：焊接时应按焊接施工技术措施或焊接工艺卡严格控制焊接线能量。

7.3.14.4　产生原因：（1）没有按焊接施工方案进行施工，施工单位没进行自检，同类焊缝未按要求每批抽查10%，且不应少于3条，每条检查3处。（2）未采用渗透或磁粉探伤检查判定。（3）焊工没考试，焊工技能水平较差，施焊前没有技术交底，焊材管理不规范，没有烘干，大脚焊缝初层焊完成后，没有清渣打磨，没有共检。(4) 项目技术管理人员和质检员监督检查不到位，缺乏质量管理意识。（5）未进行工序交接，施工方案和技术交底执行出现偏差，责任未落实到人。

7.3.14.5　整改措施：（1）消除缺陷，重新补焊，并进行PT或MT无损检测。（2）按工序要求及技术交底进行交接施工，责任落实到人。（3）项目技术管理人员和质量监督检查人员按要求进行检查，增强质量管理意识。

7.3.14.6　保证措施：（1）施工单位进行自检，监理观察。强度试验和严密性试验后对大角焊缝内外侧进行 PT 或 MT 无损检测。(2) 监理单位可实测抽查或检查施工单位的自检记录。当存在疑义时，采用渗透或磁粉探伤检查判定。(3) 对合格的焊工进行技术交底，施焊前除去油、污、锈焊条烘干，明确焊接方法和焊接程序，执行焊接纪律，初层焊完成后，清根打磨 PT 或 MT 检验，共检确认。盖面完成后清渣、清理飞溅、PT 检验，共检确认。(4) 加强施工单位的质量意识培训，加大巡查力度，质量技术监督部门及质量检查人员按施工程序进行检查，对此类事件从严处理。

7.3.15　不符合项 15：常压立式储罐组对焊接不符合规范要求。

7.3.15.1　不符合项描述：(1) V2001B 罐底板焊接：焊工施焊不认真，焊接底层严重夹渣，未处理继续填完。(2) J32-J33 组对完成的坡口无间隙。

7.3.15.2　不符合项危害：(1) 焊缝底层存在浃渣缺陷，严重降低了焊缝质量。(2) 坡口组对间隙过大或无间隙，极易产生焊接变形，给焊接质量造成隐患。

7.3.15.3　设计图纸或标准规范要求：GB 50128—2005《立式圆筒形钢制焊接储罐施工及验收规范》第 4.3.1 条规定：罐底板对接接头间隙（当板厚≤6mm 时）为 7mm±1mm。

7.3.15.4　产生原因：施工操作人员没有按照施工规范和技术交底要求进行施工。

7.3.15.5　整改措施：坡口间隙不合格处重新组对。

7.3.15.6　保证措施：(1) 施工单位进行自检，监理观察。强度试验和严密性试验后对大角焊缝内外侧进行 PT 或 MT 无损检测。(2) 监理单位可实测抽查或检查施工单位的自检记录。当存在疑义时，采用渗透或磁粉探伤检查判定。(3) 对合格的焊工进行技术交底，施焊前除去油、污、锈焊条烘干，明确焊接方法和焊接程序，执行焊接纪律，初层焊完成后，清根打磨 PT 或 MT 检验，共检确认。盖面完成后清渣、清理飞溅、PT 检验，共检确认。(4) 加强施工单位的质量意识培训，加大巡查力度，质量技术监督部门及质量检查人员按施工程序进行检查，对此类事件从严处理。

7.4　全包容罐

7.4.1　不符合项 1：电弧擦伤和打磨伤及母材。

7.4.1.1　不符合项描述：储罐衬板焊道外普遍存在电弧擦伤和打磨伤及母材现象。

7.4.1.2　不符合项及整改情况如图 7-170、图 7-171 所示。

7.4.1.3　不符合项危害：储罐衬板电弧擦伤和打磨伤及母材，使母材局部减薄对强度有轻微的影响，焊缝过度打磨，常规情况下如果减薄量超过 5%，对焊缝强度有较大的影响。碳钢焊接对质量影响不大，但对 9iN 钢及其他合金钢的焊接质量会带来不利的影响。

7.4.1.4　设计图纸或标准规范要求：GB 50236—2011《现场设备、工业管道焊接工程施工规范》中第 7.3.3 条中要求：不得在坡口之外的母材表面引弧和试验电流，并应防止电弧擦伤母材。

7.4.1.5　产生原因：(1) 质量技术交底不够详细，成品保护意识不强。(2) 电弧擦

图 7-170 电弧擦伤和打磨伤及母材

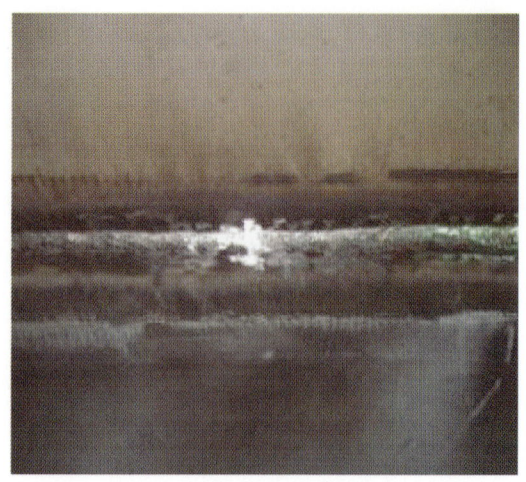

图 7-171 适当补焊并打磨处理后焊缝

伤系焊工不良操作习惯所致。(3) 过度打磨伤及母材为焊缝成型较差及打磨方法不当。(4) 个别焊工焊接手法不够熟练。(5) 现场监督检查不到位。

7.4.1.6 整改措施：对储罐衬板焊道轻微余高尽量不要打磨，焊疤及焊接卡具去除部位打磨时严格控制打磨余量，防止母材减薄强度下降，对个别打磨严重伤及母材部位根据需要适当进行补焊处理。

7.4.1.7 保证措施：(1) 焊钳和焊条保温桶等焊接用品要放在专用的架子上，禁止直接放在母材上。(2) 气割去除卡具时应当采取相应的保护措施。(3) 要防止引弧擦伤母材，注意成品保护。(4) 焊道要求一次成型，非特殊原因不允许在焊道上重复施焊。(5) 注意清扫卫生，焊缝以外部分的铁锈灰尘也要及时清扫。

7.4.2 不符合项 2：钢筋主筋间距不符合设计要求。

7.4.2.1 不符合项描述：T-1203# 储罐 1～2 带钢筋主筋间距超过 20mm，不符合设计要求。

7.4.2.2 不符合项及整改情况如图 7-172、图 7-173 所示。

7.4.2.3 不符合项危害：钢筋主筋间距过大，会降低储罐混凝土构件的承载能力，从而降低混凝土的抗震性、刚度、强度及稳定性。

7.4.2.4 设计图纸或标准规范要求：《大连混凝土工程总说明》要求外罐壁钢筋间距偏差为 ±20mm。

7.4.2.5 产生原因：(1) 未对钢筋绑扎施工技术进行详细的技术交底。(2) 质检员现场监督管理不到位，未及时发现存在的问题。

7.4.2.6 整改措施：拆除现有的钢筋，按照设计要求重新进行绑扎。

7.4.2.7 保证措施：(1) 钢筋绑扎施工在施工作业前进行详细的技术交底。(2) 质检员加强对钢筋绑扎过程的监督管理，发现不符合设计要求及时整改。

图 7-172 钢筋主筋间距不符合设计要求

图 7-173 调整钢筋主筋间距后符合设计要求

7.4.3　不符合项 3：储罐墙体混凝土表面成型差。

7.4.3.1　不符合项描述：储罐墙体一带混凝土表面蜂窝、麻面。

7.4.3.2　不符合项及整改情况如图 7-174、图 7-175 所示。

图 7-174 储罐墙体一带混凝土表面蜂窝、麻面

图 7-175 储罐墙体一带混凝土经过处理成型较好

7.4.3.3　不符合项危害：影响混凝土的外观质量，严重的钢筋会受到损伤，如果长期暴露在空气中的钢筋会腐蚀生锈。

7.4.3.4　设计图纸或标准规范要求：GB 50204—2002《混凝土结构工程施工质量验收规范》第 8.1.1 条规定：构件主要受力部位有蜂窝为严重缺陷，其他部位有少量蜂窝，为一般缺陷；第 8.2 节规定：现浇结构外观质量不应有严重缺陷。EPC 总承包商质量篇第 5.3 节混凝土工程中第 5.3.1 条混凝土工程质量控制第 15 条规定：控制外观质量缺陷及尺寸偏差符合规范要求。

7.4.3.5 产生原因：(1)混凝土配合比不当，或砂、石头、水泥材料加水量计量不准，造成砂浆少、石头多。(2)混凝土搅拌时间不够，未拌和均匀，和易性差，振捣不密实。(3)下料不当或下料过高，未设串通使石子集中，造成石子砂浆离析。(4)混凝土未分层下料，振捣不实，或漏振，或振捣时间不够。(5)模板缝隙未堵严，水泥浆流失。(6)钢筋较密，使用的石子粒径过大或坍落度过小。防治的措施：严格按照设计的配合比要求搅拌混凝土。经常检查，做到计量准确，混凝土拌合均匀，坍落度适合。浇灌应分层下料，分层振捣，防止漏振。模板缝应堵塞严密，浇灌中，应随时检查模板支撑情况防止漏浆。

7.4.3.6 整改措施：把原来的蜂窝麻面凿干净，直至没有蜂窝的实体砼面，然后用钢丝刷将松动的石子与泥浆刷除，用水冲洗干净，再用比原砼面高一级的砼进行浇筑填充，要是深度较浅，用砂浆进行修补。

7.4.3.7 保证措施：(1)施工前加强施工技术交底，明确混凝土配合比，强化对混凝土搅拌和浇筑的监督管理。(2)严格按照施工组织设计进行施工。

7.4.4 不符合项4：焊接作业环境湿度不符合规范要求。

7.4.4.1 不符合项描述：焊接作业环境湿度已超过90%，不符合质量规范要求。

7.4.4.2 不符合项及整改情况如图7-176、图7-177所示。

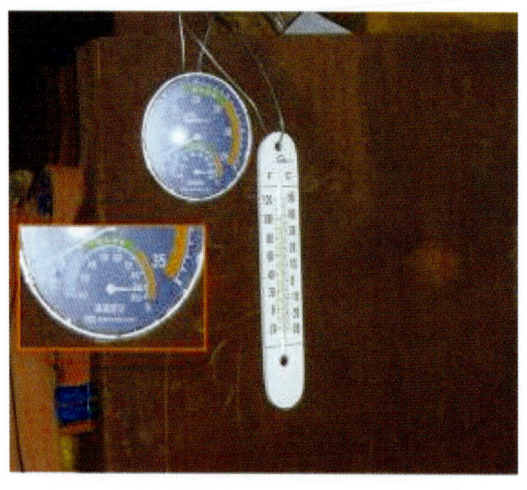

图7-176 焊接作业环境湿度已超过90%　　图7-177 经过调整措施后湿度符合要求

7.4.4.3 不符合项危害：(1)湿度过大，焊道容易在焊接过程熔池形成气泡，产生气孔影响焊接质量。湿度过大，对焊工技能发挥会产生一定的影响。

7.4.4.4 设计图纸或标准规范要求：GB 50236—2011《现场设备、工业管道焊接工程施工规范》中第3.0.5条中要求：焊接电弧1m范围内的相对湿度应符合下列要求：(1)铝及铝合金的焊接不得大于80%；(2)其他材料的焊接不得大于90%。

7.4.4.5 产生原因：(1)质量技术交底不够详细，对焊接环境湿度认识不足。(2)施工人员责任心不强，未严格按照规范和设计要求进行作业。（3）现场监督检查不到位，管理人员未对现场环境湿度记录进行查阅。

7.4.4.6　整改措施：（1）储罐壁板焊接，现场应有专人负责对焊接工艺参数进行记录，当焊接环境的湿度大于90%时，不允许继续施工；焊接前在坡口两侧100～150mm范围内，用液化天然气烤把加热去除湿气，避免氢气对焊接材料的影响（烤至没有湿气为止）。返修时必须严格按照返修工艺操作。

7.4.4.7　保证措施：（1）焊接前，对施工作业人员进行详细的技术交底，以确保焊接质量。（2）强化对焊接湿度的监测并好做记录，当湿度超过规范要求时，立即停止作业。（3）加强过程监督管理，对焊接质量进行动态跟踪。

7.4.5　不符合项5：两张焊缝底片一张黑度大，一张铅字上焊缝，缺少准确识别评定条件。

7.4.5.1　不符合项描述：T1202-NBH2-8:33～34片号（双片）一张底片黑度大，现有观片灯无法满足观片评定，另外一张铅字上焊缝。

7.4.5.2　不符合项危害：（1）底片黑度超出了现有观片灯所能提供亮度的观片评定需求，对底片上评定范围内的影像无法有效识别而进行评定，就无法确定焊缝质量是否合格。（2）焊缝的识别标识压焊缝，其影像遮盖了焊缝有效评定区域，就会掩盖焊缝有效评定区域的真实性，从而无法对焊缝底片进行评定，无法确定焊缝质量是否合格。

7.4.5.3　设计图纸或标准规范要求：EN 1435—1997《无损检测—焊缝射线照相检验》第6.8条规定：观片灯的亮度应能满足要求，可以采用高黑度底片。JB/T 4730.2—2005《承压设备无损检测 第2部分 射线检测》第4.11.1条规定：底片上各种识别标识影响应完整，位置正确。

7.4.5.4　产生原因：（1）检测人员对射线检测曝光参数未按照要求进行设置，导致底片模糊。（2）底片显影成像的处理不到位。

7.4.5.5　整改措施：（1）检测单位接收检测指令后，根据被检工件规格和射线检测工艺卡，选择合理的射线检测曝光参数，或者可以通过拍摄试验片的方法获取最佳的检测参数和底片显影成像的处理参数，以此获得较好对比度、灵敏度和黑度的焊缝底片。（2）内罐的对接接头内外表面焊缝余高均已打磨平滑，射线检测时所用的各种识别标识容易压上焊道，在检测时对标识的放置要认真仔细，可以在放置部位对焊缝边缘进行标记，从而预防识别标识压上焊道。

7.4.5.6　保证措施：（1）在拍片前，进行详细的技术交底工作，以确保拍片质量。（2）检测人员对射线检测曝光参数严格按照要求进行设置。（3）对不符合要求的底片，重新进行检测，直至符合要求。

7.4.6　不符合项6：焊脚不饱满，成型较差。

7.4.6.1　不符合项描述：储罐底板搭接焊道部分垒焊焊脚不饱满，个别焊道成型较差存在缺欠。

7.4.6.2　不符合项及整改情况如图 7-178、图 7-179 所示。

图 7-178　焊脚不饱满，成型较差

图 7-179　缺欠的部位进行了补焊并打磨

7.4.6.3　不符合项危害：搭接焊缝焊脚不饱满影响焊缝强度。二遍焊道未全部覆盖（局部覆盖）容易产生焊接应力。

7.4.6.4　设计图纸或标准规范要求：GB 50128—2005《立式圆筒型焊接储罐施工及验收规范》中第 6.1.2 条中要求：焊缝的表面及热影响区，不得有裂纹、气孔、夹渣、弧坑和未焊满等缺陷。

7.4.6.5　产生原因：(1)质量技术交底不详细，焊工对搭接焊缝质量要求不够清楚。(2)焊工操作手法不熟练，焊接水平参差不齐。(3)焊接方法不当。(4)质检员现场监督检查不到位。

7.4.6.6　整改措施：(1)对储罐底板搭接焊道进行全部检查，对焊缝存在的未焊满、焊脚不饱满的质量缺陷进行补焊处理，保证焊接质量，满足焊接强度要求。(2)对于焊道成型较差存在明显缺欠的焊缝部位，按照质量管理规定进行补焊或打磨处理。

7.4.6.7　保证措施：(1)焊接质量管理过程中应注重细节管理，借鉴其他储罐焊接质量管理的经验：对每个完成的焊道进行焊工姓名和质检员姓名标注，同时标注完成时间和质检时间，使其具有可追溯性便于明确责任，有利于增强焊工和质检人员的责任心。(2)对焊接操作人员要强化质量意识教育，做好质量技术交底工作，对焊接技术不够熟练的焊工加强针对性培训，必要时进行专人指导，容易出现质量缺陷的部位反复训练，直至手法熟练。(3)增加质量检查频次，强化过程监督控制，发现问题及时解决，对存在的质量共性问题及时召开现场分析会，剖析产生原因，采取预控措施，最大限度地避免返工误工，确保焊接安装质量。

7.5　球形储罐

7.5.1　不符合项 1：违反设计及规范采购材料，使用未经报验确认的材料。

7.5.1.1 不符合项描述：总包单位不按设计，违反规范要求给分包下达采购指令，而且在未通知业主及监理的情况下使用未经报验确认的材料。

7.5.1.2 不符合项及整改情况如图 7-180、图 7-181 所示。

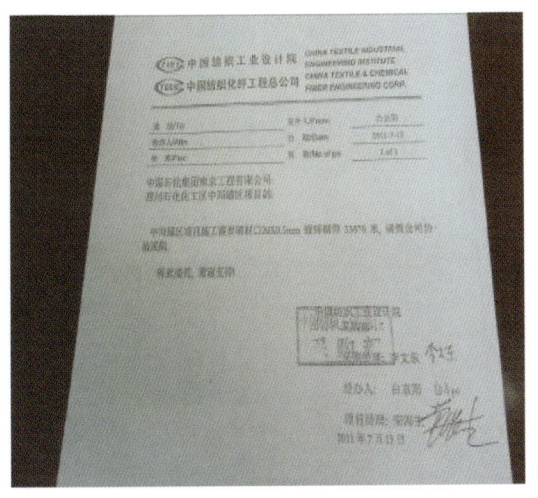

图 7-180 违反设计规范向施工单位下达采购指令　　图 7-181 整改后采购钢带质量证明书和报验材料

7.5.1.3 不符合项危害：造成现场施工管理及质量管理混乱，报验工作停止，施工返工。球罐保冷捆扎防潮层施工返工。

7.5.1.4 设计图纸或标准规范要求：GB 50126—2008《工业设备及管道绝热工程施工规范》中第 5.3.1 条规定：保冷应采用 12～25mm 的不锈钢带和宽度不小于 25mm 的黏胶带或威压丝带进行捆扎。

7.5.1.5 产生原因：总包单位质量意识不强。

7.5.1.6 整改措施：按设计及规范要求重新采购钢带，不经报验确认不得使用，对已完成施工的球罐的捆扎重新施工。

7.5.1.7 保证措施：将现场原采购不符合设计要求的钢带全部封存不得使用。

7.5.2 不符合项 2：储罐底板变形。

7.5.2.1 不符合项描述：储罐底板严重变形，已超出规范（GB 50128—2005）的允许最大变形量。

7.5.2.2 不符合项及整改情况如图 7-182、图 7-183 所示。

7.5.2.3 不符合项危害：储罐底板变形严重，影响工序交接验收，影响整体施工进度。

7.5.2.4 设计图纸或标准规范要求：GB 50128—2005《立式圆筒形钢制焊接储罐施工及验收规范》中第 6.3.2 条规定：罐底焊接后，其局部凹凸变形的深度，不应大于变形长度的 2%，且不大于 50mm。

7.5.2.5 产生原因：施工单位未按规范要求的罐底板焊接施工工艺施工，电流过大，反变形措施不得当。

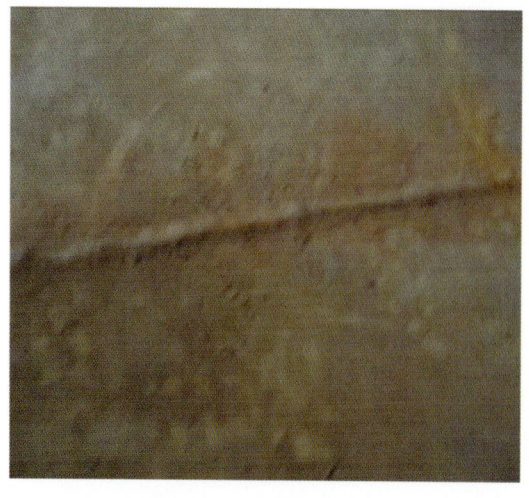

图 7-182 储罐底板变形

图 7-183 变形部位整改后的照片

7.5.2.6 整改措施：拆除已变形的储罐底板，滚压平整后重新组对安装，严格按规范规定的焊接方法施工。

7.5.2.7 保证措施：检查不合格不许进行下道工序施工。

7.5.3 不符合项 3：球罐安装卡具拆除不符合要求。

7.5.3.1 不符合项描述：施工单位在拆除球壳底板组对调整卡具时，没有按设计及规范要求采用砂轮清除的方法拆除卡具，而是用大锤将卡具砸下。

图 7-184 强力拆除的卡具照片

7.5.3.2 不符合项情况如图 7-184 所示。

7.5.3.3 不符合项危害：强力拆除卡具时会造成球壳钢板表面出现缺肉或裂纹。

7.5.3.4 设计图纸或标准规范要求：GB 50094—2010《球型储罐施工规范》中第 6.5.1 条要求：球壳表面缺陷及工卡具痕迹应用砂轮清除。修磨后的实际厚度不应小于设计厚度，磨除深度应小于球壳板厚度的 5%，且不应超过 2mm。当超过时应进行焊接修补。

7.5.3.5 产生原因：施工单位质量意识不强，施工人员没有参加技术交底。

7.5.3.6 整改措施：对施工人员重新进行技术交底，对强力拆除造成的损伤进行打磨和修补并进行无损检测。

7.5.3.7 保证措施：施工单位管理人员应增强质量意识，施工前对施工人员加强技术交底。

7.5.4 不符合项 4：检测公司检测报告与检测时间不一致。

7.5.4.1 不符合项描述：525-V-1005B 焊缝 MT 委托时间 7 月 11 日，检测报告完成时间为 5 月 15 日。525-V-1001G 焊缝 MT 委托时间 8 月 22 日，检测报告完成时间为 5 月 20 日。以上检测完成时间两台球罐均未开始焊接。

7.5.4.2 不符合项危害：不能真实反馈球罐焊接质量，容易产生漏检。

7.5.4.3 设计图纸或标准规范要求：根据中间罐区设计文件要求，球罐焊接后热处理前应对球壳板焊缝、接管垫板角焊缝和焊迹打磨处 100% 进行 MT 检测。

7.5.4.4 产生原因：检测公司检测报告人员、审核人员工作不认真，EPC 单位技术、质量负责人未按规范及相关文件要求认真审查报验资料，管理失控。

7.5.4.5 整改措施：525-V-1005B 焊缝 MT 委托时间 7 月 11 日，检测报告完成时间为 7 月 20 日。525-V-1001G 焊缝 MT 委托时间 8 月 22 日，检测报告完成时间为 9 月 4 日。

7.5.4.6 保证措施：（1）EPC 单位相关技术、质量负责人对无损检测单位再次进行技术交底、整改。（2）严格按规范及设计要求检测撤销原报告，重新认真报验并加大管理力度。

7.5.5 不符合项 5：加氢碳四碳五球罐组对、焊接后检查存在问题。

7.5.5.1 不符合项描述：球壳板与上支柱角焊缝 V-1010A 4 根及 V-1010B 7 根存在严重夹渣、弧坑、未融合和表面急剧变形等缺陷。

7.5.5.2 不符合项及整改情况如图 7-185、图 7-186 所示。

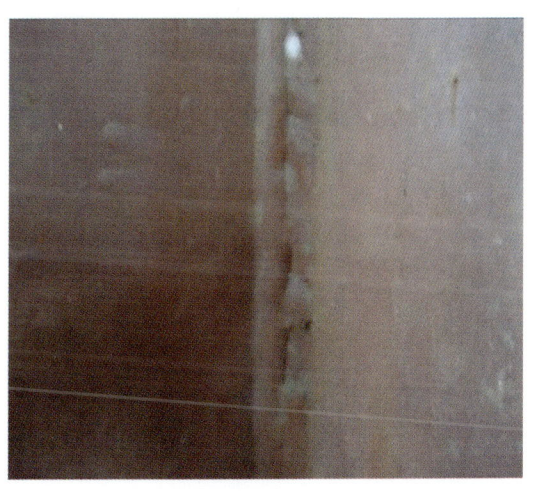
图 7-185 球壳板与上支柱角焊缝缺陷

图 7-186 球壳板与上支柱角焊缝整改后照片

7.5.5.3 不符合项危害：球壳板与支柱角焊缝存在的各种缺陷严重影响工程质量及使用寿命。

7.5.5.4 设计图纸或标准规范要求：根据某乙烯工程球罐组焊、检验和验收技术条件要求：焊缝表面不得有裂纹、咬边、气孔、弧坑和夹渣等缺陷，并不能保留有熔渣与飞溅物。

7.5.5.5 产生原因：球壳板在焊接过程中未按设计要求施焊，质检人员检查不到位。

7.5.5.6 整改措施：要求球壳板预制供货商与安装单位协调返修 V1010A 和 V1010B

球罐不合格焊缝,以保证球罐的整体焊接质量。

7.5.5.7 保证措施:(1)总包加强材料设备的进场检验,加大巡检力度,以保证施工质量。(2)返修后总包认真组织无损检测人员按规范及设计要求,对球罐预制和现场安装焊缝进行检测,结果及时申报监理单位。

7.5.6 不符合项6:球罐超声检测存在漏检。

7.5.6.1 不符合项描述:V10021D赤道带焊缝3m超声波检测漏检;V1007B支柱与球壳板角焊缝打磨不彻底,影响检测质量。

7.5.6.2 不符合项及整改情况如图7-187～图7-190所示。

图7-187 V1002D赤道带焊缝3m超声波检测漏检

图7-188 超声波检测漏检整改后照片

图7-189 V1007B支柱与球壳板角焊缝打磨不彻底

图7-190 打磨不彻底整改后照片

7.5.6.3 不符合项危害:(1)球罐焊接后焊缝超声波检测漏检将降低一次焊接拍片合

格率，如漏检焊缝存在规范和设计不允许的缺陷，虽将经过 RT 拍片也无法确定缺陷深度，宜造成二次返修，给焊接质量造成很大隐患。（2）支柱与球壳板角焊缝油漆打磨不彻底和漏检将无法真实反馈制造焊接质量。

7.5.6.4　设计图纸或标准规范要求：根据某乙烯工程球罐组焊、检验和验收技术条件规定：球壳对接焊接接头焊后（整体热处理前）除应进行 100% 射线检测外，还应进行 100% 超声波检测；球壳对接焊接接头焊后（整体热处理前）、整体热处理后及水压试验后，应分别对制造和安装过程中球壳板上的所有焊接部位（包括球壳板对接焊缝的内外表面、同球壳板焊接形成的角焊缝、工卡具清除后的焊机部位及其热影响区）进行表面 100% 的磁粉（内表面应采用荧光磁粉）或渗透检测，分别按 JB/T 4730.4—2005《承压设备无损检测 第 4 部分 磁粉检测》或 JB/T4730.5—2005《承压设备无损检测 第 5 部分渗透检测》标准要求Ⅰ级合格。

7.5.6.5　产生原因：总包单位质量意识不强，检测人员工作不认真，自检不全面。

7.5.6.6　整改措施：（1）无损检测单位对赤道带 3m 漏检处重新进行超声波检测。（2）磨班组对支柱与球壳板角焊缝重新打磨并进行检测。

7.5.6.7　保证措施：总包单位加强对现场的巡检工作，发现问题及时要求进行整改。